河南省“十四五”普通高等教育规划教材

数学分析(二)

主　编　崔国忠

副主编　石金娥　郭从洲

科学出版社

北　京

内 容 简 介

本书共三册，按三个学期设置教学，介绍了数学分析的基本内容.

第一册内容主要包括数列的极限、函数的极限、函数连续性、函数的导数与微分、函数的微分中值定理、Taylor公式和L'Hospital法则. 第二册内容主要包括不定积分、定积分、广义积分、数项级数、函数项级数、幂级数和Fourier级数. 第三册内容主要包括多元函数的极限和连续、多元函数的微分学、含参量积分、多元函数的积分学.

本书在内容上，涵盖了本课程的所有教学内容，个别地方有所加强；在编排体系上，在定理和证明、例题和求解之间增加了结构分析环节，展现了思路形成和方法设计的过程，突出了教学中理性分析的特征；在题目设计上，增加了例题和课后习题的难度，增加了结构分析的题型，突出分析和解决问题的培养和训练.

本书可供高等院校数学及其相关专业选用教材，也可作为优秀学生的自学教材，同时也是一套青年教师教学使用的非常有益的参考书.

图书在版编目（CIP）数据

数学分析：全 3 册/崔国忠主编. —北京：科学出版社，2018.7
河南省“十四五”普通高等教育规划教材
ISBN 978-7-03-057600-2

Ⅰ. ①数… Ⅱ. ①崔…Ⅲ. ①数学分析 Ⅳ. ①O17

中国版本图书馆 CIP 数据核字（2018）第 113102 号

责任编辑：张中兴 梁 清 孙翠勤 / 责任校对：张凤琴
责任印制：张 伟 / 封面设计：迷底书装

科学出版社 出版
北京东黄城根北街 16 号
邮政编码：100717
http://www.sciencep.com

北京中石油彩色印刷有限责任公司 印刷
科学出版社发行 各地新华书店经销

*

2018年7月第 一 版 开本：720 × 1000 B5
2022年8月第五次印刷 印张：49 1/4
字数：998 000

定价：128.00元(全3册)

(如有印装质量问题，我社负责调换)

目　录

第6章 不定积分

我们知道, 数学分析研究的主要对象是函数, 研究的主要内容是函数的分析性质. 在前面几章, 我们已经学习了函数的微分学理论, 研究了函数的微分学性质, 其中一类重要的问题是导数的计算——给定已知函数, 求出它的导数; 但在某些实际问题中, 往往需要考虑与之相反的问题——求一个函数, 使其导数恰好是某一个给定的函数——这就是不定积分理论产生的背景问题.

例 1 设静止的列车, 其质量为 m, 在牵引力 $F(t)$ 的作用下沿直线运动, 给出列车的运动速度 $v(t)$ 所满足的方程, 其中 t 为时间变量.

解 由 Newton 第二定理, 则列车的加速度为 $\alpha(t)=\dfrac{F(t)}{m}$, 故

$$v'(t)=\frac{1}{m}F(t),$$

这就是速度所满足的(微分)方程.

因此, 要计算列车的速度, 必须求解上述方程. 这个问题的数学本质就是: 已知导函数 $v'(t)$, 求原来的函数 $v(t)$. 这类问题在工程技术和理论研究领域非常普遍, 如几何问题中常见的已知某曲线的切线求此曲线的问题、自然界中广泛存在的反应扩散现象等, 因而, 这类问题有很强的应用背景.

从数学理论本身的发展看, 数学理论中广泛存在着对称现象, 在运算中表现为一些互逆的运算, 如加法与减法、乘法与除法, 当然, 还有一些如逆函数、逆矩阵等更广义的求逆运算, 那么, 作为函数的求导运算, 是否也有逆运算呢?

在 16、17 世纪, 上述现实问题和理论发展中的问题是摆在当时科学家面前的亟待解决的重要问题, 经过几个世纪的努力, 今天, 这类问题不仅已经得到彻底的解决, 而且已经形成了完整且完美的数学理论——积分学理论: 称这类由导函数 $f'(x)$ 求原来函数 $f(x)$ 的运算为不定积分运算, 研究这类运算及其相关的理论就是不定积分学理论, 它与定积分理论构成数学分析的核心理论之一——积分理论, 这就是我们将在本章和第 7 章学习的内容.

6.1　不定积分的概念和基本积分公式

一、不定积分的定义

1. 原函数

我们从求导运算的“逆运算”出发, 先引入原函数的概念.

定义 1.1　设函数 $f(x)$ 与 $F(x)$ 在区间 I 上有定义且 $F(x)$ 可导, 若

$$F'(x)=f(x), \quad \forall x\in I,$$

称 $F(x)$ 为 $f(x)$ 在区间 I 上的一个原函数.

信息挖掘　由定义可知,

1) 若 $F(x)$ 为 $f(x)$ 的一个原函数, 则从导数角度看, $f(x)$ 为 $F(x)$ 的导函数, 这也反映了原函数和导函数的紧密关系;

2) 从形式上看, 计算 $f(x)$ 的原函数的问题, 就相当于已知导函数的表达式 $F'(x)$, 求函数 $F(x)$, 即进行一次求导的逆运算;

3) 原函数必可导, 因而, 具有导函数的性质.

引言中的例 1 就是计算函数的原函数问题. 若设 $F(t)=t^3$, 例 1 相当于求 t^3 的原函数, 由于 $\left(\frac{1}{4}t^4\right)'=t^3$, 因而, t^3 的原函数为 $\frac{1}{4}t^4+C$, 这就是所求的速度 $v(t)=\frac{1}{4}t^4+C$, 这是不唯一的. 换句话说, 在例 1 的条件下, 确定的速度不唯一. 但若增加条件: 如设初始速度为 0, 即 $v(0)=0$, 代入得 $C=0$, 此时, 速度是唯一的, 即 $v(t)=\frac{1}{4}t^4$.

引入了原函数的定义, 接下来自然考虑的主要问题是

问题 1　原函数的存在性;

问题 2　原函数的唯一性;

问题 3　原函数的计算.

对问题 1——原函数的存在性, 我们首先指出, 若 $f(x)$ 连续, 则其原函数必存在, 关于结论的证明及原函数存在的一般条件将在第 7 章给出.

对问题 2, 由导数的性质, 很容易得到原函数的不唯一性, 这就是下述定理.

定理 1.1　设 $F(x)$ 是 $f(x)$ 在区间 I 上的一个原函数, 则

1) $F(x)+C$ 也是 $f(x)$ 在 I 上的原函数, 其中 C 为任意常数; 因而, 原函数不唯一.

2) $f(x)$ 在 I 上的任何两个原函数之间, 只可能相差一个常数, 即在相差一个

常数的意义下，原函数是唯一的.

证明 1) 结论是明显的.

2) 设 $F(x)$ 和 $G(x)$ 都是 $f(x)$ 的原函数,

$$F'(x)=f(x),\quad G'(x)=f(x),$$

则

$$(F(x)-G(x))'=F'(x)-G'(x)=0,\quad \forall x\in I,$$

由导数理论, 存在常数 C, 使得

$$F(x)-G(x)=C,\quad \forall x\in I.$$

总结 定理1.1的证明体现了处理原函数问题的思想, 即严格按照定义, 将函数和原函数关系的验证转化为已知的微分关系来证明.

既然原函数不唯一, 在存在的情况下, 如何表示原函数就变得非常重要. 因为良好的符号系统对理论的发展相当重要, 为此, 引入不定积分的概念.

2. 不定积分

定义 1.2 函数 $f(x)$ 在区间 I 上的原函数的全体称为 $f(x)$ 在 I 上的不定积分, 记为 $\int f(x)\mathrm{d}x$, 其中, $\int$ 为不定积分符号, $f(x)$ 为被积函数, $f(x)\mathrm{d}x$ 为被积表达式, x 为积分变量.

不定积分符号的引入为不定积分理论的研究带来了方便, 至于为何引入这样的符号将在下章定积分理论中给予说明, 但是, 需要明确的是, $\mathrm{d}x$ 正是微分运算符号, 若把 $\int$ 视为不定积分运算符号, 不定积分的整体表达式由不定积分运算和微分运算符号组成, 这也正暗示了两种运算之间的关系(见下面的性质).

信息挖掘 定义表明: $\int f(x)\mathrm{d}x$ 不是一个具体的函数, 是一个函数类——所有原函数的全体表示; 换句话说, 既然原函数不唯一, 同一个函数的原函数有无限多个, 不同原函数的结构差别也很大(虽然不同的原函数间仅相差一个常数), 那么, 在提到原函数时到底指的是哪个原函数就变得不确定, 为了解决这个困惑, 我们引入不定积分的定义, 用于代指所有的原函数, 因此, 在这个意义上说, 不定积分具有不确定性. 对这样一个具有不确定性的量, 为了便于研究、计算, 有时需要将其确定化, 为此, 我们讨论 $\int f(x)\mathrm{d}x$ 与具体某个原函数的关系.

若 $F(x)$ 是 $f(x)$ 的一个原函数, 由定理 1.1, 我们知道, 任何原函数与 $F(x)$ 相差一个常数, 因而, 任何原函数都可以表示为 $F(x)+C$, 或者说, $F(x)+C$ 表示了 $f(x)$ 的所有原函数, 因此, 由不定积分的定义, 于是, 成立

$$\int f(x)\mathrm{d}x = F(x) + C,$$

称 C 为积分常数, 它可取任意实数. 这个关系式更加具体地表明了 $\int f(x)\mathrm{d}x$ 是一个函数类.

我们把这个表达式称为**不定积分的结构表达式**.

这是一个非常重要的关系式, 它不仅反映了不定积分和某个具体原函数的关系, 揭示了不定积分的几何意义: 从几何上看(图 6-1), 若 $F(x)$ 是 $f(x)$ 的一个原函数, 由于 $y = F(x)$ 表示为几何上的一条曲线, 因此, $y = F(x)$ 的图像也称为 $f(x)$ 的一条积分曲线. 于是, $f(x)$ 的不定积分在几何上表示 $f(x)$ 的某一条积分曲线沿纵轴方向任意平移所得一组积分曲线组成的曲线族. 且曲线族中, 在每一条积分曲线上横坐标相同的点处作切线, 这些切线互相平行.

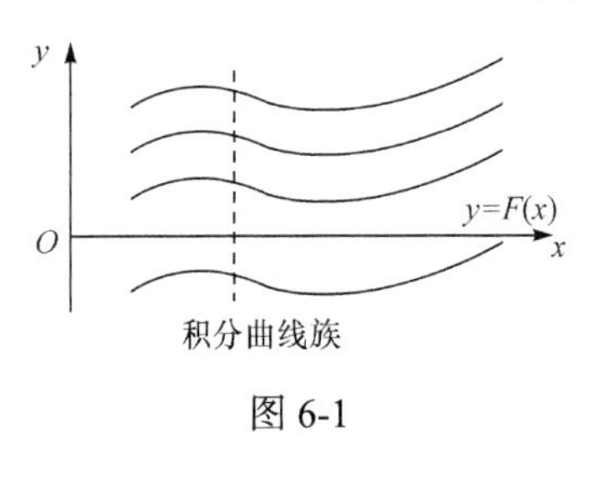

图 6-1

不定积分的结构表达式中也**隐藏着化不定为确定的研究思想**: 它将一个不确定的整体量——所有的原函数通过一个个体——用具体的某个原函数确定下来, 为处理不定积分问题, 如性质研究、不定积分的计算等提供了处理的思想和方法, 换句话说, 为研究不定积分的性质, 只需研究某一个原函数的性质, 为计算不定积分, 只需计算一个原函数即可.

至此, 原函数的存在性和唯一性问题也得到解决, 同时, 原函数问题也就转化为不定积分问题.

二、不定积分的性质

本章的主要目标就是问题 3——不定积分的计算. 我们在不定积分存在的条件下, 给出用于计算的基本性质.

为计算不定积分, 我们再对不定积分 $\int f(x)\mathrm{d}x$ 做进一步说明: 不定积分 $\int f(x)\mathrm{d}x$ 也称为对函数 $f(x)$ 的不定积分的运算, 计算不定积分 $\int f(x)\mathrm{d}x$, 也就是对 $f(x)$ 进行不定积分运算, 这样, 到目前为止, 我们给出了对函数 $f(x)$ 的两种高级运算: 微分运算和积分运算. 从不定积分的定义中可以看到, 对函数的这两种运算之间存在着关系, 并且, 我们已经掌握了函数的微分运算, 因此, 一个自然的想法就是利用已经掌握的微分运算理论计算不定积分, 为此, 我们进一步挖掘二者之间的关系.

性质 1.1 $\left[\int f(x)\mathrm{d}x\right]' = f(x)$——先积后导正好还原.

结构分析 题型是导数关系验证; 求导对象是不定积分形式; 类比已知, 到目前为止, 我们只掌握了不定积分的定义, 知道了不定积分是函数类, 具有不确定性, 由此确定证明的思路是利用定义进行证明, 具体的方法是将不定积分用“具体的函数”表示, 体现化不定为确定的思想.

证明 设 $F(x)$ 是 $f(x)$ 的一个原函数, 则由定义,

$$F'(x)=f(x), \quad \int f(x)\mathrm{d}x=F(x)+C,$$

故, $\left[\int f(x)\mathrm{d}x\right]'=[F(x)+C]'=f(x)$.

抽象总结 此性质表明, 对函数先进行积分运算, 再进行微分运算, 得到原来的函数, 由此表明, 微分运算是积分运算的逆运算.

性质 1.2 $\int f'(x)\mathrm{d}x=f(x)+C$.

结构分析 题型是验证一个不定积分结论; 类比已知, 只需证明 $f(x)$ 是 $f'(x)$ 的一个原函数; 确定证明的思想方法是按照定义, 将不定积分关系转化为微分关系讨论. 当然, 将结论变形为 $\int f'(x)\mathrm{d}x-f(x)=C$, 也可以将此结论解读为两个函数相差一个常数, 由此可以确定用已知的微分方法来验证, 即证明 $\left[\int f'(x)\mathrm{d}x-f(x)\right]'=0$, 因而, 可以用性质 1.1 证明此结论.

证明 由于 $[f(x)]'=f'(x)$, 因而, $f(x)$ 是 $f'(x)$ 的一个原函数, 由不定积分的定义得

$$\int f'(x)\mathrm{d}x=f(x)+C.$$

抽象总结 1) 性质 1.2 表明, 对函数进行先导后积运算, 还原为原函数加上一个常数——部分还原(不能完全还原), 说明积分“几乎”是微分的逆运算, 体现了积分和微分的基本关系.

2) 此性质给出了不定积分 $\int f'(x)\mathrm{d}x$ 的计算思想, 是不定积分计算的基本理论公式, 利用此公式和已知的导数公式就可以建立简单函数的不定积分的计算, 计算思想是将不定积分的被积函数利用微分理论转化为导数形式, 由此性质给出计算结果.

作为应用, 利用性质 1.2 很容易验证下面简单的不定积分结论.

例 1 证明: $\int \frac{\mathrm{d}x}{\sqrt{x^2+a^2}}=\ln(x+\sqrt{x^2+a^2})+C$.

证明 由于

$$[\ln(x+\sqrt{x^2+a^2})]'=\frac{1+\dfrac{x}{\sqrt{x^2+a^2}}}{x+\sqrt{x^2+a^2}}=\frac{1}{\sqrt{x^2+a^2}},$$

故,

$$\int\frac{\mathrm{d}x}{\sqrt{x^2+a^2}}=\ln(x+\sqrt{x^2+a^2})+C.$$

例 2 证明: 1) $\int\frac{\mathrm{d}x}{\sqrt{x(1-x)}}=2\arcsin\sqrt{x}+C$;

2) $\int\frac{\mathrm{d}x}{\sqrt{x(1-x)}}=2\arctan\sqrt{\frac{x}{1-x}}+C$.

证明 由于

$$(2\arcsin\sqrt{x})'=\left(2\arctan\sqrt{\frac{x}{1-x}}\right)'=\frac{1}{\sqrt{x(1-x)}},$$

因而, 两式同时成立.

例 2 表明, 同一个函数的原函数可以有不同的形式, 有时形式上的差别是很大的. 这也暗示了不定积分计算的复杂性.

再次强调 性质 1.2 不仅给出了证明不定积分等式的方法, 也给出了不定积分计算的最基本的方法和公式, 即只需将被积函数写为导数形式, 这也成为将要给出的基本公式的计算思想.

三、不定积分的简单计算

1. 基本积分公式

利用上述计算思想, 很容易把基本导数公式改写成对应的**基本积分公式**:

1) $\int 0\mathrm{d}x=C$;

2) $\int 1\mathrm{d}x=\int\mathrm{d}x=x+C$;

3) $\int x^\alpha\mathrm{d}x=\frac{x^{\alpha+1}}{\alpha+1}+C\ (\alpha\neq-1,x>0)$;

4) $\int\frac{1}{x}\mathrm{d}x=\ln|x|+C\ (x\neq0)$;

5) $\int\mathrm{e}^x\mathrm{d}x=\mathrm{e}^x+C$;

6) $\int a^x \mathrm{d}x = \frac{a^x}{\ln a} + C \ (a>0, a\neq 1)$;

7) $\int \cos x \mathrm{d}x = \sin x + C$;

8) $\int \sin x \mathrm{d}x = -\cos x + C$;

9) $\int \sec^2 x \mathrm{d}x = \tan x + C$;

10) $\int \csc^2 x \mathrm{d}x = -\cot x + C$;

11) $\int \sec x \cdot \tan x \mathrm{d}x = \sec x + C$;

12) $\int \csc x \cdot \cot x \mathrm{d}x = -\csc x + C$;

13) $\int \frac{\mathrm{d}x}{\sqrt{1-x^2}} = \arcsin x + C = -\arccos x + C_1$;

14) $\int \frac{\mathrm{d}x}{1+x^2} = \arctan x + C = -\operatorname{arccot} x + C_1$.

牢记上述积分公式, 这是基本的已知公式, 是计算的基础.

关于公式 4)的说明: 当 $x>0$ 时, 公式显然成立; 当 $x<0$ 时,

$$[\ln|x|]' = [\ln(-x)]' = \frac{1}{x},$$

因而, 公式 4)仍成立.

2. 积分运算法则

上述不定积分的公式只能给出最简单函数的原函数, 为了计算更复杂的函数的不定积分, 给出更进一步的计算法则.

定理 1.2 (积分的线性运算法则) 若函数 $f(x)$ 与 $g(x)$ 在区间 I 上都存在原函数, k_1, k_2 为两个任意常数, 则 $k_1 f(x) + k_2 g(x)$ 也存在原函数, 且

$$\int [k_1 f(x) + k_2 g(x)] \mathrm{d}x = k_1 \int f(x) \mathrm{d}x + k_2 \int g(x) \mathrm{d}x.$$

结构分析 题型结构是不定积分的验证, 只需遵循我们前面提到的验证不定积分关系的准则, 即将不定积分关系转化为导数关系的验证, 从而, 可以利用掌握的导数理论解决不定积分问题.

证明 由条件得 $\int f(x)\mathrm{d}x, \int g(x)\mathrm{d}x$ 都存在, 且

$$\left[\int f(x)\mathrm{d}x\right]' = f(x), \quad \left[\int g(x)\mathrm{d}x\right]' = g(x),$$

故,

$$\left[k_1\int f(x)\mathrm{d}x+k_2\int g(x)\mathrm{d}x\right]'$$
$$=k_1\left[\int f(x)\,\mathrm{d}x\right]'+k_2\left[\int g(x)\mathrm{d}x\right]'$$
$$=k_1f(x)+k_2g(x),$$

因而, $\int[k_1f(x)+k_2g(x)]\mathrm{d}x=k_1\int f(x)\mathrm{d}x+k_2\int g(x)\mathrm{d}x$.

抽象总结 线性法则的一般形式为

$$\int\sum_{i=1}^{n}k_if_i(x)\mathrm{d}x=\sum_{i=1}^{n}k_i\int f_i(x)\mathrm{d}x .$$

虽然说积分运算几乎可以视为微分的逆运算, 但是, 比较二者运算法则的区别, 微分的运算除了线性运算法则, 还有乘积和除法法则, 积分运算仅有线性运算法则, 这也反映了积分运算要比微分运算难.

3. 应用举例

有了上述基本积分公式和线性运算法则, 就可以将计算对象进行进一步拓展, 可以进行稍微复杂的运算了.

例 3 求 $\int(a_0x^n+a_1x^{n-1}+\cdots+a_{n-1}x+a_n)\mathrm{d}x$.

结构分析 题型结构: 多项式函数的不定积分; 类比已知: 基本公式中包含幂函数的不定积分; 解题思路: 利用不定积的线性运算法则, 将多项式的不定积分转化为幂函数的不定积分.

解 原式 $=\int a_0x^n\mathrm{d}x+\int a_1x^{n-1}\mathrm{d}x+\cdots+\int a_{n-1}x\mathrm{d}x+\int a_n\mathrm{d}x$

$$=\frac{a_0x^{n+1}}{n+1}+\frac{a_1x^n}{n}+\cdots+\frac{a_{n-1}x^2}{2}+a_nx+C.$$

例 4 求 $\int\frac{x^4}{x^2+1}\mathrm{d}x$.

结构分析 题型结构: 假分式的不定积分; 类比已知: 幂函数、简单的真分式的不定积分 $\left(\int\frac{\mathrm{d}x}{x},\int\frac{\mathrm{d}x}{1+x^2}\right)$; 思路确立: 通过分解, 将假分式分解为多项式和真分式的和, 实现积分结构的简化, 将待求的不定积分转化为基本公式中已知的积分.

解 化简结构, 利用已知公式, 则

$$\int \frac{x^4}{x^2+1}\mathrm{d}x = \int \frac{x^4-1+1}{x^2+1}\mathrm{d}x = \int\left(x^2-1+\frac{1}{x^2+1}\right)\mathrm{d}x$$
$$=\frac{1}{3}x^3 - x + \arctan x + C.$$

计算不定积分时，一定不要忘记积分常数 C.

例 5 设 $f(x)=\begin{cases} x, & x\geqslant 0, \\ 0, & x<0, \end{cases}$ 计算 $\int f(x)\mathrm{d}x$.

简析 由不定积分的定义，只需计算其一个原函数，由于 $f(x)$ 是分段函数，因此，分段计算其原函数 $F(x)$.

解 记 $F(x)=\int f(x)\mathrm{d}x$.

当 $x>0$ 时，由于 $\left(\frac{1}{2}x^2\right)'=x$ ，故，$F(x)=\frac{1}{2}x^2+C_1$ ；当 $x<0$ 时，显然，$F(x)=C_2$ ，由于 $F(x)$ 是连续函数，在分段点 $x=0$ 处也连续，因而，

$$F(0)=\lim_{x\to 0^+}F(x)=\lim_{x\to 0^-}F(x),$$

故 $C_1=C_2$ ，因而，

$$\int f(x)\mathrm{d}x = F(x)+C = \begin{cases} \frac{1}{2}x^2+C, & x\geqslant 0, \\ C, & x<0, \end{cases}$$

由此看出，不定积分也可以是分段形式.

例 6 设 $x^2+\int \frac{1}{x}\sin x\mathrm{d}x + x\arctan x - \frac{1}{2}\ln(1+x^2)$ 是 $f(x)$ 的一个原函数，求

$$\int x(f(x)-\arctan x)\mathrm{d}x .$$

思路分析 题型结构：不定积分的计算；难点：被积函数中含有不确定的函数 $f(x)$ ；处理方法：利用条件确定 $f(x)$.

解 由原函数的定义，则

$$f(x)=\left(x^2+\int \frac{1}{x}\sin x\mathrm{d}x + x\arctan x - \frac{1}{2}\ln(1+x^2)\right)'$$
$$=2x+\frac{1}{x}\sin x+\arctan x,$$

故，

$$\int x(f(x)-\arctan x)\mathrm{d}x=\int(2x^2+\sin x)\mathrm{d}x$$
$$=\frac{2}{3}x^3-\cos x+C.$$

再看一个不定积分的几何应用.

例 7 已知给定曲线的切线斜率为 $k(x)=\mathrm{e}^x+\sin x$，求此曲线. 又若曲线还过(0, 0)点, 求此曲线.

解 设曲线的方程为 $y=f(x)$，则由导数的几何意义

$$f'(x)=k(x)=\mathrm{e}^x+\sin x,$$

故,

$$f(x)=\int f'(x)\mathrm{d}x=\int(\mathrm{e}^x+\sin x)\mathrm{d}x=\mathrm{e}^x-\cos x+C,$$

显然, 这是一个曲线族.

若曲线过点(0, 0), 则

$$0=f(0)=(\mathrm{e}^x-\cos x+C)\big|_{x=0}=C,$$

因而, 此时曲线为 $y=\mathrm{e}^x-\cos x$.

注 根据性质 1.2, 应该有 $\int f'(x)\mathrm{d}x=f(x)+C$，在上面的计算中, 我们用到了 $f(x)=\int f'(x)\mathrm{d}x$，比较二者, 相差一个常数 C, 我们此处的写法正确吗?

例 8 设 $f(x)=\begin{cases}0, & x\neq 0,\\ 1, & x=0,\end{cases}$ 证明：$f(x)$ 在(−1, 1)上不存在原函数.

结构分析 题型结构：原函数不存在性的证明, 是否定性命题的论证; 思路确立：否定性命题常用反证法来证明.

证明 若 $f(x)$ 有原函数 $F(x)$，由定义, $F(x)$ 可导, 因而连续, 且

$$F'(x)=f(x)=\begin{cases}0, & x\neq 0,\\ 1, & x=0,\end{cases}$$

因而,

$$F(x)=\int f(x)\mathrm{d}x=\begin{cases}c_1, & x<0,\\ c_2, & x>0,\end{cases}$$

由 $F(x)$ 在 $x=0$ 点连续, 得 $c_1=c_2\triangleq c$，因而, $F(x)=c$，故, $F'(x)=0, x\in(-1,1)$.

另一方面, 由定义, 有 $F'(x)=f(x)$，特别有 $f(0)=F'(0)=0$ 与 $f(0)=1$ 矛盾.

例 8 实际上是导函数一个结论的体现, 我们知道, 导函数至多有第二类间断点, 不可能有第一类间断点, 而 $f(x)$ 在 $x=0$ 处存在第一类间断点, 因此, $f(x)$ 不

可能是导函数, 因而, $f(x)$ 不存在原函数.

习　题　6.1

1. 验证 $F(x)=\begin{cases}x^2\sin\dfrac{1}{x}, & x\neq 0,\\ 0, & x=0\end{cases}$ 是 $f(x)=\begin{cases}2x\sin\dfrac{1}{x}-\cos\dfrac{1}{x}, & x\neq 0,\\ 0, & x=0\end{cases}$ 的原函数.

2. 验证 $2\arctan\sqrt{\dfrac{x-a}{b-x}}$ 和 $\arcsin\dfrac{2x-a-b}{a-b}$ 都是 $\dfrac{1}{\sqrt{(x-a)(b-x)}}$ 的一个原函数.

3. 设 $f(x)$ 在区间 I 上有原函数 $F(x)$, 证明: 对任意的 $x_0\in I$, $\lim\limits_{x\to x_0^+}f(x)$ 和 $\lim\limits_{x\to x_0^-}f(x)$ 至少有一个不存在, 即若 $x_0\in I$ 为 $f(x)$ 的间断点, 则必为第二类间断点.

4. 设 $f(x)$ 的导函数是 $\sin x$, 计算 $f(x)$ 的一个原函数.

5. 设 $xf(x)$ 有一个原函数为 $\ln(1+x)$, 计算 $\dfrac{1}{f(x)}$ 的原函数.

6. 设 $f'(\mathrm{e}^x)=\mathrm{e}^{2x}+\mathrm{e}^{-x}+1$, 求 $f(x)$.

7. 设 $f(x)=\begin{cases}x^2+1, & x\geqslant 0,\\ \mathrm{e}^x, & x<0,\end{cases}$ 计算 $\int f(x)\,\mathrm{d}x$. 由于 $\lim\limits_{x\to x_0^+}f(x)$ 和 $\lim\limits_{x\to x_0^-}f(x)$ 都存在, 这和第3题的结论是否矛盾?

8. 计算下列不定积分.

1) $\displaystyle\int\frac{x^2}{x^2+1}\mathrm{d}x$;　　2) $\displaystyle\int\frac{(\sqrt{x}+1)^3}{x}\mathrm{d}x$;

3) $\displaystyle\int\cos^2\frac{x}{2}\mathrm{d}x$;　　4) $\displaystyle\int\left(x-\frac{2}{x}\right)^2\mathrm{d}x$;

5) $\displaystyle\int\left(\mathrm{e}^x+\frac{1}{4^x}\right)\mathrm{d}x$;　　6) $\displaystyle\int(1+x)\sqrt{x\sqrt{x}}\,\mathrm{d}x$;

7) $\displaystyle\int\frac{\cos 2x}{\sin^2 2x}\mathrm{d}x$;　　8) $\displaystyle\int\frac{1+\cos^2 x}{\sin^2 x}\mathrm{d}x$;

9) $\displaystyle\int|x-1|\,\mathrm{d}x$;　　10) $\displaystyle\int\frac{2^x+3^x}{5^x}\mathrm{d}x$.

9. 设某型战机的起飞速度是360km/h, 现要求飞机在20s内用匀加速度将飞机速度从0加速到起飞速度, 计算飞机需滑行的距离.

10. 试用不定积分理论给出物体沿直线做恒加速度运动的运动方程.

6.2　不定积分的计算之一——换元积分法

正如由一些简单函数的导数公式可以得到复杂函数的导数一样, 不定积分的计算也是由简单的基本公式出发, 利用运算法则计算更复杂的不定积分. 但是, 相对于函数的求导而言, 尽管不定积分的计算是求导的“逆运算”, 不定积分的计算仍然复杂得多, 要困难得多, 不仅会出现同一函数的不定积分可以具有完全不同形式, 甚至会出现很简单形式的不定积分不能计算, 即不能用初等函数表示的不定积分, 如 $\int e^{x^2}dx$, $\int \frac{\sin x}{x}dx$, $\int \frac{1}{\ln x}dx$ 等. 这都表明了不定积分的计算类型多, 难度大, 对计算方法和技术的要求比较高, 因此, 从本节开始, 我们分几个小节的篇幅讨论不定积分的计算. 计算的出发点是针对一些特殊结构的不定积分引入相应的计算方法与技术. 当然, 所有方法与技术的思想都是一致的, 即将所求不定积分通过不同的技术处理, 最终转化为能用积分基本公式或已知结论表示的不定积分, 并最终得到结果. **计算的本质实际上是被积函数的结构简化, 因此, 各种方法也是结构简化的方法**. 由于各种方法和技术针对性强, 因此, 要求通过一定量的练习达到熟练掌握之目的.

本节, 我们通过引入换元方法, 简化被积函数的结构, 实现不定积分的计算.

先看一个例子.

例 1 计算 $\int e^{2x}dx$.

结构分析 类比已知的基本公式, 与要计算的不定积分结构最为相近的是公式 $\int e^x dx = e^x + C$, 分析二者之差别, 在于指数的不同, 已知公式中, 指数是积分变量, 而要计算的积分中, 指数是积分变量的 2 倍, 可以通过换元实现标准化; 当然, 从另一个角度分析, 已知的基本公式中要求: 幂指数 x 与积分变量 x 形式是一致的, 而要计算的不定积分中, 二者是不一致的, 相差因子 2, 为此, "凑"上因子 2, 使之变为幂指数 $2x$ 的微分形式, 即 $2dx=d(2x)$, 这样形式上就与基本公式一致, 可以用基本公式求解. 上述两种方法都可以, 前者称为换元法, 后者为**"凑"微分法, "凑"微分法的本质仍是通过换元简化结构, 实现计算的目的**.

解 法一 利用换元 $t = 2x$, 则

$$\int e^{2x}dx = \frac{1}{2}\int e^t dt = \frac{1}{2}e^t + C$$
$$= \frac{1}{2}(e^{2x} + C).$$

法二 利用"凑"微分法, 则

$$原式 = \int e^{2x} \cdot \frac{1}{2} \cdot 2dx = \frac{1}{2}\int e^{2x}d(2x)$$
$$= \frac{1}{2}(e^{2x} + C).$$

总结 从上述求解过程中可以看出, "凑"微分方法的过程就是通过分析被积函数 $f(x)$ 的结构, 在微分形式 dx "凑"上某个微分因子 $\varphi'(x)$, 利用微分运算法

则，使其成为另一因子的微分形式 $\varphi'(x)\,\mathrm{d}x=\mathrm{d}\varphi(x)$；然后以 $\varphi(x)$ 为基本变量，将 $f(x)$ 表示为以 $\varphi(x)$ 为变量的形式 $g(\varphi(x))$，即 $f(x)=g(\varphi(x))$，然后，利用基本公式给出结果；其本质也是换元思想，即选取换元为 $t=\varphi(x)$，只是由于求解过程相对简单，略去换元的步骤，直接给出了计算结果. 因此，凑微分法是较低级的换元法，只能处理相对简单的结构，能用凑微分法求解的不定积分都能用换元方法，因此，我们主要介绍换元法，这就是下面的定理.

定理 2.1　设 $f(x)$ 连续，$\varphi(t)$ 具有一阶连续导数，$x=\varphi(t)$ 存在连续的反函数，且 $\int f(\varphi(t))\varphi'(t)\mathrm{d}t=F(t)+C$，则

$$\int f(x)\mathrm{d}x=F(\varphi^{-1}(x))+C.$$

结构分析　题型结构：这是不定积分的验证；类比已知：这类命题的处理方法是验证对应的微分关系式成立，即要证明积分关系 $\int g(x)\mathrm{d}x=G(x)+C$，只需证明等价的微分关系 $G'(x)=g(x)$，由此确立证明思路. 当然，要从条件中挖掘函数关系.

证明　由于 $\int f(\varphi(t))\varphi'(t)\mathrm{d}t=F(t)+C$，则

$$F'(t)=f(\varphi(t))\varphi'(t),$$

利用复合函数的求导法则，有

$$\frac{\mathrm{d}}{\mathrm{d}x}F(\varphi^{-1}(x))=F'(\varphi^{-1}(x))\cdot\frac{\mathrm{d}\varphi^{-1}(x)}{\mathrm{d}x},$$

由于 $x=\varphi(t)$，则 $\mathrm{d}x=\varphi'(t)\mathrm{d}t$，$t=\varphi^{-1}(x)$，因而

$$\frac{\mathrm{d}\varphi^{-1}(x)}{\mathrm{d}x}=\frac{\mathrm{d}t}{\mathrm{d}x}=\frac{1}{\varphi'(t)},$$

故,

$$\begin{aligned}\frac{\mathrm{d}}{\mathrm{d}x}F(\varphi^{-1}(x))&=F'(t)\cdot\frac{1}{\varphi'(t)}\\&=f(\varphi(t))\cdot\varphi'(t)\cdot\frac{1}{\varphi'(t)}\\&=f(\varphi(t))=f(x),\end{aligned}$$

因而，$\int f(x)\mathrm{d}x=F(\varphi^{-1}(x))+C$.

定理 2.1 就是换元积分法，从定理 2.1 可以看出，利用换元积分法计算不定积分的过程为

$$\int f(x)\mathrm{d}x \xlongequal{x=\varphi(t)} \int f(\varphi(t))\cdot\varphi'(t)\mathrm{d}t$$
$$=F(t)+C=F(\varphi^{-1}(x))+C.$$

从过程上看，要计算不定积分 $\int f(x)\mathrm{d}x$ 首先通过换元将其转化为 $\int f(\varphi(t))\varphi'(t)\mathrm{d}t$，从形式上看，$\int f(\varphi(t))\varphi'(t)\mathrm{d}t$ 比 $\int f(x)\mathrm{d}x$ 更复杂，实际上正相反，$\int f(\varphi(t))\varphi'(t)\mathrm{d}t$ 比 $\int f(x)\mathrm{d}x$ 更简单，应该是基本型，因而能容易计算出结果 $F(t)+C$，因此，换元积分法的思想是通过合适的换元(变量代换)，将 $\int f(x)\mathrm{d}x$ 简化为 $\int f(\varphi(t))\varphi'(t)\,\mathrm{d}t$，从而实现计算的目的.

利用换元法计算不定积分的重点和难点在于换元关系(变量代换)的选择. 选择的理论基础是基于结构的分析方法，即分析结构特点，确定积分结构的主因子(复杂因子或困难因子)，类比已知，利用形式统一的思想确定换元关系，简化结构. 这仍然是抓主要矛盾的主次分析方法的应用.

例 2　计算下列不定积分：

1) $\int\frac{1}{x+a}\mathrm{d}x$；　2) $\int\frac{1}{x^2-a^2}\mathrm{d}x$；　3) $\int\frac{1}{x^2+a^2}\mathrm{d}x(a>0)$；

4) $\int\tan x\mathrm{d}x$；　5) $\int\sec x\mathrm{d}x$；　6) $\int\sin^3 x\mathrm{d}x$.

解　1) **结构分析**　通过分析结构，类比已知，发现本题结构与基本公式中 $\int\frac{1}{x}\mathrm{d}x=\ln|x|+C$ 类似，区别是公式中的分母正是积分变量，待求解的积分中，分母是积分变量和常数的和，因此，为形式统一，将分母作为一个整体变量进行换元，转化为标准型，利用已知公式进行求解，由此确定换元方法.

$$原式\xlongequal{t=x+a}\int\frac{1}{t}\mathrm{d}t=\ln|t|+C=\ln|x+a|+C.$$

2) **结构分析**　这是有理式的不定积分，类比已知，在已知公式中被积函数具有有理式结构的有如下形式 $\frac{1}{x}$ 和 $\frac{1}{1+x^2}$，因此，解题的思想是将被积函数的结构转化为已知的类型，即进行标准化处理，这是有理式的化简问题. 当然，解题的关键就是结构简化.

$$原式=\frac{1}{2a}\int\left[\frac{1}{x-a}-\frac{1}{x+a}\right]\mathrm{d}x=\frac{1}{2a}\ln\left|\frac{x-a}{x+a}\right|+C.$$

3) **结构分析**　类比已知，相对应的基本公式为 $\int \frac{1}{1+x^2}\mathrm{d}x = \arctan x + C$，进行形式统一，确定换元方法.

$$
\begin{aligned}
\text{原式} &= \frac{1}{a^2}\int \frac{1}{1+\left(\frac{x}{a}\right)^2}\mathrm{d}x \\
&= \frac{1}{a}\int \frac{1}{1+\left(\frac{x}{a}\right)^2}\mathrm{d}\left(\frac{x}{a}\right) \\
&\xlongequal{t=\frac{x}{a}} \frac{1}{a}\int \frac{1}{1+t^2}\mathrm{d}t = \frac{1}{a}\arctan t + C \\
&= \frac{1}{a}\arctan\frac{x}{a} + C.
\end{aligned}
$$

4) 利用基本公式，则

$$
\begin{aligned}
\text{原式} &= \int \frac{\sin x}{\cos x}\mathrm{d}x \\
&\xlongequal{\text{“凑”因子}} -\int \frac{1}{\cos x}\mathrm{d}\cos x \\
&\xlongequal{t=\cos x} -\int \frac{1}{t}\mathrm{d}t = -\ln|t| + C \\
&= -\ln\left|\cos x\right| + C = \ln\left|\sec t\right| + C.
\end{aligned}
$$

5) 利用基本公式，则

$$
\begin{aligned}
\text{原式} &= \int \frac{1}{\cos x}\mathrm{d}x \\
&\xlongequal{\text{“凑”因子}} \int \frac{1}{\cos^2 x}\cos x\mathrm{d}x \\
&\xlongequal{t=\sin x} \int \frac{1}{1-t^2}\mathrm{d}t \\
&= -\frac{1}{2}\ln\left|\frac{t-1}{t+1}\right| + C,
\end{aligned}
$$

因此，

$$
\int \sec x\mathrm{d}x = -\frac{1}{2}\ln\left|\frac{1-\sin x}{1+\sin x}\right| + C.
$$

上述结果可以进一步改写为

$$\begin{aligned}\int\sec x\mathrm{d}x&=\frac{1}{2}\ln\left|\frac{1+\sin x}{1-\sin x}\right|+C\\&=\frac{1}{2}\ln\left|\frac{(1+\sin x)^2}{1-\sin^2 x}\right|+C\\&=\ln\left|\frac{1+\sin x}{\cos x}\right|+C=\ln|\sec x+\tan x|+C.\end{aligned}$$

6) 利用基本公式, 则

$$\begin{aligned}\text{原式}&=\int\sin^2 x\cdot\sin x\mathrm{d}x=-\int\sin^2 x\mathrm{d}\cos x\\&=-\int(1-\cos^2 x)\mathrm{d}\cos x\\&\xlongequal{t=\cos x}-\int(1-t^2)\mathrm{d}t=-t+\frac{1}{3}t^3+C\\&=\frac{1}{3}\cos^3 x-\cos x+C.\end{aligned}$$

从解题过程中发现, 有时要凑的因子, 正是被积函数中的某个因子.

利用三角函数关系(包括微分关系)进行因子之间转化是常用的技术.

利用"凑"微分法时, 关键是选择一个合适因子凑成微分形式, 因此要熟练掌握一些常用的微分形式:

$$\mathrm{d}x=\frac{1}{a}\mathrm{d}(ax+b),\quad x\mathrm{d}x=\frac{1}{2a}\mathrm{d}(ax^2+b),$$

$$x^n\mathrm{d}x=\frac{1}{n+1}\mathrm{d}x^{n+1},\quad \frac{1}{x}\mathrm{d}x=\mathrm{d}\ln|x|,\quad \mathrm{e}^x\mathrm{d}x=\mathrm{d}\mathrm{e}^x,$$

$$-\frac{1}{x^2}\mathrm{d}x=\mathrm{d}\frac{1}{x},\quad \frac{1}{2\sqrt{x}}\mathrm{d}x=\mathrm{d}\sqrt{x},$$

$$\frac{1}{1+x^2}\mathrm{d}x=\mathrm{d}\arctan x,\quad \frac{\mathrm{d}x}{\sqrt{1-x^2}}=\mathrm{d}\arcsin x,$$

$$\frac{x}{\sqrt{1+x^2}}\mathrm{d}x=\mathrm{d}\sqrt{1+x^2},\quad -\sin x\mathrm{d}x=\mathrm{d}\cos x,$$

$$\cos x\mathrm{d}x=\mathrm{d}\sin x,\quad \sec^2 x\mathrm{d}x=\frac{1}{\cos^2 x}\mathrm{d}x=\mathrm{d}\tan x,$$

$$-\csc^2 x\mathrm{d}x=\mathrm{d}\cot x,\quad \sec x\cdot\tan x\mathrm{d}x=\mathrm{d}\sec x,$$

$$-\csc x\cdot\cot x\mathrm{d}x=\mathrm{d}\csc x.$$

再看几个复杂的例子.

例 3 计算下列不定积分

1) $\int \frac{e^{\sqrt{x}}}{\sqrt{x}}dx$;　　　　2) $\int \sin\sqrt{1+x^2}\cdot\frac{x}{\sqrt{1+x^2}}dx$;

3) $\int \tan x\cdot\sec^2 x dx$;　　　　4) $\int \frac{1+\ln x}{x}dx$.

解 1) 原式$=2\int e^{\sqrt{x}}d\sqrt{x}=2e^{\sqrt{x}}+C$;

2) 原式$=\int \sin\sqrt{1+x^2}d\sqrt{1+x^2}=-\cos\sqrt{1+x^2}+C$;

3) 原式$=\int \tan x d\tan x=\frac{1}{2}\tan^2 x+C$; 或者

$$原式=\int \sec x d\sec x=\frac{1}{2}\sec^2 x+C;$$

4) 原式$=\int (1+\ln x)d\ln x=\ln x+\frac{1}{2}(\ln x)^2+C$.

总结 1) 例3中积分的特点是被积函数是由两类不同结构的因子组成, 处理这类问题的思想就是利用一定的法则, 消去其中的一类因子. 换元法给出了处理这类问题的第一种方法.

2) 换元法的应用思想　通过上述例子可以总结出简单换元法的换元思想是**通过换元, 将结构中困难的因子简单化.** 如题1), 与基本积分公式作对比, 发现被积函数中, 比较难处理的因子是$e^{\sqrt{x}}$, 因为基本公式中类似的因子是e^x形式, 因此, 需要将因子中的根式去掉, 可以通过换元达到目的, 如令$t=\sqrt{x}$; 对其他例子, 也可以通过类似的分析, 确定相应的换元公式. 从而可以体会到:凑微分法或简单换元法的本质就是通过适当的处理(凑因子、换元)将被积函数结构简单化, 这也是解决问题的一般性思想方法.

例 4 计算 1) $\int \frac{1+\sin 2x}{\sin^2 x}dx$;　　　2) $\int \frac{dx}{1-\cos x}$.

解 1) 原式

$$=\int \frac{1+2\sin x\cdot\cos x}{\sin^2 x}dx$$

$$=\int \frac{1}{\sin^2 x}dx+2\int \frac{\cos x}{\sin x}dx$$

$$=-\cot x+2\ln|\sin x|+C;$$

2) 原式

$$=\int \frac{1+\cos x}{1-\cos^2 x}dx$$

$$=\int \frac{1+\cos x}{\sin^2 x}dx$$

$$=\int \csc^2 x\mathrm{d}x+\int \frac{\cos x}{\sin^2 x}\mathrm{d}x$$

$$=-\cot x+\int \frac{\mathrm{d}\sin x}{\sin^2 x}+C$$

$$=-\cot x-\frac{1}{\sin x}+C.$$

或用倍角公式化简更简单,

$$原式=\int \frac{1}{2\sin^2 \frac{x}{2}}\mathrm{d}x=\int \csc^2 \frac{x}{2}\mathrm{d}\frac{x}{2}$$

$$=-\cot \frac{x}{2}+C.$$

第 2)题的思路是简化分母, 将两项合并或化简为一项, 便于化简整个分式. 充分利用三角函数关系式简化被积函数是常用的技巧.

不定积分的结果形式可以不同, 因此, 在得到结果后, 可以利用求导的方法验证结果的正确性.

在使用换元法时, 应先分析被积函数中复杂的因子, 通过引入新变量将被积函数简单化. 再看几个复杂的例子.

例 5 计算 $\int \frac{x+1}{\sqrt[3]{3x+1}}\mathrm{d}x$.

结构分析 复杂的因子为 $\sqrt[3]{3x+1}$, 故可通过引入变量代换 $t=\sqrt[3]{3x+1}$, 将复杂的因子 $\sqrt[3]{3x+1}$ 化为简单因子 t, 但要注意, 此因子简单化的同时尽可能不要使其他因子过于复杂化.

解 令 $t=\sqrt[3]{3x+1}$, 则 $x=\frac{1}{3}(t^3-1)$, $\mathrm{d}x=t^2\mathrm{d}t$, 故

$$原式=\int \frac{\frac{1}{3}(t^3-1)+1}{t}\cdot t^2\mathrm{d}t$$

$$=\frac{1}{3}\int (t^4+2t)\mathrm{d}t$$

$$=\frac{1}{3}\left(\frac{1}{5}t^5+t^2\right)+C$$

$$=\frac{1}{15}(3x+1)^{\frac{5}{3}}+\frac{1}{3}(3x+1)^{\frac{2}{3}}+C.$$

总结 将复杂因子 $\sqrt[3]{3x+1}$ 通过换元变为简单因子 t 的同时, 可能会带来被积函数中其他简单因子(包括积分变量的微分 $\mathrm{d}x$)的复杂化, 如上例中的 x 变化为

$\frac{1}{3}(t^3-1)$，形式变复杂了，但是，这种复杂化是非本质的，从结构看都是多项式，只是把一次多项式变为三次多项式，因此，选取的换元应使复杂因子的结构发生本质上简化的同时，使得其他简单的因子的复杂化不是本质的，否则这种换元是没有意义的.

例 6　计算 $\int x(x+100)^{100}\mathrm{d}x$.

思路分析　复杂的因子为 $(x+100)^{100}$，直接按多项式展开计算量太大，为此，通过换元法将其简化.

解　令 $t=x+100$，则

$$\begin{aligned}\text{原式}&=\int(t-100)t^{100}\mathrm{d}t=\int(t^{101}-100t^{100})\,\mathrm{d}t\\&=\frac{1}{102}t^{102}-\frac{100}{101}t^{100}+C\\&=\frac{1}{102}(x+100)^{102}-\frac{100}{101}(x+100)^{101}+C.\end{aligned}$$

注　例 6 也可以通过变换 $t=(x+100)^{100}$ 或 $t=(x+100)^{101}$ 将复杂因子简单化. 也可以形式统一后再换元或凑微分，即

$$\begin{aligned}\int x(x+100)^{100}\mathrm{d}x&=\int(x+100-100)(x+100)^{100}\mathrm{d}x\\&=\int(x+100)^{101}\mathrm{d}x-\int100(x+100)^{100}\mathrm{d}x.\end{aligned}$$

例 7　计算 $\int\frac{\mathrm{d}x}{x^4(1+x^2)}$.

结构分析　这是有理分式的不定积分，可由通用的有理分式积分法来解决，但有更简单的方法，这类积分的结构特点是：分母的最高幂次项为单独因子，如 x^4，因此，可通过倒代换的方法将高幂次转移到分子上，从而降低分母的幂次.

解　令 $t=\frac{1}{x}$，则

$$\begin{aligned}\text{原式}&=\int\frac{t^4}{1+\frac{1}{t^2}}\left(-\frac{1}{t^2}\right)\mathrm{d}t\\&=-\int\frac{t^4}{1+t^2}\mathrm{d}t=-\int\frac{t^4-1+1}{t^2+1}\mathrm{d}t\\&=\int(1-t^2)\mathrm{d}t-\int\frac{1}{1+t^2}\mathrm{d}t=t-\frac{1}{3}t^3-\arctan t+C\\&=\frac{1}{x}-\frac{1}{3x^3}-\arctan\frac{1}{x}+C.\end{aligned}$$

例 8 计算$\int \frac{\mathrm{d}x}{\sqrt{x}(1+\sqrt[3]{x})}$.

结构分析 这类题目的结构特点是出现了关于 x 的不同的分式幂次, 即出现根式$\sqrt{x}$, $\sqrt[3]{x}$, 处理方法是通过取整代换同时消去不同的根式, 化为有理分式.

解 令$x=t^6$, 则

$$\begin{aligned}
\text{原式} &= \int \frac{6t^5}{t^3(1+t^2)}\mathrm{d}t = 6\int \frac{t^2}{1+t^2}\mathrm{d}t \\
&= 6\int \frac{t^2+1-1}{1+t^2}\mathrm{d}t = 6\int \left(1-\frac{1}{1+t^2}\right)\mathrm{d}t \\
&= 6t - 6\arctan t + C \\
&= 6\sqrt[6]{x} - 6\arctan\sqrt[6]{x} + C.
\end{aligned}$$

最后介绍三角函数代换, 这类问题的特点是结构中含有因子$\sqrt{x^2 \pm a^2}$ 或者$\sqrt{a^2 \pm x^2}$, 通过适当的三角函数变换去掉根式. 常用的三角公式有

$$\sin^2 x + \cos^2 x = 1, \quad 1+\tan^2 x = \sec^2 x .$$

例 9 计算 1) $\int \sqrt{a^2-x^2}\mathrm{d}x$; 2) $\int \frac{\mathrm{d}x}{\sqrt{x^2+a^2}}$; 3) $\int \frac{\mathrm{d}x}{\sqrt{x^2-a^2}}$.

解 1) $\text{原式} \xlongequal{x=a\sin t} \int a\cdot\cos t\cdot a\cos t\mathrm{d}t = a^2\int \cos^2 t\mathrm{d}t$

$$\begin{aligned}
&= a^2\int \frac{1}{2}(1+\cos 2t)\,\mathrm{d}t = \frac{a^2}{2}\left(t+\frac{1}{2}\sin 2t\right)+C \\
&= \frac{1}{2}x\sqrt{a^2-x^2} + \frac{a^2}{2}\arcsin\frac{x}{a}+C,
\end{aligned}$$

此处用到关系式

$$\sin 2t = 2\sin t\cos t = 2\cdot\frac{x}{a}\sqrt{1-\frac{x^2}{a^2}} = \frac{1}{2a^2}x\sqrt{a^2-x^2} .$$

2) $\text{原式} \xlongequal{x=a\tan t} \int \frac{a\cdot\sec^2 t}{a\cdot\sec t}\mathrm{d}t = \int \sec t\mathrm{d}t$

$$\begin{aligned}
&= \ln|\tan t + \sec t| + C \\
&= \ln\left|x+\sqrt{a^2+x^2}\right| + C;
\end{aligned}$$

3) $\text{原式} \xlongequal{x=a\sec t} \int \frac{a\cdot\sec t\cdot\tan t}{a\tan t}\mathrm{d}t = \ln|\tan t+\sec t|+C$

$$= \ln\left|x+\sqrt{x^2-a^2}\right| + C.$$

换元法涉及题型多, 技术性强, 要多练. 要牢记上述的结论, 这些构成计算更

复杂的不定积分的基础.

习　题　6.2

1. 用凑微分法计算下列的不定积分

1) $\int \sin^3 x\mathrm{d}x$;　　2) $\int \sin 2x\cos 3x\mathrm{d}x$;

3) $\int \frac{x+1}{1+2x^2}\mathrm{d}x$;　　4) $\int \frac{1}{(x-1)^{\frac{1}{3}}}\mathrm{d}x$;

5) $\int \mathrm{e}^{2x+1}\mathrm{d}x$;　　6) $\int x\sec x^2\tan x^2\mathrm{d}x$;

7) $\int \frac{1}{\sqrt{x(1-x)}}\mathrm{d}x$;　　8) $\int \frac{\arctan x}{1+x^2}\mathrm{d}x$;

9) $\int \tan x\sec^2 x\,\mathrm{d}x$;　　10) $\int \frac{\ln^2 x+\ln x+2}{x}\mathrm{d}x$;

11) $\int (x^2+3x+1)^5(2x+3)\mathrm{d}x$;　　12) $\int \frac{x^3}{1+x^4}\mathrm{d}x$.

2. 利用换元积分法计算下列各题, 并说明选择换元的原因.

1) $\int \frac{\mathrm{e}^{\sqrt{x-1}}}{\sqrt{x-1}}\mathrm{d}x$;　　2) $\int \sqrt{x^2-1}\mathrm{d}x$;

3) $\int \frac{1}{x^2\sqrt{x^2+2}}\mathrm{d}x$;　　4) $\int \frac{1}{\sqrt{1+\mathrm{e}^{2x}}}\mathrm{d}x$;

5) $\int \sqrt{x^2+2x+2}\mathrm{d}x$;　　6) $\int \frac{1}{\sqrt{4x-x^2-3}}\mathrm{d}x$;

7) $\int (x+1)^2(x-1)^{10}\mathrm{d}x$;　　8) $\int (x^2+x)(x+1)^{\frac{1}{3}}\mathrm{d}x$;

9) $\int \frac{\arctan\sqrt{x}}{\sqrt{x}(1+x)}\mathrm{d}x$;　　10) $\int \frac{\sqrt{x^2+1}}{x}\mathrm{d}x$;

11) $\int \frac{2\sin 2x+\cos x}{\sqrt[3]{\sin x-\cos 2x}}\mathrm{d}x$;　　12) $\int \frac{1}{x\ln\ln x\ln x}\mathrm{d}x$;

13) $\int \frac{\sin x\cos^3 x}{1+\sin^2 x}\mathrm{d}x$;　　14) $\int \frac{f'(x)f(x)}{1+f^2(x)}\mathrm{d}x$;

15) $\int \tan^n x\,\mathrm{d}x$.

3. 总结换元法应用的思想与技术.

6.3　不定积分计算之二——分部积分法

分部积分法是计算不定积分的又一重要方法, 它借助于导数运算法则, 实现被积函数各因子间的导数转移，通过求导简化被积函数或导出不定积分所满足的方程，进而达到不定积分计算之目的.

1. 分部积分公式

不定积分的分部积分方法的理论依据是下述微分法则.

设 u, v 都是可微函数，则

$$(u\cdot v)'=u'v+uv',$$

因此，如果下述涉及的不定积分都存在，则

$$\int(u\cdot v)'\mathrm{d}x=\int u'v\mathrm{d}x+\int uv'\mathrm{d}x,$$

因而，

$$\int uv'\mathrm{d}x=\int(uv)'\mathrm{d}x-\int u'v\mathrm{d}x=uv-\int u'v\mathrm{d}x,$$

这就是分部积分公式.

这一公式的另一形式为

$$\int u\mathrm{d}v=uv-\int v\mathrm{d}u,$$

特别地，

$$\int u\mathrm{d}x=xu-\int x\mathrm{d}u=xu-\int xu'\mathrm{d}x .$$

2. 分部积分公式的结构分析

上述公式表明，分部积分法是将不定积分 $\int uv'\mathrm{d}x$ 的计算转化为计算不定积分 $\int u'v\mathrm{d}x$，观察这两个不定积分可知，分部积分法的实质是：通过将被积函数中对因子 v 的导数计算转移到对因子 u 的导数计算，被积函数的不同因子间实现导数的转移，即原积分中对因子 v 的求导转化为对因子 u 的求导. 其目的是：通过导数转移，实现不定积分结构的简单化；因此，原则上要求 $u'v$ 的结构要比 $v'u$ 的结构简单，这也是利用分部积分法时选择因子 u 和 v 的原则，即应该这样选择 u, v；

选择 v：使得 v，v' 结构上变化不大；

选择 u：使得 u' 比 u 结构上更简单.

因此，在包含因子 $\sin x, \cos x, \mathrm{e}^x, P_n(x)$ 等的不定积分中，由于对这些因子的求导，其结构没有发生变化，故通常将这些因子选为 v；而在包含因子如 $\ln x$，$\arctan x$ 等因子中，常将这些因子选为 u，因为通过这些因子的求导，可以使它们有理化，结构发生了本质上的简单化，如 $(\ln x)'=\frac{1}{x}$，$(\arctan x)'=\frac{1}{1+x^2}$，有理化后的因子更简单、更容易处理. 通过上面分析可知，分部积分法主要是利用求导改变积分因子的结构，使被积函数中不同结构的因子通过求导达到形式统一，从而简化不定积分的结构，这正是分部积分法的本质所在，由此也表明了分部积分法作用对象的特点：被积函数是由两类或两类以上不同结构的因子组成的.

3. *应用举例*

例 1 计算下列不定积分：

1) $\int xe^x dx$； 2) $\int \arctan x$； 3) $\int x^n \ln x dx$，$n>0$.

解 1) 原式的被积函数中，含有两种结构的因子，必须改变或消去其中的一种结构，由于导数运算可以改变或消去某种结构，因而，可以采用分部积分法处理，对本题，因子 e^x 不能通过求导改变或消去，而因子 x 可以通过求导消去，由此确定了分部积分时导数转移的因子的选择.

$$原式=\int x(e^x)'dx=xe^x-\int x'e^x dx$$

$$=xe^x-\int e^x dx=xe^x-e^x+C.$$

2) 利用分部积分公式，通过求导将因子 $\arctan x$ 的反三角函数结构转化为有理式结构，实现被积函数结构的简单化.

$$原式=\int x'\arctan x dx=x\cdot\arctan x-\int\frac{x}{1+x^2}dx$$

$$=x\cdot\arctan x-\frac{1}{2}\int\frac{1}{1+x^2}dx^2$$

$$=x\cdot\arctan x-\frac{1}{2}\ln(1+x^2)+C.$$

3) 通过求导消去对数结构的因子.

$$原式=\frac{1}{n+1}\int(x^{n+1})'\ln x dx$$

$$=\frac{1}{n+1}\left[x^{n+1}\ln x-\int x^n dx\right]$$

$$=\frac{1}{n+1}x^{n+1}\ln x-\frac{1}{(n+1)^2}x^{n+1}+C.$$

此例子表明，当被积函数是两类不同因子的积时，利用分部积分，通过导数转移，简化或消去了其中一类因子，实现不定积分的计算，因此，分部积分法是处理被积函数具有两类不同结构的因子的积分的又一个有效方法.

例 2 计算$\int \frac{x^3 \arccos x}{\sqrt{1-x^2}} dx$.

结构分析 从题型看，被积函数是不同结构因子的乘积，考虑用分部积分公式，利用导数转移，通过对某个因子的求导改变因子结构，达到被积函数结构简单化的目标. 进一步分析被积函数各因子，困难因子应该是$\arctan x$，因此，希望导数转移到此因子上，通过求导改变其结构，达到与其他因子结构形式统一，从而简化被积函数整体结构；这样，就需要剩下的因子中改写为或分离出一个导因子，由于对x^3的求导后因子变得简单，对$\frac{1}{\sqrt{1-x^2}}$求导后因子的结构更复杂，因而，必须将$\frac{1}{\sqrt{1-x^2}}$转化为导因子的形式，注意到公式$(\sqrt{x})' = \frac{1}{2\sqrt{x}}$，因此，可以设想$\frac{1}{\sqrt{1-x^2}}$是$\sqrt{1-x^2}$的导数产生的，因而，可以考虑$\sqrt{1-x^2}$的导数与$\frac{1}{\sqrt{1-x^2}}$的关系，由此，将$\frac{1}{\sqrt{1-x^2}}$转化为导因子的形式，再利用分部积分公式计算.

解　法一 由于$(\sqrt{1-x^2})' = \frac{-x}{\sqrt{1-x^2}}$，则

$$
\begin{aligned}
\int \frac{x^3 \arccos x}{\sqrt{1-x^2}} dx &= -\int (\sqrt{1-x^2})' x^2 \arccos x dx \\
&= -x^2\sqrt{1-x^2} \arccos x \\
&\quad + \int \sqrt{1-x^2}\left(2x\arccos x - \frac{x^2}{\sqrt{1-x^2}}\right) dx \\
&= -x^2\sqrt{1-x^2} \arccos x - \frac{x^3}{3} \\
&\quad + 2\int x\sqrt{1-x^2} \arccos x dx,
\end{aligned}
$$

又，

$$
\begin{aligned}
\int x\sqrt{1-x^2} \arccos x dx &= -\frac{1}{3}\int \left[(1-x^2)^{\frac{3}{2}}\right]' \arccos x dx \\
&= -\frac{1}{3}\left[(1-x^2)^{\frac{3}{2}} \arccos x - \int (1-x^2)^{\frac{3}{2}} \frac{-1}{\sqrt{1-x^2}} dx\right] \\
&= -\frac{1}{3}(1-x^2)^{\frac{3}{2}} \arccos x + \frac{1}{9}x^3 - \frac{1}{3}x + C,
\end{aligned}
$$

因而,

$$\int \frac{x^3 \arccos x}{\sqrt{1-x^2}} \mathrm{d}x = -x^2\sqrt{1-x^2}\arccos x - \frac{2}{3}(1-x^2)^{\frac{3}{2}}\arccos x - \frac{1}{9}x^3 - \frac{2}{3}x + C.$$

法二 上述过程可以简化. 事实上, 正如上述分析, 为将导数转移到 arccos x 上, 须将剩下的部分化为导数形式, 为此, 只需计算一个简单的不定积分. 由于

$$\begin{aligned}\int \frac{x^3}{\sqrt{1-x^2}} \mathrm{d}x &= \frac{1}{2}\int \frac{x^2}{\sqrt{1-x^2}} \mathrm{d}x^2 = \frac{1}{2}\int \frac{x^2-1+1}{\sqrt{1-x^2}} \mathrm{d}x^2 \\ &= \frac{1}{2}\int \left(\frac{1}{\sqrt{1-x^2}} - \sqrt{1-x^2}\right) \mathrm{d}x^2 \\ &= -\sqrt{1-x^2} + \frac{1}{3}(1-x^2)^{\frac{3}{2}} + C,\end{aligned}$$

故,

$$\left[-\sqrt{1-x^2} + \frac{1}{3}(1-x^2)^{\frac{3}{2}}\right]' = \frac{x^3}{\sqrt{1-x^2}},$$

因而,

$$\begin{aligned}\int \frac{x^3 \arccos x}{\sqrt{1-x^2}} \mathrm{d}x &= \int \left[-\sqrt{1-x^2} + \frac{1}{3}(1-x^2)^{\frac{3}{2}}\right]' \arccos x \mathrm{d}x^2 \\ &= \left[-\sqrt{1-x^2} + \frac{1}{3}(1-x^2)^{\frac{3}{2}}\right] \arccos x \\ &\quad - \int \left[-\sqrt{1-x^2} + \frac{1}{3}(1-x^2)^{\frac{3}{2}}\right] \frac{-1}{\sqrt{1-x^2}} \mathrm{d}x^2 \\ &= \left[-\sqrt{1-x^2} + \frac{1}{3}(1-x^2)^{\frac{3}{2}}\right] \arccos x - \frac{2}{3}x - \frac{1}{9}x^3 + C.\end{aligned}$$

法三 先用变量代换化简. 令 $t = \arccos x$, 则

$$\int \frac{x^3 \arccos x}{\sqrt{1-x^2}} \mathrm{d}x = -\int t\cos^3 t \mathrm{d}t,$$

为利用分部积分法消去因子 t, 须将 $\cos^3 t$ 写成导因子, 为此, 先计算其原函数, 由于

$$\int \cos^3 t \mathrm{d}t = \int (1-\sin^2 t) \mathrm{d}\sin t = \sin t - \frac{1}{3}\sin^3 t + C,$$

故,

$$\int \frac{x^3 \arccos x}{\sqrt{1-x^2}} \mathrm{d}x = -\int t\cos^3 t \mathrm{d}t = -\int t\left[\sin t - \frac{1}{3}\sin^3 t\right]' \mathrm{d}t$$

$$= -t\left[\sin t - \frac{1}{3}\sin^3 t\right] + \int\left[\sin t - \frac{1}{3}\sin^3 t\right]\mathrm{d}t$$

$$= -t\left[\sin t - \frac{1}{3}\sin^3 t\right] - \cos t - \frac{1}{3}\int \sin^3 t \mathrm{d}t$$

$$= -t\left(\sin t - \frac{1}{3}\sin^3 t\right) - \frac{2}{3}\cos t - \frac{1}{9}\sin^3 t + C$$

$$= -\left[\sqrt{1-x^2} - \frac{1}{3}(1-x^2)^{\frac{3}{2}}\right]\arccos x - \frac{2}{3}x - \frac{1}{9}x^3 + C.$$

从上述几种解法中要领悟到各种方法的综合应用和灵活应用.

分部积分方法涉及的另一类题目是利用分部积分得到一个递推公式或包括所求不定积分的一个方程, 然后再求解.

例 3 计算下列不定积分:

1) $I = \int \sqrt{a^2 + x^2}\mathrm{d}x$;　　2) $I = \int \mathrm{e}^x \sin x \mathrm{d}x$;

3) $I_n = \int x^\alpha (\ln x)^n \mathrm{d}x$;　　4) $I_n = \int \frac{\mathrm{d}x}{(a^2 + x^2)^n}, n > 1$;

5) $I_n = \int \sin^n x \mathrm{d}x$.

解 1) $I = \int x'\sqrt{a^2 + x^2}\mathrm{d}x = x\sqrt{a^2 + x^2} - \int \frac{x^2}{\sqrt{a^2 + x^2}}\mathrm{d}x$

$$= x\sqrt{a^2 + x^2} - \int \frac{x^2 + a^2 - a^2}{\sqrt{a^2 + x^2}}\mathrm{d}x$$

$$= x\sqrt{a^2 + x^2} - I + a^2\int \frac{1}{\sqrt{a^2 + x^2}}\mathrm{d}x$$

$$= x\sqrt{a^2 + x^2} - I + a^2 \ln\left(x + \sqrt{a^2 + x^2}\right) + C;$$

故, $I = \frac{1}{2}x\sqrt{a^2 + x^2} + \frac{a^2}{2}\ln\left(x + \sqrt{a^2 + x^2}\right) + C$.

注 此题不能用换元 $t = \sqrt{a^2 + x^2}$ 进行有理化, 因为此时 $x = \pm\sqrt{t^2 - a^2}$ 为无理式, 因而, $\mathrm{d}x$ 也是无理式. 但可以利用三角变换 $x = a\tan t$ 进行有理化, 转化为有理式的不定积分.

2) **法一**

$$\begin{aligned}I&=\int(\mathrm{e}^x)'\sin x\mathrm{d}x=\mathrm{e}^x\sin x-\int\mathrm{e}^x\cos x\mathrm{d}x\\&=\mathrm{e}^x\sin x-\left[\mathrm{e}^x\cos x-\int\mathrm{e}^x(-\sin x)\,\mathrm{d}x\right]\\&=\mathrm{e}^x(\sin x-\cos x)-I,\end{aligned}$$

故，$I=\dfrac{1}{2}\mathrm{e}^x(\sin x-\cos x)+C$.

法二 若记 $I=\int\mathrm{e}^x\sin x\mathrm{d}x$，$J=\int\mathrm{e}^x\cos x\mathrm{d}x$. 则可看出二者可相互转化，即

$$I=\mathrm{e}^x\sin x-J,\quad J=\mathrm{e}^x\cos x+I.$$

可通过求解方程组计算 I,J(配对积分).

3) 若 $\alpha=-1$，则

$$I_n=\int\frac{1}{x}(\ln x)^n\mathrm{d}x=\int(\ln x)^n\mathrm{d}\ln x=\frac{1}{n+1}(\ln x)^{n+1}+C;$$

若 $\alpha\neq-1$，则

$$\begin{aligned}I_n&=\frac{1}{\alpha+1}\int(x^{\alpha+1})'(\ln x)^n\mathrm{d}x\\&=\frac{1}{\alpha+1}x^{\alpha+1}(\ln x)^n-\frac{1}{\alpha+1}\int x^{\alpha+1}n(\ln x)^{n-1}\cdot\frac{1}{x}\mathrm{d}x\\&=\frac{1}{\alpha+1}x^{\alpha+1}(\ln x)^n-\frac{n}{\alpha+1}I_{n-1},\end{aligned}$$

由于 $I_0=\int x^\alpha\mathrm{d}x=\dfrac{1}{\alpha+1}x^{\alpha+1}+C$，由此可计算 I_n.

4) 由于

$$\begin{aligned}I_n&=\int\frac{x'}{(a^2+x^2)^n}\mathrm{d}x=\frac{x}{(a^2+x^2)^n}+2n\int\frac{x^2}{(a^2+x^2)^{n+1}}\mathrm{d}x\\&=\frac{x}{(a^2+x^2)^n}+2n\int\frac{x^2+a^2-a^2}{(a^2+x^2)^{n+1}}\mathrm{d}x\\&=\frac{x}{(a^2+x^2)^n}+2nI_n-2na^2I_{n+1},\end{aligned}$$

故，$I_{n+1}=\dfrac{1}{2na^2}\cdot\dfrac{x}{\left(a^2+x^2\right)^n}+\dfrac{2n-1}{2na^2}I_n$，其中 $I_1=\int\dfrac{1}{a^2+x^2}\mathrm{d}x=\dfrac{1}{a}\arctan\dfrac{x}{a}+C$.

5) 由于

$$
\begin{aligned}
I_n &= \int \sin^{n-1} x \cdot (-\cos x)' \mathrm{d}x \\
&= -\cos x \cdot \sin^{n-1} x + \int \cos x (\sin^{n-1} x)' \mathrm{d}x \\
&= -\cos x \cdot \sin^{n-1} x + (n-1) \int \sin^{n-2} x \cdot \cos^2 x \mathrm{d}x \\
&= -\cos x \cdot \sin^{n-1} x + (n-1) I_{n-2} - (n-1) I_n,
\end{aligned}
$$

故，$I_n = -\frac{1}{n} \cos x \cdot \sin^{n-1} x + \frac{n-1}{n} I_{n-2}$，其中，

$$I_0 = x + C \quad (n \text{ 为偶数时，只需计算 } I_0),$$

$$I_1 = -\cos x + C \quad (n \text{ 为奇数时，只需计算 } I_1).$$

这类题目需要给出递推公式和初值.

对较为复杂的题目，可以通过分部积分消去不易计算的那部分，或将被积函数化简为完全微分形式，从而计算整个不定积分.

例 4　计算 $I = \int e^x \frac{1+\sin x}{1+\cos x} \mathrm{d}x$.

结构分析　被积函数由不同结构的因子组成，应考虑分部积分公式，但是，因子 e^x 和 $\frac{1+\sin x}{1+\cos x}$ 都不能通过求导消去或改变结构，因此，不能直接用分部积分公式，需对复杂的因子化简，分解成简单的因子和利用分部积分公式进行转化，寻找相互的关系，达到最终计算的目的.

解　法一　先简化分母，把多项和的形式化为一项，整个被积函数分解为简单的多项和，然后用分部积分法在相应的项之间进行转化，通过抵消不能计算的部分，达到计算的目的.

$$
\begin{aligned}
I &= \int e^x \frac{(1+\sin x)(1-\cos x)}{1-\cos^2 x} \mathrm{d}x \\
&= \int e^x \frac{1+\sin x-\cos x-\sin x\cos x}{\sin^2 x} \mathrm{d}x \\
&= \int e^x \frac{1}{\sin^2 x} \mathrm{d}x + \int e^x \frac{1}{\sin x} \mathrm{d}x \\
&\quad - \int e^x \frac{\cos x}{\sin^2 x} \mathrm{d}x - \int e^x \frac{\cos x}{\sin x} \mathrm{d}x \\
&= \int e^x \mathrm{d}(-\cot x) + \int e^x \frac{1}{\sin x} \mathrm{d}x \\
&\quad - \int e^x \mathrm{d}\frac{1}{\sin x} - \int e^x \cot x \mathrm{d}x
\end{aligned}
$$

$$= -e^x \cot x + \int e^x \cot x dx + \int e^x \frac{1}{\sin x} dx$$

$$- e^x \frac{1}{\sin x} - \int e^x \frac{1}{\sin x} dx - \int e^x \cot x dx + C$$

$$= -e^x \cot x + \frac{e^x}{\sin x} + C.$$

法二 利用倍角公式简化被积函数，将其转化为完全微分形式.

$$I = \int e^x \frac{1+\sin x}{2\cos^2 \frac{x}{2}} dx$$

$$= \frac{1}{2}\int e^x \sec^2 \frac{x}{2} dx + \int e^x \tan\frac{x}{2} dx$$

$$= \int e^x \left(\tan\frac{x}{2}\right)' dx + \int (e^x)' \tan\frac{x}{2} dx$$

$$= \int \left(e^x \tan\frac{x}{2}\right)' dx$$

$$= e^x \tan\frac{x}{2} + C.$$

上述两种方法的思想是一致的，只是计算过程中难易程度不同.

习 题 6.3

1. 分析下列不定积分的结构，给出思路形成过程并完成计算.

1) $\int \frac{\ln(1+x)}{x^n} dx$, $n>2$；

2) $\int \frac{x^3}{\sqrt{1+x^2}} dx$；

3) $\int \frac{\arctan x}{x^2(1+x^2)} dx$；

4) $\int e^{\sqrt{x+1}} dx$；

5) $\int \sin(\ln x)\, dx$；

6) $\int x\sec^2 x\, dx$；

7) $\int \ln(\sqrt{1+x^2}-x)\, dx$；

8) $\int x\arctan x\, dx$；

9) $\int \frac{\arcsin x}{\sqrt{1+x}} dx$；

10) $\int x^3 \sin^2 x\, dx$.

2. 给出下列不定积分的递推公式.

1) $I_n = \int (\ln x)^n dx$；

2) $I_n = \int \frac{1}{x^n\sqrt{1+x^2}} dx$；

3) $I_n = \int x^n \sin x\, dx$；

4) $I_n = \int \sin^n x\, dx$.

3. 设 $F(x)$ 为 $f(x)$ 的原函数，且

$$f(x)F(x)=\frac{xe^x}{2(1+x)^2}, \quad F(0)=1,$$

计算 $f(x)$.

6.4 不定积分的计算之三——有理函数的不定积分

一、有理函数的不定积分

称形如 $\frac{P_n(x)}{Q_m(x)}$ 的函数为有理函数, 其中 $P_n(x)$ 和 $Q_m(x)$ 分别为 n 次和 m 次多项式; 相应地, 称积分 $\int\frac{P_n(x)}{Q_n(x)}dx$ 为有理函数的不定积分, 本节讨论这种不定积分的计算.

1. 代数知识

给定有理函数(有理分式) $\frac{P_n(x)}{Q_m(x)}$, 当 $n<m$ 时, 称其为真分式, 当 $n\geqslant m$ 时, 称其为假分式.

由于对假分式可以进行如下分解:

假分式=多项式+真分式,

因此, 对有理函数的不定积分, 只需考虑真分式的不定积分. 真分式不定积分的计算, 关键在于实现对真分式的分解, 将其分解为最简分式形式, 因此, 只需解决最简分式的不定积分的计算.

下面的两个结论属于代数知识.

定理 4.1 (多项式分解) 实系数多项式 $Q_m(x)=x^m+b_1x^{m-1}+\cdots+b_m$ 总可分解为一系列实系数一次因子和二次因子的乘幂之积,

$$Q_m=(x-a_1)^{k_1}\cdots(x-a_l)^{k_l}\cdot(x^2+p_1x+q_1)^{t_1}\cdots(x^2+p_sx+q_s)^{t_s},$$

其中 $k_1+\cdots+k_l+2(t_1+\cdots+t_s)=m$, $p_i^2-4q_i<0, i=1,\cdots,s.$

定理 4.2 (真分式分解) 设 $\frac{P_n(x)}{Q_m(x)}$ 为有理真分式, $Q_m(x)$ 具有定理 4.1 中的分解形式, 则成立如下分解:

$$\begin{aligned}\frac{P_n(x)}{Q_m(x)}&=\frac{A_1^{(1)}}{x-a_1}+\frac{A_1^{(2)}}{(x-a_1)^2}+\cdots+\frac{A_1^{(k_1)}}{(x-a_1)^{k_1}}\\&\quad+\frac{A_2^{(1)}}{x-a_2}+\frac{A_2^{(2)}}{(x-a_2)^2}+\cdots+\frac{A_2^{(k_2)}}{(x-a_2)^{k_2}}\end{aligned}$$

$$+\cdots+\frac{A_l^{(1)}}{x-a_l}+\frac{A_l^{(2)}}{(x-a_l)^2}+\cdots+\frac{A_l^{(k_l)}}{(x-a_l)^{k_l}}$$

$$+\frac{C_1^{(1)}x+D_1^{(1)}}{x^2+p_1x+q_1}+\frac{C_1^{(2)}x+D_1^{(2)}}{(x^2+p_1x+q_1)^2}+\cdots+\frac{C_1^{(t_1)}x+D_1^{(t_1)}}{(x^2+p_1x+q_1)^{t_1}}$$

$$+\cdots+\frac{C_s^{(1)}x+D_s^{(1)}}{x^2+p_sx+q_s}+\frac{C_s^{(2)}x+D_s^{(2)}}{(x^2+p_sx+q_s)^2}+\cdots+\frac{C_s^{(t_s)}x+D_s^{(t_s)}}{(x^2+p_sx+q_s)^{t_s}}.$$

由定理 4.2 可知, 任何一个真分式都可分解为如下两种因子之和:

$$\frac{1}{(x-a)^k},\quad \frac{Cx+D}{(x^2+px+q)^l},$$

其中 $k\geqslant 1$, $l\geqslant 1$, $p^2-4q<0$. 上述两个有理式称为最简有理式或最简分式.

2. 最简分式的不定积分计算

先考虑形如 $\dfrac{1}{(x-a)^k}$ 的最简分式不定积分 $I_k=\displaystyle\int\frac{1}{(x-a)^k}\mathrm{d}x$.

显然, 容易计算,

$$I_1=\ln|x-a|+C,$$

$$I_k=\frac{1}{1-k}(x-a)^{1-k}+C=-\frac{1}{k-1}\frac{1}{(x-a)^{k-1}}+C,\quad k>1.$$

其次考虑最简分式 $\dfrac{Cx+D}{(x^2+px+q)^l}$ 的不定积分 $J_l=\displaystyle\int\frac{Cx+D}{(x^2+px+q)^l}\mathrm{d}x$.

当 C=0, D=1 时,

$$J_l^0=\int\frac{1}{(x^2+px+q)^l}\mathrm{d}x=\int\frac{1}{\left[\left(x+\dfrac{p}{2}\right)^2+\dfrac{4q-p^2}{4}\right]^l}\mathrm{d}x$$

$$\xlongequal{t=x+\frac{1}{2}p}\int\frac{1}{(a^2+t^2)^l}\mathrm{d}t,$$

其中 $a^2=\dfrac{4q-p^2}{4}>0$.

此结果已知, 见 6.3 节例 3.

当 $C\neq 0$ 时,

$$J_l=C\int\frac{x}{(x^2+px+p)^l}\mathrm{d}x+D\int\frac{1}{(x^2+px+q)^l}\mathrm{d}x$$

$$=\frac{C}{2}\int\frac{(2x+p)\mathrm{d}x}{(x^2+px+q)^l}$$

$$+\frac{(2D-Cp)}{2}\int\frac{\mathrm{d}x}{(x^2+px+q)^l}$$

$$=\frac{C}{2}\int\frac{\mathrm{d}(x^2+px+q)}{(x^2+px+q)^l}+\frac{(2D-Cp)}{2}J_l^0,$$

故,

$$J_1=\frac{C}{2}\ln(x^2+px+q)+\frac{2D-Cp}{2}J_1^0;$$

$$J_l=-\frac{C}{2(l-1)}\frac{1}{(x^2+px+q)^{l-1}}+\frac{(2D-Cp)}{2}J_l^0,\quad l>1.$$

至此, 有理分式的不定积分可以从理论上彻底解决.

上述分析表明, 有理分式不定积分的计算通过将有理分式进行因式分解转化为最简分式, 最终转化为最简分式不定积分的计算, 因此, 有理式的因式分解是计算过程中非常关键的步骤.

3. 真分式的分解举例

对一个假分式, 我们能够非常容易地将其分解为多项式和真分式的和, 因此, 我们只讨论如何用定理 4.1 和定理 4.2 将具体给定的真分式分解为最简分式, 即如何确定分解式中相应的系数 $A_i^{(j)},C_i^{(j)},D_i^{(j)}$, 我们给出具体确定方法.

1) 解方程组方法.

设定理 4.2 的分解结果成立, 将右端通分, 等式两端的分子相等, 因此两端对应的同幂次项的系数相等, 由此得到一个方程组, 求解方程组即可.

例 1 将真分式 $\frac{2(x+1)}{(x-1)(x^2+1)^2}$ 分解为最简因式.

解 由定理 4.2, 可设

$$\frac{2(x+1)}{(x-1)(x^2+1)^2}=\frac{A}{x-1}+\frac{C_1x+D_1}{x^2+1}+\frac{C_2x+D_2}{(x^2+1)^2},$$

则有

$$2(x+1)=A(x^2+1)^2+(C_1x+D_1)(x-1)(x^2+1)+(C_2x+D_2)(x-1),$$

比较各项系数得

$$\begin{cases}A+C_1=0, & (x^4\text{ 的系数关系})\\ D_1-C_1=0, & (x^3\text{ 的系数关系})\\ 2A+C_2+C_1-D_1=0, & (x^2\text{ 的系数关系})\\ D_2+D_1-C_2-C_1=2, & (x\text{ 的系数关系})\\ A-D_2-C_2=2, & (\text{常数项的关系})\end{cases}$$

求解得 $A=1,C_1=-1,C_2=-2,D_2=0$，故，

$$\frac{2(x+1)}{(x-1)(x^2+1)^2}=\frac{1}{x-1}-\frac{x+1}{x^2+1}-\frac{2x}{(x^2+1)^2}.$$

上述方法是最基本的, 但存在计算量大的缺点.

2) 取特殊值的方法.

设定理 4.2 的分解成立, 通过取 x 为特殊的值确定各系数.

例 2　将真分式 $\dfrac{x^3+2x+1}{(x-1)(x-2)(x-3)^2}$ 分解为最简分式.

解　由定理 4.2, 设

$$\frac{x^3+2x+1}{(x-1)(x-2)(x-3)^2}=\frac{A}{x-1}+\frac{B}{x-2}+\frac{C}{x-3}+\frac{D}{(x-3)^2},$$

通分可得

$$\begin{aligned}x^3+2x^2+1=&A(x-2)(x-3)^2+B(x-1)(x-3)^2\\&+C(x-1)(x-2)(x-3)+D(x-1)(x-2),\end{aligned}$$

取 $x=1$, 得 $A=-1$; 取 $x=2$，得 $B=17$; 取 $x=3$，得 $D=23$. 将 A,B,D 代入后取 $x=0$，则 $c=-15$，故

$$\frac{x^3+2x^2+1}{(x-1)(x-2)(x-3)^2}=-\frac{1}{x-1}+\frac{17}{x-2}-\frac{15}{x-3}+\frac{23}{(x-3)^2}.$$

还有一些技术可用于系数的确定, 如求极限, 求导等.

由于有理函数不定积分的计算主要是有理函数的分解, 因此, 具体不定积分的计算, 我们就不再举例.

值得指出的是, 上述给出的有理函数的分解计算方法是这类不定积分处理的基本方法, 虽然对给定的一个题目来说, 这个方法肯定能计算出结果, 但是, 根据具体结构选择合适的方法也许更简单.

例 3　计算真分式的不定积分 $\displaystyle\int\frac{4x^6+3x^4+2x^2+1}{x^3(x^2+1)^2}\mathrm{d}x$.

分析　若直接用真分式分解定理转化为最简分式的不定积分的计算, 可以看到解题过程较为复杂, 分析被积函数的结构采用下述方法更简单.

解　原式 $\displaystyle=\int\frac{4x^6+2x^4+(x^2+1)^2}{x^3(x^2+1)^2}\mathrm{d}x$

$$=\int\left[\frac{4x^3}{(x^2+1)^2}+\frac{2x}{(x^2+1)^2}+\frac{1}{x^3}\right]\mathrm{d}x,$$

由于,

$$\int\frac{4x^3}{(x^2+1)^2}\,dx=2\int\frac{x^2}{(x^2+1)^2}\,dx^2=2\int\frac{x^2+1-1}{(x^2+1)^2}\,dx^2$$

$$=2\ln(1+x^2)+\frac{2}{1+x^2}+C,$$

$$\int\frac{2x}{(x^2+1)^2}\,dx=\int\frac{1}{(x^2+1)^2}\,dx^2=-\frac{1}{1+x^2}+C,$$

$$\int\frac{1}{x^3}\,dx=-\frac{1}{2x^2}+C,$$

故,

$$\text{原式}=2\ln(1+x^2)+\frac{1}{1+x^2}-\frac{1}{2x^2}+C.$$

二、三角函数有理式的积分

含有三角函数的不定积分的计算较为复杂, 但是对特定结构的三角函数的不定积分, 其计算仍具某种规律性. 本小节, 讨论三角函数有理式的积分.

设 $R(u,v)$ 是两个变元 u, v 的有理函数, 由于其他三角函数都可通过三角函数公式转化为 $\sin x$, $\cos x$ 的函数, 因此, 三角函数的有理式都可转化为形式 $R(\sin x,\cos x)$, 因而, 我们只讨论形如 $\int R(\sin x,\cos x)\,dx$ 的三角函数有理式的不定积分的计算.

计算 $I=\int R(\sin x,\cos x)dx$ 的一般性方法就是万能代换法, 即通过变量代换 $t=\tan\frac{x}{2}$, 将其化为有理函数的不定积分, 事实上, 若令 $t=\tan\frac{x}{2}$, 则利用三角公式:

$$\sin x=2\sin\frac{x}{2}\cos\frac{x}{2}=\frac{2\tan\frac{x}{2}}{\sec^2\frac{x}{2}}=\frac{2t}{1+t^2},$$

$$\cos x=\cos^2\frac{x}{2}-\sin^2\frac{x}{2}=\frac{1-\tan^2\frac{x}{2}}{\sec^2\frac{x}{2}}=\frac{1-t^2}{1+t^2},$$

而 $x=2\arctan t$, 故 $dx=\frac{2}{1+t^2}dt$, 故

$$\int R(\sin x,\cos x)\,dx=\int R\left(\frac{2t}{1+t^2},\frac{1-t^2}{1+t^2}\right)\frac{2}{1+t^2}dt,$$

后者便是有理函数的不定积分，其计算是已知的.

例 4　计算 $\int \frac{\cot x}{1+\sin x}\mathrm{d}x$.

解　利用万能公式，则 $\cot x = \frac{\cos x}{\sin x} = \frac{1-t^2}{2t}$，故

$$\text{原式} = \int \frac{\frac{1-t^2}{2t}}{1+\frac{2t}{1+t^2}} \cdot \frac{2}{1+t^2}\mathrm{d}t = \int \frac{1-t^2}{t^3+2t^2+t}\mathrm{d}t$$

$$= \int \frac{1-t^2}{t(1+t)^2}\mathrm{d}t = \int \frac{1-t}{t(1+t)}\mathrm{d}t = \int \left[\frac{1}{t} - \frac{2}{t+1}\right]\mathrm{d}t$$

$$= \ln|t| - 2\ln|1+t| + C = \ln\frac{\left|\tan\frac{x}{2}\right|}{\left(1+\tan\frac{x}{2}\right)^2} + C.$$

万能代换法是处理三角函数有理式积分的一般性方法，但是，借助三角函数之间特殊的关系式，针对特殊结构的三角函数有理式的不定积分采用特殊的方法则更为简单. 如例 4 的下述解法更简单.

$$\text{原式} = \int \frac{\cos x}{\sin x(1+\sin x)}\mathrm{d}x = \int \frac{\mathrm{d}\sin x}{\sin x(1+\sin x)}$$

$$= \int \left(\frac{1}{\sin x} - \frac{1}{1+\sin x}\right)\mathrm{d}\sin x$$

$$= \ln\left|\frac{\sin x}{1+\sin x}\right| + C.$$

因此，我们必须在掌握基本方法的基础上，对具体问题具体分析，利用其自身的结构特点寻找最简单的计算方法.

再看一系列特殊结构的题目. 如

$$\int \sin mx \cos nx \mathrm{d}x = \frac{1}{2}\int [\sin(m+n)x + \sin(m-n)x]\mathrm{d}x$$

$$= -\frac{1}{2(m+n)}\cos(m+n)x$$

$$- \frac{1}{2(m+n)}\cos(m-n)x + C;$$

$$\int \cos^3 x \sin^2 x \mathrm{d}x = \int (1-\sin^2 x)\sin^2 x \mathrm{d}\sin x$$
$$= \frac{1}{3}\sin^3 x - \frac{1}{5}\sin^5 x + C;$$

$$\int \sin^4 x \mathrm{d}x = \int \left(\frac{1-\cos 2x}{2}\right)^2 \mathrm{d}x$$
$$= \frac{1}{4}\int (1-2\cos 2x + \cos^2 2x)\mathrm{d}x$$
$$= \frac{1}{4}\int \left(1-2\cos 2x + \frac{1+\cos 4x}{2}\right)\mathrm{d}x$$
$$= \frac{3}{8}x - \frac{1}{4}\sin 2x + \frac{1}{32}\sin 4x + C.$$

上述例子充分利用了三角函数的积化和差公式、倍角公式, 特别是倍角公式是偶次幂正(余)弦函数降幂的有效方法. 下面的例子也充分利用了三角函数的性质和公式.

例 5 求 $\int \frac{1}{\sin x \cos^2 x}\mathrm{d}x$.

解 原式 $= \int \frac{\sin^2 x + \cos^2 x}{\sin x \cos^2 x}\mathrm{d}x$

$$= \int \left[\frac{\sin x}{\cos^2 x} + \frac{1}{\sin x}\right]\mathrm{d}x$$
$$= \frac{1}{\cos x} + \int \frac{\sin x}{1-\cos^2 x}\mathrm{d}x$$
$$= \frac{1}{\cos x} + \frac{1}{2}\ln\frac{1-\cos x}{1+\cos x} + C.$$

充分利用三角函数的微分性质是这类不定积分计算的又一技术性方法.

例 6 求 1) $\int \frac{\sin x + 8\cos x}{2\sin x + 3\cos x}\mathrm{d}x$; 2) $\int \frac{\sin 2x}{a^2\sin^2 x + b^2\cos^2 x}\mathrm{d}x$.

结构分析 1) 的结构特点是分子和分母具有相同的结构, 都是 $a\sin x+b\cos x$ 形式, 不仅如此, 其微分形式保持结构不变性:

$$\mathrm{d}(a\sin x+b\cos x)=(a\cos x - b\sin x)\mathrm{d}x,$$

因而, 可将分子按分母和分母的微分形式进行分解, 从而达到简化计算的目的.

解 1) 由于

$$\mathrm{d}(2\sin x + 3\cos x) = (2\cos x - 3\sin x)\mathrm{d}x,$$

故, 若令

$$\sin x + 8\cos x = A(2\sin x + 3\cos x) + B(2\cos x - 3\sin x),$$

则 A=2, B=1, 因而,

$$\begin{aligned}原式 &= 2\int \mathrm{d}x + \int \frac{\mathrm{d}\left(2\sin x + 3\cos x\right)}{2\sin x + 3\cos x} \\ &= 2x + \ln\left|2\sin x + 3\cos x\right| + C.\end{aligned}$$

总结一下这类题目的特点和求解方法如下：若 $f(x) = ag(x) + bg'(x)$，则

$$\int \frac{f(x)}{g(x)}\,\mathrm{d}x = \int \frac{ag(x) + bg'(x)}{g(x)}\,\mathrm{d}x = ax + b\ln|g(x)| + C.$$

第一个等式表明了结构特点, 第二个等式表明了相应的解法.

2) 由于 $\mathrm{d}\sin^2 x = -\mathrm{d}\cos^2 x = 2\sin x\cdot\cos x\mathrm{d}x = \sin 2x\mathrm{d}x$，则

$$\mathrm{d}(a^2\sin^2 x + b^2\cos^2 x) = (a^2 - b^2)\sin 2x\mathrm{d}x,$$

故,

$$\begin{aligned}原式 &= \frac{1}{a^2 - b^2}\int \frac{\mathrm{d}(a^2\sin^2 x + b^2\cos^2 x)}{a^2\sin^2 x + b^2\cos x} \\ &= \frac{1}{a^2 - b^2}\ln(a^2\sin^2 x + b^2\cos^2 x) + C.\end{aligned}$$

注 2)的处理方法与 1)相似, 即充分利用了三角函数的微分性质, 将分子和分母的微分形式联系起来考虑, 寻求简单的计算方法.

例 6 显示了特殊结构的特殊方法——将分子分解为分母和分母的微分形式, 因此, 在计算三角函数的有理式的积分时, 一定要分析结构, 寻找最简单的计算方法, 不要轻易用万能代换.

三、可化为有理函数的无理根式的不定积分

本小节, 讨论两类带有根式的不定积分, 通过适当的变换将其有理化, 最终化为有理函数的不定积分.

1. $\int R\left(x, \sqrt[n]{\dfrac{ax+b}{cx+d}}\right)\mathrm{d}x$ 型不定积分

此类型中 $R(u,v)$ 仍是变元 u, v 的有理函数, $ad - bc \neq 0$.

对此不定积分, 可利用变换 $t = \sqrt[n]{\dfrac{ax+b}{cx+d}}$ 将其有理化. 此时, $x = \dfrac{b - dt^n}{ct^n - a}$,

$\mathrm{d}x = \dfrac{ad - bc}{(ct^n - a)^2}nt^{n-1}\mathrm{d}t$, 故

$$\int R\left(x,\sqrt[n]{\frac{ax+b}{cx+d}}\right)\mathrm{d}x=\int R\left(\frac{b-dt^n}{ct^n-a},t\right)\frac{ad-bc}{(ct^n-a)^2}nt^{n-1}\mathrm{d}t .$$

最后一个积分是有理函数的不定积分.

例 7　求 $\int\frac{\sqrt{1+x}}{x\sqrt{1-x}}\mathrm{d}x$.

解　令 $t=\sqrt{\frac{1+x}{1-x}}$ ，则

$$\begin{aligned}原式&=4\int\frac{t^2}{(t^2-1)(t^2+1)}\mathrm{d}t\\&=\int\left(\frac{2}{1+t^2}+\frac{1}{t-1}-\frac{1}{t+1}\right)\mathrm{d}t\\&=2\arctan t+\ln\left|\frac{t-1}{t+1}\right|+C\\&=2\arctan t+\ln\left|\frac{\sqrt{1+x}-\sqrt{1-x}}{\sqrt{1+x}+\sqrt{1-x}}\right|+C.\end{aligned}$$

若被积函数中含有因子 $\sqrt[n]{(ax+b)^i(cx+d)^j}$ $(i+j=kn)$，则先进行变换

$$\sqrt[n]{(ax+b)^i(cx+d)^j}=(ax+b)^k\sqrt[n]{\frac{(cx+d)^j}{(ax+b)^j}},$$

再作变换 $\sqrt[n]{\frac{cx+d}{ax+b}}=t$ $\left(或\sqrt[n]{\frac{(cx+d)^j}{(cx+d)^j}}=t^j\right)$ 进行有理化.

例 8　求 $\int\frac{\mathrm{d}x}{\sqrt[3]{(x-1)^2(x+1)^4}}$.

解　做变换 $t=\sqrt[3]{\frac{x+1}{x-1}}$ ，则

$$原式=-\frac{3}{2}\int\frac{1}{t^2}\mathrm{d}t=\frac{3}{2t}+C=\frac{3}{2}\sqrt[3]{\frac{x-1}{x+1}}+C .$$

2. $\int R\left(x,\sqrt{ax^2+bx+c}\right)\mathrm{d}x$ 型不定积分

这类不定积分计算的困难在于对因子 $\sqrt{ax^2+bx+c}$ 的有理化的处理，通常采用配方方法，将其化为形如 $\sqrt{a^2\pm x^2}$ 和 $\sqrt{x^2-a^2}$ 的因子，然后利用三角函数变换去掉根式，转变为三角函数有理式的不定积分，而这类不定积分的计算方法是已知. 转化过程如下：

$$\sqrt{ax^2+bx+c}=\sqrt{a\left(x+\frac{b}{2a}\right)^2+\left(c-\frac{b^2}{4a}\right)}$$

$$\Rightarrow\begin{cases}\sqrt{t^2+p^2}, & a>0,p^2=c-\dfrac{b^2}{4a}>0,\\ \sqrt{t^2-p^2}, & a>0,-p^2=c-\dfrac{b^2}{4a}<0,\\ \sqrt{p^2-t^2}, & a<0,p^2=c-\dfrac{b^2}{4a}>0,\end{cases}$$

对应于三种不同情况，分别作变换 $t=p\tan u, t=p\sec u$ 和 $t=p\sin u$ 即可将其有理化. 对应的不定积分变化过程为

$$\int R\left(x,\sqrt{ax^2+bx+c}\right)\mathrm{d}x \xlongequal{t=x+\frac{b}{2a}} \int R\left(t,\sqrt{at^2+\left(c-\frac{b^2}{4a}\right)}\right)\mathrm{d}t$$

$$=\begin{cases}\displaystyle\int R\left(t,\sqrt{t^2\pm p^2}\right)\mathrm{d}t,\\ \displaystyle\int R\left(t,\sqrt{p^2-t^2}\right)\mathrm{d}t\end{cases}\Rightarrow\int R(\sin u,\cos u)\,\mathrm{d}u.$$

这类例子虽然理论上的计算问题已经解决，但在实际计算中一定要根据特点，选择简单的计算方法. 下面给出两个特殊结构的特殊处理方法.

I) 形如 $\displaystyle\int\frac{Mx+N}{\sqrt{ax^2+bx+c}}\mathrm{d}x$， $a\neq 0$.

利用凑微分法更简单.

$$\begin{aligned}原式=&\frac{M}{2a}\int\frac{1}{\sqrt{ax^2+bx+c}}\mathrm{d}(ax^2+bx+c)\\ &+\left(N-\frac{bM}{2a}\right)\int\frac{\mathrm{d}x}{\sqrt{a\left(x+\frac{b}{2a}\right)^2+\left(c-\frac{b^2}{4a}\right)}}\\ \triangleq&\frac{M}{a}\sqrt{ax^2+bx+c}+I,\end{aligned}$$

而对第二项 I, 通过 a 的符号转化为 $\displaystyle\int\frac{\mathrm{d}x}{\sqrt{x^2\pm p^2}}(a>0)$ 或者 $\displaystyle\int\frac{\mathrm{d}x}{\sqrt{p^2-x^2}}(a<0)$，利用已知结论就可以计算出相应的不定积分.

II) 形如 $\displaystyle\int(Mx+N)\sqrt{ax^2+bx+c}\,\mathrm{d}x$， $a\neq 0$.

利用类似的处理方法，则

$$
\begin{aligned}
\text{原式}&=\frac{M}{2a}\int\sqrt{ax^2+bx+c}\,\mathrm{d}(ax^2+bx+c)\\
&\quad+\left(N-\frac{bM}{2a}\right)\int\sqrt{a\left(x+\frac{b}{2a}\right)^2+\left(c-\frac{b^2}{4a}\right)}\mathrm{d}x\\
&\triangleq\frac{M}{3a}(ax^2+bx+c)^{\frac{3}{2}}+I,
\end{aligned}
$$

而对第二项 I, 通过 a 的符号转化为$\int\sqrt{x^2\pm p^2}\mathrm{d}x(a>0)$ 或者$\int\sqrt{p^2-x^2}\mathrm{d}x(a<0)$, 利用已知结论就可以计算出相应的不定积分.

注 在计算这类积分时, 下述几个结论是常常用到的.

$$
\begin{aligned}
&\int\sqrt{x^2\pm a^2}\mathrm{d}x=\frac{1}{2}x\sqrt{x^2\pm a^2}\pm\frac{a^2}{2}\ln|x+\sqrt{x^2\pm a^2}|+C,\\
&\int\sqrt{a^2-x^2}\mathrm{d}x=\frac{1}{2}x\sqrt{a^2-x^2}+\frac{a^2}{2}\arcsin\frac{x}{a}+C,\\
&\int\frac{\mathrm{d}x}{\sqrt{x^2\pm a^2}}=\ln|x+\sqrt{x^2\pm a^2}|+C,\\
&\int\frac{\mathrm{d}x}{\sqrt{a^2-x^2}}=\arcsin\frac{x}{a}+C.
\end{aligned}
$$

例 9 求$\int\frac{2x+1}{\sqrt{-x^2-4x}}\mathrm{d}x$.

可以直接利用上述的基本方法, 但下述方法更具技巧性, 因而更简单.

解

$$
\begin{aligned}
\text{原式}&=-\int\frac{\mathrm{d}(-x^2-4x)}{-\sqrt{-x^2-4x}}-3\int\frac{\mathrm{d}x}{\sqrt{-x^2-4x}}\\
&=-2\sqrt{-x^2-4x}-3\int\frac{\mathrm{d}x}{\sqrt{4-(x+2)^2}}\\
&=-2\sqrt{-x^2-4x}-3\arcsin\frac{x+2}{2}+C.
\end{aligned}
$$

例 10 求$\int(x+1)\sqrt{x^2-2x+5}\mathrm{d}x$.

解 仍然要根据其结构特点寻找简洁的方法, 则

$$
\begin{aligned}
\text{原式}&=\frac{1}{2}\int\sqrt{x^2-2x+5}\,\mathrm{d}(x^2-2x+5)+2\int\sqrt{(x-1)^2+4}\mathrm{d}x\\
&=\frac{1}{3}(x^2-2x+5)^{\frac{3}{2}}+(x-1)\sqrt{x^2-2x+5}\\
&\quad+4\ln\left(x-1+\sqrt{x^2-2x+5}\right)+C.
\end{aligned}
$$

注 上述两个例子处理了$\int R\left(x,\sqrt{ax^2+bx+c}\right)\mathrm{d}x$的两种特殊情况，得到了相应的简洁的处理方法，即对$\int \frac{Mx+N}{\sqrt{ax^2+bx+c}}\mathrm{d}x$和$\int (Mx+N)\sqrt{ax^2+bx+c}\mathrm{d}x$，通过凑微分的方法最终转化为形如$\int \frac{\mathrm{d}x}{\sqrt{p^2-x^2}}$，$\int \frac{\mathrm{d}x}{\sqrt{x^2\pm p^2}}$及$\int \sqrt{p^2-x^2}\mathrm{d}x$，$\int \sqrt{x^2\pm p^2}\mathrm{d}x$的积分进行计算.

习 题 6.4

1. 计算下列有理式的不定积分.

1) $\int \frac{x-1}{x^2-2x+2}\mathrm{d}x$；
2) $\int \frac{x^3-1}{x^2-x-2}\mathrm{d}x$；
3) $\int \frac{x^2-1}{x^4(x^2+1)}\mathrm{d}x$；
4) $\int \frac{x^2-1}{x^4+1}\mathrm{d}x$；
5) $\int \frac{x^2+1}{(x-1)^2(x+2)}\mathrm{d}x$；
6) $\int \frac{x-1}{x^3+1}\mathrm{d}x$.

2. 计算下列三角函数的不定积分.

1) $\int \frac{1}{\sin x+2}\mathrm{d}x$；
2) $\int \frac{1}{\sin x+\cos x}\mathrm{d}x$；
3) $\int \frac{\sin x}{\cos x+2}\mathrm{d}x$；
4) $\int \frac{\tan x+1}{\cos^2 x}\mathrm{d}x$；
5) $\int \frac{1}{\sin^2 x\cos^3 x}\mathrm{d}x$；
6) $\int \frac{\sin 2x}{\sin x+\cos x}\mathrm{d}x$；
7) $\int \frac{1}{(1+\sin x)\cos x}\mathrm{d}x$；
8) $\int \frac{\sin^2 x}{1+\sin^2 x}\mathrm{d}x$；
9) $\int \sin^2 x\cos^3 x\mathrm{d}x$；
10) $\int \sin^4 x\cos^4 x\mathrm{d}x$；
11) $\int \frac{x+\sin x}{1+\cos x}\mathrm{d}x$；
12) $\int x\arctan x\ln(1+x^2)\mathrm{d}x$.

3. 计算下列带根式的不定积分.

1) $\int \frac{1}{\sqrt{x(x-1)}}\mathrm{d}x$；
2) $\int \frac{1}{x\sqrt{1+x^2}}\mathrm{d}x$；
3) $\int \frac{1}{\sqrt[3]{x^2(x+1)^4}}\mathrm{d}x$；
4) $\int \sqrt{x^2+x+1}\mathrm{d}x$；
5) $\int \sqrt{x^2+\frac{1}{x^2}}\mathrm{d}x$；
6) $\int \sqrt{\frac{1}{(x-a)(b-x)}}\mathrm{d}x$；
7) $\int \frac{x\mathrm{e}^x}{\sqrt{\mathrm{e}^x+1}}\mathrm{d}x$；
8) $\int \frac{x}{\sqrt{1+x^{\frac{2}{3}}}}\mathrm{d}x$.

第7章　定　积　分

定积分是人类在早期认识自然的活动中发明创造的一门学问. 人类在最初认识自然的活动中, 不可避免地涉及对一些量的认识, 其中重要的一类量就是平面几何图形的面积. 从人类的认识过程来看, 对平面几何图形面积的认识也是遵循从简单到复杂、从特殊到一般的认识规律, 可以设想、也可以肯定的是：人类最初掌握的面积应该是简单而又特殊的平面几何图形的面积, 如正方形、矩形、圆形、梯形等. 随着认识实践活动的深入, 不可避免地涉及更一般平面几何图形的面积计算问题. 另一方面, 从理论发展的角度来看, 当人们掌握了简单图形面积的计算之后, 也很自然地提出问题：如何计算任意平面几何图形的面积? 对这些问题的研究, 不论从认识自然的实践方面, 还是从理论发展方面, 都推动了定积分的产生和发展. 换句话说, 定积分就是为解决这类问题而产生的一门学问. 那么, 定积分理论是如何解决这类问题的呢? 让我们遵循人类认识发展的规律, 探讨这类问题解决的轨迹, 从而引入定积分理论.

现在, 假设我们已经掌握简单平面图形的面积的计算, 提出要解决的问题并讨论如何解决问题.

问题　计算任意平面几何图形的面积, 或等价地计算任意一条封闭的平面几何曲线所围图形的面积.

对问题的分析：解决一个问题, 首先要对问题进行观察和分析, 常常遵循如下方式：

1) 此问题能否用已知的问题来表示, 如果能, 则问题已解决, 否则, 进入下一步.

2) 将问题简化.

分析待解决的问题和已经解决的同类问题的差异, 尽可能多地将待解决的问题向已经解决的问题转化, 从而达到简化问题的目的.

3) 建立已知和未知之间的联系或桥梁, 达到用已知解决未知的目的.

针对我们提出的问题, 我们分析：

1) 已经解决的同类问题：规则图形的面积计算, 图形的特点是图形规则, 表现为边界为特殊的直边. 而未知的待解决的问题的图形边界为任意曲线.

2) 问题的转化(简化)：将所求之面积的几何图形转化为有尽可能多的规则边界——直边界. 在坐标系下, 这样的转化是非常简单的.

如图 7-1 所示，任意几何图形的面积可以转化为曲边梯形的面积差，因此，任意平面图形面积的计算问题就简化为曲边梯形面积的计算. 那么，如何求曲边梯形的面积?

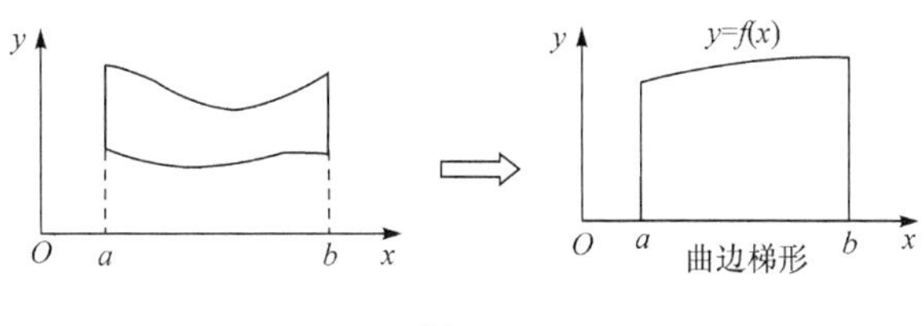

图 7-1

3) 问题的求解.

下面，我们将问题转化为一个数学问题，然后进行相应的求解.

例 1 给定光滑曲线 l：$y=f(x)$，$x\in[a,b]$ 且设 $f(x)\geqslant 0$，计算如图 7-1 由曲线 l，直线 $x=a, x=b$ 和 x 轴所围的曲边梯形的面积 S.

思路分析 为求解此问题，首先分析待求解的问题的结构特征，然后和已知的、最为接近的问题进行比较，寻找二者联系的桥梁. 按此思路分析如下：

①问题的特点：所求面积的图形为平面曲边梯形. ②类比已知：已知面积的类似的平面几何图形有矩形、梯形、三角形等. ③研究思路简析：求解的过程实际就是一个转化过程，即将一个待求解的问题用已知的来表示，因此，本问题的求解就是如何将曲边梯形的面积，通过适当的数学工具和方法表示为已知的图形如矩形、梯形或三角形等的面积. 类比已知的数学工具和方法，由于初等的数学工具不可能将曲线变为直线，因此，曲边梯形也就不能直接转化为直边的规则图形如矩形或梯形等，因此，直接计算其精确的面积也是不可能的. 为此，根据认知规律，先从近似角度对问题进行研究，由此确立研究思路. ④技术路线设计：从近似角度，问题的求解变得较为容易，直接将曲边拉直为直边，就将曲边梯形转化为一般的梯形，就可以近似计算其面积，当然，这样计算的误差较大. 为提高近似程度，希望曲边梯形的底很窄，因此，对一般的曲边梯形，自然会想到分割方法——将一般的曲边梯形分割成若干个底很窄的直边梯形或矩形，然后，计算每一个小的已知的矩形或梯形的面积，求和得到曲边梯形面积的近似值. 而精确的求解自然就是极限理论产生以后的事情了——分割越细，近似程度越高，因此，分割后和的极限应该是精确值，这样问题就解决了. 上述思想体现在下述过程中：

曲边梯形的面积——分割为若干个矩形或梯形——计算矩形(梯形)面积(近似计算)——求和——取极限——所求面积

当然，选择近似处理时要遵循简单且可行的原则，这也是我们选择用矩形而不是用梯形做近似的原因.

上述近似计算的思想从几何的观点看也称以直代曲(以直线近似代替曲线)、以不变代变的近似思想，从代数观点看，就是非线性问题的线性化思想，这是研究复杂问题的常用的思想.

具体的求解过程就是上述思想的数学具体化，从而也能了解下述处理过程中每一步的处理目的.

解　如图 7-2，将 $[a,b]$ 进行 n 分割，记分割为 T，

$$T:\quad a=x_0<x_1<\cdots<x_n=b,$$

记 $\Delta x_i=x_i-x_{i-1}$，$i=1,2,\cdots,n$，$\lambda(T)=\max\limits_{1\leqslant i\leqslant n}\Delta x_i$ 称为分割细度. 任取小区间 $[x_{i-1},x_i]$，任取 $\xi_i\in[x_{i-1},x_i]$，以区间 $[x_{i-1},x_i]$ 为底、$f(\xi_i)$ 为高作矩形，利用此矩形面积近似计算其对应的小曲边梯形的面积 S_i，则

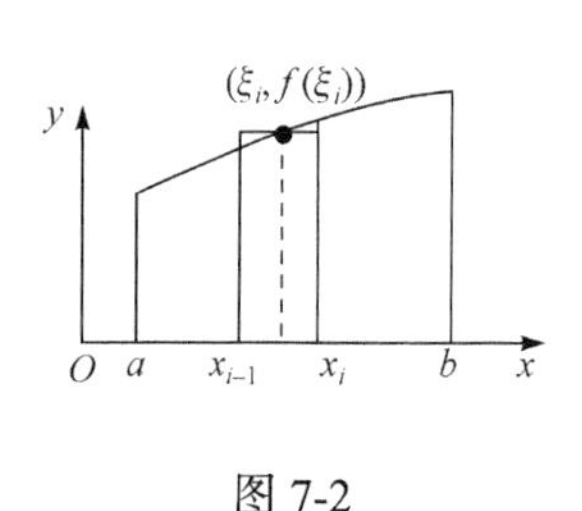

图 7-2

$$S_i\approx f(\xi_i)\Delta x_i,$$

因而，

$$S=\sum_{i=1}^n S_i\approx\sum_{i=1}^n f(\xi_i)\Delta x_i,$$

至此，从近似角度，问题得到解决.

当然，可以设想，分割细度越来越小，上述近似程度也就越来越高，近似计算值也就越来越逼近精确值，而从无限逼近到精确值正是极限要解决的问题，因而可设想

$$S=\lim_{\lambda(T)\to 0}\sum_{i=1}^n f(\xi_i)\Delta x_i,$$

因此，随着极限理论的产生，问题得到解决.

总结　从结论的结构看，曲边梯形的面积问题最终归结为一类有限不定和式的极限($\lambda(T)$ 为极限变量，在 $\lambda(T)\to 0$ 的过程中，$n\to+\infty$ 是变化着的量，是不确定的，此时，$\sum\limits_{i=1}^n f(\xi_i)\Delta x_i$ 的项数 n 形式上有限，但不确定，称为有限不定和). 当面积客观存在时，此和式的极限肯定存在且应该和分割 T 和点 ξ_i 的选取无关.

上述将面积表示为有限不定和式的极限并不是认识自然界活动中的一个孤立的现象，很多问题都具有类似的结构.

例 2 (质量分布问题)　设线段(对应坐标轴上区间 $[a,b]$)上分布有密度不均匀(设对应的密度函数为 $f(x)$)的质量，求线段的质量 m.

思路分析　合理假设已知的相关结论为：如果线段 AB (对应的长度为 l)上分布有密度均匀的质量(密度为常数 ρ)，则线段的质量为 $m=\rho l$.

类比已知和未知, 二者的差别是: 已知情形的密度为常数——不变(线性), 待求解未知情形的密度为函数——变量(非线性), 因此, 研究的思想仍是近似思想, 方法是线性化. 即利用与例 1 类似的思想方法来研究并求解, 将待求的非均匀密度的质量分布问题(密度是变化的)通过分割, 在分割后的小线段上利用已知的密度均匀的质量分布公式近似计算(以不变代变的思想)、然后通过求和、取极限的方式得到质量的精确值.

解　将 $[a,b]$ 进行 n 分割, 记分割为 T,

$$T:\quad a=x_0<x_1<\cdots<x_n=b,$$

类似引入 $\Delta x_i=x_i-x_{i-1}$, $i=1,2,\cdots,n$, 分割细度 $\lambda(T)=\max\limits_{1\leqslant i\leqslant n}\Delta x_i$, 在对应的每一小段 $[x_{i-1},x_i]$ 上, 任取 $\xi_i\in[x_{i-1},x_i]$, 将其近似为密度为 $f(\xi_i)$ 的均匀的质量分布, 则 $[x_{i-1},x_i]$ 上分布的质量近似为 $m_i\approx f(\xi_i)\Delta x_i$, 因而,

$$m\approx\sum_{i=1}^{n}f(\xi_i)\Delta x_i .$$

这样, 从近似研究的角度, 问题得以解决.

当然, 其准确的计算还是需要极限理论, 即

$$m=\lim_{\lambda(T)\to 0}\sum_{i=1}^{n}f(\xi_i)\Delta x_i ,$$

至此, 问题得到解决.

总结　从结论的结构看, 上述质量分布问题最终归结为一类有限不定和式的极限, 与例 1 具有完全相同的结构.

抽象与总结　大量的事例表明: 这类有限不定和式的极限问题反映了自然界中大量的深刻的自然现象, 而数学理论正是对众多自然现象的归纳、总结和抽象, 即去其表象、抽其实质而形成的严谨的科学, 它源于实践又反过来指导实践. 因此, 从大量事例中, 把这类求有限不定和式的极限这一实质抽取出来, 就形成了我们的定积分理论.

7.1　定积分的定义

定义 1.1　设 $f(x)$ 定义在区间 $[a,b]$ 上, 对任意 $[a,b]$ 的分割 T: $a=x_0<x_1<\cdots<x_n=b$, 记 $\Delta x_i=x_i-x_{i-1}$, $i=1,2,\cdots,n$, $\lambda(T)=\max\limits_{1\leqslant i\leqslant n}\Delta x_i$ 为分割细度, 任取

$\xi_i \in [x_{i-1}, x_i]$，作和式$\sum_{i=1}^{n} f(\xi_i)\Delta x_i$，若$\lim_{\lambda(T)\to 0}\sum_{i=1}^{n} f(\xi_i)\Delta x_i$存在且其极限值不依赖于分割$T$和点$\xi_i$的选取，称$f(x)$在$[a,b]$上可积，极限值称为$f(x)$在$[a,b]$上的定积分，记为$\int_a^b f(x)\mathrm{d}x$，即

$$\int_a^b f(x)\mathrm{d}x = \lim_{\lambda(T)\to 0}\sum_{i=1}^{n} f(\xi_i)\Delta x_i,$$

其中，a称为积分下限，b称为上限，$f(x)$称为被积函数，x为积分变量.

信息挖掘　1) 从定义式看各个量的对应关系及意义：$\int_a^b \to \sum$，$f(x)\to f(\xi_i)$，$\mathrm{d}x \to \Delta x_i$.

2) 若$f(x)$在$[a,b]$上可积，则$\int_a^b f(x)\mathrm{d}x$是一个确定的数值，与分割T和点ξ_i的选取无关，只依赖于$f(x), a, b$，更与变量的形式无关，因而，

$$\int_a^b f(x)\mathrm{d}x = \int_a^b f(t)\mathrm{d}t = \int_a^b f(s)\mathrm{d}s = \lim_{\lambda(T)\to 0}\sum_{i=1}^{n} f(\xi_i)\Delta x_i.$$

3) 定积分的几何意义：设$f(x)\geqslant 0$，则$\int_a^b f(x)\mathrm{d}x$表示由曲线$y=f(x)$和直线$x=a$，$x=b$及x轴所围的曲边梯形的面积，特别注意积分式中各项与几何图形的对应关系：下限和上限分别对应于曲边梯形的左右直线边界，被积函数是曲边梯形的上下边界的差，即$f(x)=f(x)-0$. 虽然现在从直观上给出了定积分的几何意义，从理论上没有严格证明，后面，我们将在可积条件的讨论中，利用上下和给出证明.

4) 有了定积分的定义，引言中两个引例的结论都可用定积分表示为$\int_a^b f(x)\mathrm{d}x$.

关于定义的进一步说明：

规定$\int_a^b f(x)\mathrm{d}x = -\int_b^a f(x)\mathrm{d}x$，因而$\int_a^a f(x)\mathrm{d}x = 0$.

定积分和不定积分尽管名称上有相似之处，但是，二者有本质的区别：$\int f(x)\mathrm{d}x$表示$f(x)$的原函数类；$\int_a^b f(x)\mathrm{d}x$是一个数值；二者名称中都有“积分”二字，因此，二者必然有关系；在后面我们将看到，若$\int f(x)\mathrm{d}x = F(x)$，则

$$\int_a^b f(x)\mathrm{d}x = F(b)-F(a).$$

利用极限的定义，还可以给出可积性的“ε-δ”定义.

设$f(x)$在$[a,b]$上有定义，若存在实数I，使得 $\forall\varepsilon>0$，$\exists\,\delta>0$，对任意分割

$$T:\quad a=x_0<x_1<\cdots<x_n=b,$$

及对任意选取的点$\xi_i\in[x_{i-1},x_i]$，$i=1,\cdots,n$，只要$\lambda(T)<\delta$就有

$$\left|\sum_{i=1}^{n}f(\xi_i)\Delta x_i-I\right|<\varepsilon,$$

则称$f(x)$在$[a,b]$上可积，实数I称为$f(x)$在$[a,b]$上的定积分，即

$$I=\int_a^b f(x)\mathrm{d}x=\lim_{\lambda(T)\to0}\sum_{i=1}^{n}f(\xi_i)\Delta x_i\ .$$

特别注意定义中两个任意性条件，一方面，由于定义中有两个任意性条件，使得用定义证明可积性是非常困难的；另一方面，正是这两个任意性条件，使得在如下两个方面的问题研究中发挥作用：一是在可积的条件下，可以选择特殊的分割和特殊的$\xi_i\in[x_{i-1},x_i]$，$i=1,\cdots,n$，使得$\lim\limits_{\lambda(T)\to0}\sum\limits_{i=1}^{n}f(\xi_i)\Delta x_i$的计算简单可行，由此得到$\int_a^b f(x)\mathrm{d}x$；二是通过选择不同的分割或不同的$\xi_i\in[x_{i-1},x_i]$，$i=1,\cdots,n$，使得对应的$\lim\limits_{\lambda(T)\to0}\sum\limits_{i=1}^{n}f(\xi_i)\Delta x_i$不同，由此得到不可积性. 看下述例子，体会方法.

例 1 设$f(x)=x$在$[0,1]$上可积，计算$\int_0^1 f(x)\mathrm{d}x$.

结构简析 目前只能用定义进行计算，方法就是选择特殊的分割和特殊的取点，使得对应的和及其极限能够计算.

解 n等分割$[0,1]$,

$$T:\quad 0=x_0<x_1<\cdots<x_n=1,\quad x_i=\frac{i}{n},\quad i=0,1,2,\cdots,n,$$

取点$\xi_i=x_i$，$i=1,\cdots,n$，则

$$\sum_{i=1}^{n}f(\xi_i)\Delta x_i=\sum_{i=1}^{n}\frac{i}{n^2}=\frac{1}{n^2}\sum_{i=1}^{n}i=\frac{n+1}{2n},$$

由定义，则

$$\int_0^1 f(x)\mathrm{d}x=\lim_{n\to+\infty}\sum_{i=1}^{n}f(\xi_i)\Delta x_i=\lim_{n\to+\infty}\frac{n+1}{2n}=\frac{1}{2}.$$

例 2 讨论 Dirichlet 函数

$$D(x)=\begin{cases}1, & x\in[0,1]\text{ 为有理数},\\ 0, & x\in[0,1]\text{ 为无理数}\end{cases}$$

的可积性.

结构分析 题型是可积性讨论；类比已知，只能用定义证明，并且不知道是否可积，因此，只能采取试验、推理，逐步判断的方法达到目的：即先采取特殊的分割或特殊的取点，得到一个对应的有限和，考察此和式的极限是否存在，若极限不存在，则此函数不可积，若极限存在，则考察此极限值是否也是对另外特殊的分割或特殊的取点所得到的不定有限和的极限，若不是，则不可积，若是，只是增加了可积的可能性. 要判断可积性，还需要更进一步按定义来验证. 进一步分析函数的结构，具有分段函数的结构特征——两类不同点的函数值不同，这个结构特征提示我们可以考察取两类不同点时对应的有限和的极限性质，由此期望得到不可积性.

证明 对任意的分割T：$0=x_0<x_1<\cdots<x_n=1$，由于有理数和无理数都是稠密的，即任何区间中既含有有理数，也含有无理数，由此，若取全部的$\xi_i\in[x_{i-1},x_i]\,(i=1,2,\cdots,n)$为有理数，则

$$\lim_{\lambda(T)\to 0}\sum_{i=1}^{n}f(\xi_i)\Delta x_i=1,$$

若取全部的$\xi_i\in[x_{i-1},x_i]\,(i=1,2,\cdots,n)$为无理数，则

$$\lim_{\lambda(T)\to 0}\sum_{i=1}^{n}f(\xi_i)\Delta x_i=0,$$

故, Dirichlet 函数不可积.

总结 用定义证明函数的可积性是很困难的，原因是定义中的两个任意性，我们不可能对此进行一一的验证，但是，证明不可积性相对容易，只需确定两个不同的有限和的极限不同即可.

下面，我们给出可积函数的一个基本定理.

定理 1.1 若$f(x)$在$[a,b]$上可积，则$f(x)$在$[a,b]$上有界.

结构分析 定理结构是在可积条件下证明函数的有界性；类比已知，我们只有利用可积的极限定义来证明，根据利用极限定义证明有界性的一般方法，通过取定一个ε，将相关的量都确定下来，利用这些确定的量得到有界性.

证明 由于$f(x)$在$[a,b]$上可积，因而，存在实数I，对$\varepsilon=1$，存在$\delta>0$，对任意分割T：$a=x_0<x_1<\cdots<x_n=b$及对任意选取的点$\xi_i\in[x_{i-1},x_i],i=1,\cdots,n$，当$\lambda(T)<\delta$时，成立

$$\left|\sum_{i=1}^{n}f(\xi_i)\Delta x_i-I\right|<1,$$

取定n，使得$\dfrac{b-a}{n}<\delta$，对$[a,b]$作n等分T.

$$T:\ a=x_0<x_1<\cdots<x_n=b,$$

其中 $x_i=a+\frac{b-a}{n}i,\ i=0,1,2,\cdots,n$. 记 $M=\left|\sum_{i=1}^{n}f(x_i)\right|$，则对任意的 $\eta\in[a,b]$，必有某个 i_0，使得 $\eta\in[x_{i_0},x_{i_0+1})$，取 $\xi_i=x_i,i\neq i_0$，$\xi_{i_0}=\eta$，则

$$\left|\sum_{i=1}^{n}f(\xi_i)\Delta x_i-I\right|<1,$$

即

$$\left|\sum_{i\neq i_0}f(\xi_i)\Delta x_i+f(\eta)\Delta x_{i_0}-I\right|<1,$$

因而,

$$|f(\eta)\Delta x_{i_0}|\leqslant 1+|I|+\left|\sum_{i\neq i_0}f(\xi_i)\Delta x_i\right|,$$

故,

$$\begin{aligned}|f(\eta)|&\leqslant\frac{n(1+|I|)}{b-a}+\left|\sum_{i\neq i_0}f(\xi_i)\right|\\&\leqslant\frac{n(1+|I|)}{b-a}+M,\end{aligned}$$

由 $\eta\in[a,b]$ 的任意性, 则

$$|f(x)|\leqslant\frac{n(1+|I|)}{b-a}+M,\quad x\in[a,b].$$

总结 由证明过程可以发现利用极限证明相关有界性的思想是通过选定的 ε, 逐次将各个相关的量固定下来, 对本例而言, 选定 $\varepsilon=1$ 后就确定了 δ, 再通过选择确定的 n 等分割, 将分点固定, 从而将相关的量都固定下来, 得到一个确定的量.

有界性是可积函数类的基本性质, 这也决定了我们今后讨论可积函数时是在有界函数类里进行的.

注 虽然在 Newton-Leibniz 时期, 定积分理论的基础已经建立, 但是, 那时的相关论述不十分严谨, 直到二百年以后, Riemann 给出了函数可积和有界性的关系并给出了函数可积的充分必要条件, 揭示了函数可积的本质, 建立了严格的数学基础, 因此, 通常也将上述定积分称为 Riemann 积分, 函数可积也称 Riemann 可积, 因此, $f(x)$ 在 $[a,b]$ 上可积也记为 $f(x)\in R[a,b]$.

习 题 7.1

1. 试利用定积分的思想方法计算由曲线 $y=x^2$, 直线 $x=0$, $x=1$ 和 x 轴所围图形的面积.
2. 在引入定积分的定义时, 是在每一个分割的小区间 $[x_i,x_{i+1}]$ 上, 用矩形面积近似代替小

曲边梯形的面积, 显然, 若连接曲边上的两个点 $(x_i, f(x_i))$ 和 $(x_{i+1}, f(x_{i+1}))$, 得到一个斜直边梯形, 用此直边梯形代替曲边梯形, 精度会更高, 试以$[a,b]$上的连续可微函数 $f(x)$, 分析定义中近似计算的合理性.

3. 设 $f(x)=\begin{cases} x(1-x), & x\text{为有理数}, \\ 0, & x\text{为无理数}, \end{cases}$ 讨论 $f(x)$ 在 $[0,1]$ 上的可积性.

4. 设 $f(x)=\begin{cases} 2x, & x\text{为有理数}, \\ 1-x, & x\text{为无理数}, \end{cases}$ 讨论 $f(x)$ 在 $[0,1]$ 上的可积性.

5. 自行设计例子说明对定积分定义中两个任意性的理解与应用.

6. $f(x)=x^{-1}$ 在 $(0,1)$ 上可积吗？为什么？

7.2　定积分存在的条件

本节在函数有界的条件下研究定积分存在的条件.

已经知道：函数是否可积, 与一个有限不定和的极限有关, 因此, 可积性的研究可以转化为对有限不定和式极限的研究, 而且要保证可积性, 必须要求有限不定和式极限的存在且与分割和取点的两个任意性无关, 这也正是用定义研究函数可积性的困难之处. 因此, 必须寻求新的判断函数可积性的条件. 进一步分析定义可知, 在定义中的两个任意性条件中, 点的选取更为重要, 自然就可猜想：能否通过一些特殊点的选取, 得到一些相应的特殊的和式, 通过这些特殊和式的极限(相对易于研究)得到函数的可积性. 本节利用从特殊到一般的研究思想, 通过考察两类特殊的有限和得到可积性的条件.

设 $f(x)$ 在 $[a,b]$ 上有界, T 分割 $[a,b]$

$$T:\ a=x_0<x_1<\cdots<x_n=b,$$

记 $M=\sup\limits_{x\in[a,b]} f(x)$, $m=\inf\limits_{x\in[a,b]} f(x)$, $M_i=\sup\limits_{x\in[x_{i-1},x_i]} f(x)$, $m_i=\inf\limits_{x\in[x_{i-1},x_i]} f(x)$, $i=1,2,\cdots,n$.

函数的有界性保证了上述各量的存在性. 我们引入和式

$$\overline{S}(T)=\sum_{i=1}^{n} M_i \Delta x_i \qquad \text{Darboux 上和}$$

$$\underline{S}(T)=\sum_{i=1}^{n} m_i \Delta x_i \qquad \text{Darboux 下和}$$

我们引入了两个特殊的和, 希望利用这两个特殊和的极限来刻画可积性. 由于 Darboux 和与任意有限和成立关系

$$\underline{S}(T)\leqslant\sum_{i=1}^{n}f(\xi_i)\Delta x_i\leqslant\overline{S}(T).$$

因此, 可猜想, 若两个 Darboux 和的极限存在且相等, 则任意有限和式的极限都存在且相等, 因而函数可积. 这就是我们期望得到的结论. 为此, 先研究 Darboux 和的性质.

先讨论同一分割的上下和关系.

引理 2.1　对任意分割 T 成立

$$m(b-a)\leqslant\underline{S}(T)\leqslant\overline{S}(T)\leqslant M(b-a).$$

这是很明显的结论, 略去证明.

我们要研究的是 Darboux 和极限的存在性, 而引理 2.1 给出的有界性并不能保证极限的存在性, 但是, 它可以保证一个与极限有关的量——确界(子列的极限)的存在性, 这就是下面研究的出发点.

记所有上和的集合和所有下和的集合分别为

$$\overline{S}=\{\overline{S}(T):\forall\ 分割 T\},$$

$$\underline{S}=\{\underline{S}(T):\forall\ 分割 T\},$$

则两个集合都是有界集合.

引理 2.2　确界 $l=\sup\underline{S}$, $L=\inf\overline{S}$ 存在且

$$m(b-a)\leqslant l\ ,\ \ L\leqslant M(b-a).$$

注　暂时还不能保证一定成立 $l\leqslant L$.

引理 2.1 和引理 2.2 给出同一个分割对应的 Darboux 和关系. 下面, 再来研究不同分割的同一类 Darboux 和的关系.

引理 2.3　如果在分割 T 的分点中加入新分点得到分割 T', 则得到的上和不增, 下和不减, 即

$$\overline{S}(T')\leqslant\overline{S}(T),\quad \underline{S}(T')\geqslant\underline{S}(T).$$

结构分析　思路很简单, 就是比较两个不同的分割和的关系; 采用从简单到复杂的研究方法, 先从最简单的情形入手, 或将问题简化为: 可将 T' 视为在 T 中每次只插入一个分点, 经若干次之后得到的, 故将问题简化为只插入一个分点的情形讨论.

证明　只证上和部分. 给定分割 T

$$T:\ a=x_0<x_1<\cdots<x_n=b,$$

设插入的分点 $x'\in(x_{i-1},x_i)$, 得到分割 T' 为

$$T':\ a=x_0<x_1<\cdots<x_{i-1}<x'<x_i<\cdots<x_n=b,$$

因而，若记

$$M_{i1}=\sup_{x\in[x_{i-1},x']}f(x),\quad M_{i2}=\sup_{x\in[x',x_i]}f(x),$$

$$\Delta x_{i1}=x'-x_{i-1},\quad \Delta x_{i2}=x_i-x',$$

则

$$\overline{S}(T)=\sum_{k=1}^{n}M_k\Delta x_k,$$

$$\overline{S}(T')=\sum_{k=1}^{i-1}M_k\Delta x_k+M_{i1}\Delta x_{i1}+M_{i2}\Delta x_{i2}+\sum_{k=i+1}^{n}M_k\Delta x_k,$$

注意到 $M_{i1}\Delta x_{i1}+M_{i2}\Delta x_{i2}\leqslant M_i\Delta x_i$，故，$\overline{S}(T')\leqslant\overline{S}(T)$.

继续研究不同分割的不同类的 Darboux 和的关系.

引理 2.4 任意一个分割的下和不超过任意一个分割的上和. 即对任意分割 T_1，T_2，成立 $\underline{S}(T_1)\leqslant\overline{S}(T_2)$.

结构分析 从结构看，要建立两个不同分割和的关系；类比已知，前述引理建立了相关联的分割的Darboux和的关系；因此，证明的思路是需要建立两个分割的关系；引理 2.3 给出了建立的线索——插入分点的方法，即希望构造一个第三者——分割 T_3 起到联系二者的桥梁的作用 $T_1\to T_3\to T_2$，显然，这个即联系 T_1 又联系 T_2 的分割，只能通过 T_1 和 T_2 来构造，如将 T_1 的分点插入 T_2，即合并两个分割得到 T_3.

证明 合并两个分割得到新分割 T_3，记为 $T_3=T_1+T_2$，由引理 2. 3，则

$$\underline{S}(T_1)\leqslant\underline{S}(T_3)\leqslant\overline{S}(T_3)\leqslant\overline{S}(T_2),$$

由此引理得证.

推论 2.1 $l\leqslant L$ 成立.

事实上，由确界性质，对任意的 $\varepsilon>0$，存在分割 T_1 和 T_2，使得

$$l-\varepsilon<\underline{S}(T_1),\quad \overline{S}(T_2)<L+\varepsilon,$$

由引理 2.4，则 $\underline{S}(T_1)\leqslant\overline{S}(T_2)$，因而，

$$l-\varepsilon<L+\varepsilon,$$

由 ε 的任意性，则 $l\leqslant L$.

总结 引理2.4给出了两个不同分割对应的Darboux和的关系，特别注意证明过程中建立不同分割关系的思想.

有了上述准备工作，就可以研究本节的主要问题，先给出上下和极限的存在性.

定理 2.1 (Darboux 定理) 设 $f(x)$ 为有界函数，T 为$[a,b]$的任意一个分割，则

成立

$$\lim_{\lambda(T)\to 0}\overline{S}(T)=L\ ,\quad \lim_{\lambda(T)\to 0}\underline{S}(T)=l\ .$$

结构分析 这是极限结论的验证; 为寻找证明线索, 挖掘条件中的信息, 隐含的两个条件是L和l的含义, 因此, 需要从确界性质出发, 用极限定义证明结论, 这是证明的思路和方法.

证明 只证上和部分.

由于$L=\inf\overline{S}$, 由确界定义可得, 对$\forall\varepsilon>0$, 存在分割

$$T':a=x_0'<x_1'<\cdots<x_p'=b\ ,$$

使得

$$L\leqslant\overline{S}(T')\leqslant L+\frac{\varepsilon}{2}.$$

(注意: 要证明存在$\delta>0$, 对 $\forall T$, 只要$\lambda(T)<\delta$就成立$L\leqslant\overline{S}(T)\leqslant L+\varepsilon$, 因此, 须引入要考察的任意分割.)

类比要证明的结论, 先给出任意分割

$$T:a=x_0<x_1<\cdots<x_n=b\ ,$$

为建立两个不同分割的上和的关系, 采用引理 2. 4 的方法, 记$T^*=T+T'$, 则

$$L\leqslant\overline{S}(T^*)\leqslant\overline{S}(T')\leqslant L+\frac{\varepsilon}{2}.$$

剩下的工作就是确定δ, 使得$\lambda(T)<\delta$时, 建立$\overline{S}(T)$和$\overline{S}(T^*)$的关系.

由于T^*可视为在T中加入T'的分点而得到, 故$\overline{S}(T)$与$\overline{S}(T^*)$只在包含T'的分点的小区间上产生差异. 下面, 考察T'的分点落在 T 的小区间的情形, 我们希望这种情形尽可能的简单以便于控制, 最简单的情形应该是: 每一个T的小区间内至多包含T'的一个分点. 那么, 如何能控制分割 T, 使得其每一个小区间只包含T'的一个分点? 注意到要证明结论中, 对分割 T 还有要求$\lambda(T)<\delta$, 因此, 可以设想, 这一条件应该就是限制分割 T 满足上述要求的, 于是, 问题就转化为如何选择并确定δ满足上述要求. 显然, 只需T比T'更细即可.

取$\delta=\min\{x_k'-x_{k-1}',k=1,2,\cdots,p\}$, 则当$\lambda(T)<\delta$时, T的每一个分割小区间(x_{i-1},x_i)内至多包含T'的一个分点, 下面考察和式$\overline{S}(T)$与$\overline{S}(T^*)$的差别. 对比两个分割可以发现, 分割 T 加入T'的分点后, 对应的$\overline{S}(T)$就变为$\overline{S}(T^*)$, 且T'的分点只有严格落在T分割的小区间(x_{i-1},x_i)内时, 才对和的改变有影响, 除去区间端点, 这样的分点至多有 $p-1$ 个. 因此, 分割T中至多有$p-1$个区间, 记为$\{(x_{p-1}^{(k)},x_p^{(k)})\}$ $(k=1,2,\cdots,p-1)$包含分割T'的分点$\{x_1',\cdots,x_{p-1}'\}$, 故, $\overline{S}(T)$与$\overline{S}(T^*)$只

在对应的区间 $\{(x_{p-1}^{(k)}, x_p^{(k)})\}$ $(k=1,2,\cdots,p-1)$ 上产生差异, 因而

$$\begin{aligned}0\leqslant \overline{S}(T)-\overline{S}(T^*)&=\sum_{k=1}^{p-1}M^{(k)}\Delta x^{(k)}-\sum_{k=1}^{p-1}[M_1^{(k)}\Delta x_1^{(k)}+M_2^{(k)}\Delta x_2^{(k)}]\\&=\sum_{k=1}^{p-1}(M^{(k)}-M_1^{(k)})\Delta x_1^{(k)}+\sum_{k=1}^{p-1}(M^{(k)}-M_2^{(k)})\Delta x_2^{(k)}\\&\leqslant (M-m)\sum_{k=1}^{p-1}\Delta x^{(k)}\leqslant (M-m)(p-1)\lambda(T)\\&\leqslant (M-m)(p-1)\delta,\end{aligned}$$

因此, 若还要求 $\delta\leqslant\dfrac{\varepsilon}{2(M-m)(p-1)}$, 则

$$L\leqslant \overline{S}(T)\leqslant \overline{S}(T^*)+\frac{\varepsilon}{2}\leqslant L+\varepsilon,$$

故, 取 $\delta=\min\left\{\lambda(T'),\ \dfrac{\varepsilon}{2(M-m)(p-1)}\right\}$, 当 $\lambda(T)<\delta$ 时, 就有上式成立, 故

$$\lim_{\lambda(T)\to 0}\overline{S}(T)=L,$$

引理证毕.

下面开始研究定积分存在的充分必要条件.

定理 2.2 (定积分存在的第一充分必要条件) 有界函数 $f(x)$ 在 $[a,b]$ 上可积的充分必要条件是 $L=l$, 即

$$\lim_{\lambda(T)\to 0}\overline{S}(T)=\lim_{\lambda(T)\to 0}\underline{S}(T).$$

证明 必要性 设 $f(x)\in R[a,b]$, 记 $I=\int_a^b f(x)\mathrm{d}x$.

由定理 2.1, 要证明的结论应该是 $I=L=l$. 注意到 l 和 L 及 I 都是有限和的极限, 因此, 我们从定积分的定义出发, 通过考察有限和的关系得到相应的极限关系. 由可积性的定义, 对任意 $\varepsilon>0$, 存在 $\delta>0$, 对任意 T : $a=x_0<x_1<\cdots<x_n=b$ 和对 $\forall\xi_i\in[x_{i-1},x_i]$, 当 $\lambda(T)<\delta$ 时, 成立

$$\left|\sum_{i=1}^{n}f(\xi_i)\Delta x_i-I\right|<\frac{\varepsilon}{2},$$

显然, 为证明结论, 只需证明

$$\left|\sum_{i=1}^{n}M_i\Delta x_i-I\right|<\frac{\varepsilon}{2},\quad \left|\sum_{i=1}^{n}m_i\Delta x_i-I\right|<\frac{\varepsilon}{2},$$

因而, 必须通过 $f(\xi_i)$ 和 M_i (或 m_i)的特殊关系来完成, 因此, 必须选定特殊的

ξ_i——利用M_i的确界性质选取ξ_i，使$f(\xi_i)$与M_i(或m_i)尽可能接近.

由于$M_i=\sup\{f(x):x\in[x_{i-1},x_i]\}$，则存在$\eta_i\in[x_{i-1},x_i]$，使得

$$M_i\geqslant f(\eta_i)\geqslant M_i-\frac{\varepsilon}{2(b-a)},$$

因而,

$$\begin{aligned}\left|\overline{S}(T)-I\right|&\leqslant\left|\overline{S}(T)-\sum_{i=1}^{n}f(\eta_i)\Delta x_i\right|+\left|\sum_{i=1}^{n}f(\eta_i)\Delta x_i-I\right|\\&\leqslant\sum_{i=1}^{n}[M_i-f(\eta_i)]\Delta x_i+\frac{\varepsilon}{2}\\&\leqslant\frac{\varepsilon}{2(b-a)}\sum_{i=1}^{n}\Delta x_i+\frac{\varepsilon}{2}\leqslant\varepsilon,\end{aligned}$$

故，$\lim\limits_{\lambda(T)\to0}\overline{S}(T)=I$.

同样可证$\lim\limits_{\lambda(T)\to0}\underline{S}(T)=I$.

由于对任意分割T和任意的取点$\xi_i\in[x_{i-1},x_i]$，都满足

$$\underline{S}(T)\leqslant\sum_{i=1}^{n}f(\xi_i)\Delta x_i\leqslant\overline{S}(T).$$

因而，充分性是显然的.

总结　上述证明过程中再次用到了可积条件下，利用定义中两个任意性条件，选定特殊的分割和特殊的取点而获得定积分特定的性质，需要掌握这种应用思想方法.

由定理2.2可知，若$f(x)\in R[a,b]$，利用定积分的定义，则必有

$$\int_a^b f(x)\mathrm{d}x=\lim_{\lambda(T)\to0}\overline{S}(T)=\lim_{\lambda(T)\to0}\underline{S}(T).$$

利用这个结论就可以证明定积分的几何意义了. 事实上，曲边梯形的面积S满足

$$\underline{S}(T)\leqslant S\leqslant\overline{S}(T),$$

利用夹逼定理，则$S=\int_a^b f(x)\mathrm{d}x$.

定理2.2给出了定积分存在的条件，但是不方便使用，我们给出更容易使用的结论形式，这就是下述的推论.

记$\omega_i=M_i-m_i=\sup\limits_{[x_{i-1},x_i]}|f(x')-f(x'')|$，称其为$f(x)$在$[x_{i-1},x_i]$上的振幅.

由于后续讨论函数可积性时经常用到振幅，对振幅进行结构分析：从表达式可知，振幅的结构特征是函数的差值结构，类比已知，这种结构在微分理论中经常遇到，如连续性、一致连续性和可微性都涉及函数的差值结构，这为利用微分理

论讨论函数可积性提供了线索.

推论 2.2 有界函数 $f(x)\in R[a,b]$ 的充分必要条件是 $\lim\limits_{\lambda(T)\to 0}\sum\limits_{i=1}^{n}\omega_i\Delta x_i=0$.

推论 2.2 也称为可积的第一充要条件.

抽象总结 1) 定理 2.2 的几何意义: $\overline{S}(T)$ 为所有小曲边梯形的外包矩形的面积和, $\underline{S}(T)$ 为所有小曲边梯形的内含矩形的面积和, $\sum\limits_{i=1}^{n}\omega_i\Delta x_i$ 正是二者的差, 因此, 可积的含义就是, 当分割越来越细时, 内含矩形的面积和外包矩形的面积都越来越接近于曲边梯形的面积, 相对而言, 二者差越来越接近于零.

2) 推论 2.2 作用对象特征分析: 此推论利用振幅的结构性条件刻画了函数的可积性, 即当分割很细时, 每个分割小区间上的振幅变化不大; 从定义看, 振幅的结构是任意两点的差值结构; 我们知道, 在已经学习过的理论中, 从形式上涉及这种结构的概念有很多, 如连续、一致连续、可微等, 这种联系使得我们可以考虑利用已经掌握的微分学理论讨论可积性.

由于连续和可微函数具有较好的光滑性, 这样的函数都是可积的, 但是, 也确实存在可积但不连续的函数, 这说明上述的刻画条件还不够深刻, 没有揭示可积的本质, 为此, 我们从上述结论出发, 进一步挖掘可积性的本质.

由推论 2.2, 分析 $\sum\limits_{i=1}^{n}\omega_i\Delta x_i$ 的结构, 其极限行为要受两个因素 ω_i 和 Δx_i 的制约, 可以设想, 要使 $\sum\limits_{i=1}^{n}\omega_i\Delta x_i$ 充分小, 要么 ω_i 都充分小, 要么 ω_i 不能充分小的对应区间 Δx_i 的和充分小, 这正是我们要揭示的可积性的第二充分必要条件.

定理 2.3 有界函数 $f(x)\in R[a,b]$ 的充分必要条件是对任意的 $\varepsilon>0$ 和 $\sigma>0$, 存在 $\delta>0$, 使得对任意的分割 T, 只要 $\lambda(T)<\delta$ 时, 就成立对应于 $\omega_i\geqslant\varepsilon$ 的那些区间的长度和满足 $\sum\limits_{\omega_i\geqslant\varepsilon}\Delta x_i<\sigma$.

证明 必要性 设 $f(x)\in R[a,b]$, 对任意的 $\varepsilon>0$ 和 $\sigma>0$, 由推论 2.2, 存在 $\delta>0$ 使得对任意的分割 T, 只要 $\lambda(T)<\delta$ 时,

$$\sum_{i=1}^{n}\omega_i\Delta x_i<\varepsilon\sigma,$$

故对应于 $\omega_i\geqslant\varepsilon$ 的那些区间的长度和满足

$$\varepsilon\sum_{\omega_i\geqslant\varepsilon}\Delta x_i\leqslant\sum_{\omega_i\geqslant\varepsilon}\omega_i\Delta x_i\leqslant\sum_{\omega_i\geqslant\varepsilon}\omega_i\Delta x_i+\sum_{\omega_i<\varepsilon}\omega_i\Delta x_i=\sum_{i=1}^{n}\omega_i\Delta x_i<\varepsilon\sigma,$$

因而，$\sum_{\omega_i \geqslant \varepsilon} \Delta x_i < \sigma$.

充分性　假设对任意的$\varepsilon > 0$和$\sigma > 0$，存在$\delta > 0$使得对任意的分割T，只要$\lambda(T) < \delta$时，就成立对应于$\omega_i \geqslant \varepsilon$的那些区间的长度和$\sum_{i'} \Delta x_{i'} < \sigma$，用$i'$表示使得$\omega_{i'} \geqslant \varepsilon$的那些分割小区间的下标，用$i''$表示剩下的小区间的下标，则

$$\begin{aligned}\sum_{i=1}^{n} \omega_i \Delta x_i &= \sum_{i'} \omega_{i'} \Delta x_{i'} + \sum_{i''} \omega_{i''} \Delta x_{i''} \\ &\leqslant (M-m)\sum_{i'} \Delta x_{i'} + \varepsilon \sum_{i''} \Delta x_{i''} \\ &\leqslant (M-m)\sigma + (b-a)\varepsilon,\end{aligned}$$

由ε和σ的任意性，则$\lim_{\lambda(T)\to 0} \sum_{i=1}^{n} \omega_i \Delta x_i = 0$，故函数可积.

抽象总结　此条件揭示函数可积的本质. 即可积函数必是这样一类的函数，对充分细的分割，或者对应的振幅很小(如连续的情形)，或者振幅不能很小的这部分区间的长度和充分小，即不连续点不能太多(测度为 0). 事实上，学习了后续课程实变函数之后可以发现，Riemann 意义下的可积函数就是几乎处处连续的函数.

由此可知，当涉及利用点的连续性结构判断可积性时，可以首先考虑使用定理 2.3.

习　题　7.2

1. 设$f(x)$在$[a,b]$上可积，证明：$|f(x)|$和$f^2(x)$在$[a,b]$上也可积；试举例说明反之结论不成立.

2. 设$f(x)$在$[a,b]$上可积，且$f(x) \geqslant c > 0,\ x \in [a,b]$，证明$f^{-1}(x)$在$[a,b]$上也可积.

3. 设$f(x)$，$g(x)$在$[a,b]$上可积，证明对任意的分割，

$$T:\ a = x_0 < x_1 < \cdots < x_n = b$$

和任意的$\xi_i, \eta_i \in [x_{i-1}, x_i]$，成立

$$\lim_{\lambda(T)\to 0} \sum_{i=1}^{n} f(\xi_i) g(\eta_i) \Delta x_i = \int_a^b f(x) g(x) \mathrm{d}x .$$

7.3　可积函数类

本节，我们从最基本的连续函数开始，利用可积的充分必要条件研究可积函数类.

定理 3.1 设 $f(x)$ 在 $[a,b]$ 上连续, 则设 $f(x)$ 在 $[a,b]$ 上必可积.

思路分析 类比已知, 研究函数的可积性有两个条件, 由于定理3.1中所给的条件只涉及一类点, 即“连续点”, 因而, 考虑用第一充要条件证明, 这就需要研究函数的振幅, 注意到振幅的结构形式和一致连续性的结构形式相同, 由此确定证明思路.

证明 由于 $f(x)$ 在 $[a,b]$ 上连续, 则 $f(x)$ 在 $[a,b]$ 上必定一致连续, 故对 $\forall\varepsilon>0$, 存在 $\delta>0$ 使得当 x', $x''\in[a,b]$ 且 $|x'-x''|<\delta$ 时, 有

$$|f(x')-f(x'')|<\frac{\varepsilon}{b-a},$$

因此, 对任意分割 T,

$$T:\ a=x_0<x_1<\cdots<x_n=b,$$

当 $\lambda(T)<\delta$ 时,

$$\omega_i=\sup_{x',x''\in[x_{i-1},x_i]}|f(x')-f(x'')|<\frac{\varepsilon}{b-a},$$

因而,

$$\sum_{i=1}^{n}\omega_i\Delta x_i<\frac{\varepsilon}{b-a}(b-a)=\varepsilon,$$

故, 设 $f(x)$ 在 $[a,b]$ 上可积.

定理3.1说明连续函数是可积的, 因而, 若将可积性也作为函数的一种光滑性的话, 连续的光滑性不低于可积的光滑性, 那么, 自然提出这样的问题: 连续性是否一定高于可积性? 即可积函数连续吗? 定理 3.1 中连续性的条件是否可以降低? 从另一个角度讲, 对连续性, 我们已知它是一个局部性的概念, 可以定义函数在一点的连续性, 也可以定义函数在一个区间上(不管它是开的、闭的或半开半闭的)的连续性, 而从可积性的定义可以看出可积性是一个整体性的概念, 我们只能定义函数在闭区间上的可积性, 那么, 能否在其他区间上定义可积性? 下面几个定理将回答这些问题, 同时为研究定积分的其他性质作准备.

定理 3.2 设有界函数 $f(x)$ 在 $(a,b]$ 上连续, 则对任意定义的 $f(a)$, 都有 $f(x)\in R[a,b]$, 且 $I=\int_a^b f(x)\mathrm{d}x$ 与 $f(a)$ 无关.

结构分析 从所给条件看, $x=a$ 点可能是不连续点, 这样就涉及两类点, 因而符合第二充要条件的结构, 选用第二充要条件来证: 把不连续点分离到一个任意小的区间中.

证明 对 $\forall\ \varepsilon>0$, $\sigma>0$, 由于 $f(x)\in C\left[a+\frac{\sigma}{2},b\right]$, 由一致连续性定理, 存在

$\delta:\dfrac{\sigma}{2}>\delta>0$，使得当 $x',x''\in\left[a+\dfrac{\sigma}{2},b\right]$ 且 $|x'-x''|<\delta$ 时,

$$|f(x')-f(x'')|<\varepsilon;$$

故, 对任意满足 $\lambda(T)<\delta$ 的分割

$$T:\ a=x_0<x_1<\cdots<x_n=b,$$

设 $a+\dfrac{\sigma}{2}\in[x_{p-1},x_p]$，则 $i>p$ 时, 对应的小区间上的振幅 $\omega_i<\varepsilon$，因此, 对应的 $\omega_i\geqslant\varepsilon$ 的区间至多有 p 个: $[x_0,x_1],\cdots,[x_{p-1},x_p]$，其长度和满足

$$\sum_{k=1}^{p}\Delta x_k<\frac{\sigma}{2}+(x_p-x_{p-1})<\frac{\sigma}{2}+\lambda(T)<\sigma,$$

由可积的第二充要条件, 则 $f(x)\in R[a,b]$.

记 $I=\int_a^b f(x)\mathrm{d}x$，对任意分割 $T:a=x_0<x_1<\cdots<x_n=b$,取 $\xi_i=x_i,i=1,\cdots,n$，则

$$I=\int_a^b f(x)\mathrm{d}x=\lim_{\lambda(T)\to 0}\sum_{i=1}^{n}f(\xi_i)\Delta x_i,$$

故, 定积分与 $f(a)$ 无关.

总结　证明过程中再次用到了在可积条件下, 利用取点的任意性, 通过取定特殊的点, 得到积分值.

推论 3.1　设有界函数 $f(x)$ 在 (a,b) 上连续, 则对任意定义的 $f(a)$，$f(b)$，都有 $f(x)\in R[a,b]$. 且 $I=\int_a^b f(x)\mathrm{d}x$ 与 $f(a)$，$f(b)$ 无关.

抽象总结　1) 从定理 3.2 和推论 3.1 的形式看, 改变函数在端点处的函数值, 不改变函数的可积性和积分值.

2) 从可积性的定义结构看, 对定义在区间上的有界连续函数来说, 不管区间形式如何, 我们都可以通过端点处函数值的定义, 将函数延拓到闭区间上, 得到闭区间上一个可积函数且积分值与端点函数值无关, 这就是只定义闭区间上函数积分的原因, 因此, 在下面涉及函数可积性时, 我们只在有界闭区间上进行讨论.

3) 定理中的有界性条件不可去, 如 $f(x)=\dfrac{1}{x}\in C(0,1]$，但是, 它在 $(0,1]$ 上不可积(这是一个广义积分问题)(试分析定理 3.2 的证明对 $f(x)=\dfrac{1}{x}\in C(0,1]$ 是否成立? 为什么?).

定理 3.3　有界闭区间上只有有限个不连续点的有界函数必可积.

证明　只需考虑最简单的情况:假设函数 $f(x)$ 在 $[a, b]$ 内只有一个不连续点, 此时证明与定理 3.2 相同.

推论 3.2 设有界函数 $f(x)$，$g(x)$ 只在 $[a,b]$ 上的有限个点处具有不同的函数值，且 $f(x)\in R[a,b]$，则 $g(x)\in R[a,b]$，且

$$\int_a^b f(x)\mathrm{d}x=\int_a^b g(x)\mathrm{d}x,$$

因而，改变一个函数在有限个点处的函数值不改变其可积性，也不改变其积分值.

证明 记 $F(x)=f(x)-g(x)$，则 $F(x)$ 除在 $[a,b]$ 上有限个点外恒为 0，因此，由定理 3.3，$F(x)\in R[a,b]$. 对任意分割

$$T:\ a=x_0<x_1<\cdots<x_n=b,$$

总可以取 $\xi_i\in[x_{i-1},x_i]$ 使得 $F(\xi_i)=0$，则

$$\int_a^b F(x)\mathrm{d}x=\lim_{\lambda(T)\to 0}\sum_{i=1}^n F(\xi_i)\Delta x_i=0.$$

另一方面，对任意分割 $T:\ a=x_0<x_1<\cdots<x_n=b$，对 $\forall\xi_i\in[x_{i-1},x_i]$，

$$\begin{aligned}\lim_{\lambda(T)\to 0}\sum_{i=1}^n g(\xi_i)\Delta x_i&=\lim_{\lambda(T)\to 0}\sum_{i=1}^n[f(\xi_i)-F(\xi_i)]\Delta x_i\\&=\lim_{\lambda(T)\to 0}\sum_{i=1}^n f(\xi_i)\Delta x_i-\lim_{\lambda(T)\to 0}\sum_{i=1}^n F(\xi_i)\Delta x_i\\&=\int_a^b f(x)\mathrm{d}x-\int_a^b F(x)\mathrm{d}x=\int_a^b f(x)\mathrm{d}x,\end{aligned}$$

因而，$g(x)\in R[a,b]$，且 $\int_a^b f(x)\mathrm{d}x=\int_a^b g(x)\mathrm{d}x$.

此性质表明，分段连续函数是可积的，由此可知，可积函数不一定连续，因此，连续性确实比可积性的光滑性高.

例 1 证明 $[0,1]$ 上的 Riemann 函数：

$$R(x)=\begin{cases}\dfrac{1}{q}, & x=\dfrac{p}{q},\ p,q\text{为互质的正整数},\\ 0, & \text{为}0,1\text{或}(0,1)\text{中的无理数}\end{cases}$$

可积，且 $\int_0^1 R(x)\mathrm{d}x=0$.

结构分析 类比已知，我们已经初步了解了 Riemann 函数的连续性质，即 Riemann 函数在无理点连续，在有理点不连续. 因此，关于此函数所知的性质，还是其连续点和不连续点的分布结构，涉及两类点，因此，应该用第二充要条件讨论其可积性，但是，由于所有的有理点(x=0 除外)都是不连续点，这样的点有无穷多个且密布在整个区间[0,1]，因而，不能像定理 3.2 那样把这些点分离在一个任意小的区间，这就需要利用 $\omega_i\geqslant\varepsilon$ 的特性将坏点确定出来，因此，我们必须研究使得 $\omega_i\geqslant\varepsilon$ 的点的性质，注意到 x 为无理点时 $R(x)=0$，因此，$\omega_i=R(x')$，x' 为某个

有理点, 故, 需要将 $R(x')\geqslant\varepsilon$ 的这些点分出来, 所使用的方法和讨论此函数的连续性的方法相同仍是排除法.

证明 对任意的 $\varepsilon>0$, $\sigma>0$, 使得 $R(x)\geqslant\varepsilon$ 的点只可能发生在有理点 $x=\dfrac{p}{q}$ 上, 由于使得 $R(x)=\dfrac{1}{q}\geqslant\varepsilon$ 的 q 至多有限个, 因而 $[0,1]$ 中至多有有限个有理点记为 $x_1',\cdots,x_k'$ 使得 $R(x_j')\geqslant\varepsilon$. 故, 对任意分割 T: $a=x_0<x_1<\cdots<x_n=b$, 使得 $\omega_i\geqslant\varepsilon$ 的区间必是包含了点 $x_1',\cdots,x_k'$ 的小区间, 这样的小区间至多有 $2k$ 个(有可能为端点), 因而, 当 $\lambda(T)<\delta=\dfrac{\sigma}{2k}$ 时, 这样区间的长度和不超过 $2k\lambda(T)\leqslant\sigma$, 故 $R(x)$ 可积.

显然, 对任意分割 T: $a=x_0<x_1<\cdots<x_n=b$, 取点 ξ_i 为每个小区间中的无理点, 则立即可得

$$\int_0^1 R(x)\mathrm{d}x=\lim_{\lambda(T)\to 0}\sum_{i=1}^{n}R(\xi_i)\Delta x_i=0 .$$

总结 1) 对比 Riemann 函数连续性的证明, 证明该函数的可积性仍然利用了排除法, 二者的思想本质是相同的.

2) 注意到 Riemann 函数并不是分段光滑的函数, 因此, 此例表明, 可积函数类是一类比分段光滑函数类还广的函数类.

定理 3.4 $[a,b]$上的单调有界函数必可积.

结构分析 由于所给的条件不涉及点的分类, 或者说只有一类点, 对不涉及连续点和间断点分类的可积性问题都用第一充要条件来证, 此时, 需要研究振幅, 对单调函数而言, 振幅具有特殊的结构——振幅等于端点函数值差的绝对值, 这是其结构特点, 利用这个特点就可以证明定理.

证明 不妨设 $f(x)$ 在 $[a,b]$ 上单调递增, 对任意分割

$$T:\ a=x_0<x_1<\cdots<x_n=b ,$$

对应每个小区间上的振幅 $\omega_i=f(x_i)-f(x_{i-1})$, 对 $\forall\varepsilon>0$, 当 $\lambda(T)<\dfrac{\varepsilon}{f(b)-f(a)}$ 时,

$$\sum_{i=1}^{n}\omega_i\Delta x_i\leqslant\lambda(T)\sum_{i=1}^{n}\omega_i=\lambda(T)(f(b)-f(a))\leqslant\varepsilon ,$$

因而 $f(x)$ 在 $[a, b]$ 上可积.

上述一系列性质表明, 可积函数类确实是比连续函数更广的函数类.

习 题 7.3

下述各题, 先给出结构分析, 说明思路是如何形成的, 再给出证明.

1. 设 $f(x)$ 在[0, 1]有界且所有的不连续点为 $x_n=\frac{1}{n}$, $n=1,2,\cdots$, 证明 $f(x)$ 在[0, 1]上可积.

2. 讨论函数 $f(x)=\begin{cases}x, & x\text{为有理数},\\ 0, & x\text{为无理数}\end{cases}$ 在[0,1]上的可积性.

提示：函数只在 $x=0$ 点连续, 因而, 不可积; 采用 n 等分割, 分别取 $\xi_i=\frac{i}{n}$ 和无理点.

3. 讨论函数 $f(x)=\begin{cases}x\sin\frac{1}{x}, & x\neq 0,\\ 0, & x=0\end{cases}$ 在[0,1]上的可积性.

4. 设函数 $f(x)=\begin{cases}\frac{1}{x}-\left[\frac{1}{x}\right], & 0<x\leqslant 1,\\ 0, & x=0,\end{cases}$ 证明 $f(x)$ 在[0,1]上可积.

提示：函数只在 $x=\frac{1}{n}$ 的点上不连续, 可以利用左右极限讨论这些点处的不连续性. 利用第 1 题证明可积性.

7.4 定积分性质

本节利用定义和两个充要条件, 从定量和定性两个方面讨论定积分的性质. 由于充要条件只给出了函数的可积性, 是定性的结论, 定义不仅给出了可积性, 还给出了积分值, 具有定性和定量的双重属性, 因而, 在涉及可积性的定性结论时, 可以考虑用充要条件进行研究, 若还要讨论定积分的关系式, 就需要考虑用定义转化为极限关系来讨论了.

性质 4.1 (线性性质) 设 $f(x)$, $g(x)$ 在 $[a,b]$ 可积, 则对任意实数 k_1,k_2 , $k_1f(x)+k_2g(x)$ 可积且

$$\int_a^b[k_1f(x)+k_2g(x)]\mathrm{d}x=k_1\int_a^b f(x)\mathrm{d}x+k_2\int_a^b g(x)\mathrm{d}x .$$

结构分析 由于要证明的结论既有定性的结论——可积性, 也有定量的结论——积分关系式, 故, 考虑用定义证明.

证明 由定义, 对任意分割 T: $a=x_0<x_1<\cdots<x_n=b$, 和对任意 $\xi_i\in[x_{i-1},x_i]$,

$$\begin{aligned}&\lim_{\lambda(T)\to 0}\sum_{i=1}^n[k_1f(\xi_i)+k_2g(\xi_i)]\Delta x_i\\ &=k_1\lim_{\lambda(T)\to 0}\sum_{i=1}^n f(\xi_i)\Delta x_i+k_2\lim_{\lambda(T)\to 0}\sum_{i=1}^n g(\xi_i)\Delta x_i\\ &=k_1\int_a^b f(x)\mathrm{d}x+k_2\int_a^b g(x)\mathrm{d}x,\end{aligned}$$

由此，性质得证.

性质 4.2 设 $f(x)\in R[a,b]$ ，$g(x)\in R[a,b]$，则 $f(x)g(x)\in R[a,b]$.

结构分析 题目只要求证明可积性，因此，是定性分析的题目，考虑用充要条件来证. 而第二充要条件是从分离函数的连续点和不连续点出发，因而，本性质首选用第一充要条件来证. 此时，对应的已知条件为

$$\sum_{i=1}^{n}\omega_i^f\Delta x_i\to 0,\quad \sum_{i=1}^{n}\omega_i^g\Delta x_i\to 0,$$

要证明的结论是

$$\sum_{i=1}^{n}\omega_i^{fg}\Delta x_i\to 0,$$

因此，问题就转化为如何用已知的振幅来控制未知的振幅，即讨论三个振幅之间的关系，而振幅的关系是通过函数的关系来讨论的，基本振幅公式为 $\omega^f=\sup\limits_{x',x''\in[a,b]}|f(x')-f(x'')|$，其基本结构是差值结构，因此，振幅关系的讨论实际上是三个函数差值结构关系的讨论，这种关系的讨论在连续性理论中遇到过，类比已知，相应的方法是插项法.

证明 设 $|f(x)|\leqslant M,|g(x)|\leqslant M$. 对任意分割

$$T:\ a=x_0<x_1<\cdots<x_n=b,$$

任取 $x',x''\in[x_{i-1},x_i]$，则

$$\begin{aligned}&f(x')g(x')-f(x'')g(x'')\\&=[f(x')-f(x'')]g(x')+[g(x')-g(x'')]f(x''),\end{aligned}$$

记 $\omega_i^f,\omega_i^g,\omega_i^{fg}$ 分别为 $f(x),g(x),f(x)g(x)$ 在 $[x_{i-1},x_i]$ 的振幅，则

$$\omega_i^{fg}\leqslant M[\omega_i^f+\omega_i^g],$$

故，

$$0\leqslant\sum_{i=1}^{n}\omega_i^{fg}\Delta x_i\leqslant M\left[\sum_{i=1}^{n}\omega_i^f\Delta x_i+\sum_{i=1}^{n}\omega_i^g\Delta x_i\right],$$

因而，由 $f(x)\in R[a,b]$ ，$g(x)\in R[a,b]$ 立即可得 $f(x)g(x)\in R[a,b]$.

总结 上述证明过程中，利用振幅关系的讨论研究相关的可积性关系，体现了可积性关系讨论的基本思想方法.

性质 4.3 (保序性) 若 $f(x)\geqslant 0$ 且在 $[a,b]$ 上可积，则

$$\int_a^b f(x)\mathrm{d}x\geqslant 0.$$

因而，若 $f(x),g(x)$ 都可积且 $f(x)\geqslant g(x)$，则

$$\int_a^b f(x)\mathrm{d}x \geqslant \int_a^b g(x)\mathrm{d}x .$$

结构分析 定量分析的题型, 利用定义和极限的保序性来证. 证明很简单, 略去.

性质 4.4 (绝对可积性) 若 $f(x)\in R[a,b]$, 则 $|f(x)|\in R[a,b]$ 且

$$\left|\int_a^b f(x)\mathrm{d}x\right| \leqslant \int_a^b |f(x)|\,\mathrm{d}x .$$

结构分析 这是一个定性分析的题目, 用第一充要条件证明, 需要研究对应的振幅关系. 积分关系用保序性证明.

证明 对任意分割 T: $a=x_0<x_1<\cdots<x_n=b$. 任取 $x',x''\in[x_{i-1},x_i]$, 则

$$\big||f(x')|-|f(x'')|\big| \leqslant |f(x')-f(x'')|,$$

故, $\omega_i^{|f|}\leqslant\omega_i^f$. 因而, $|f(x)|\in R[a,b]$.

由于 $-|f(x)|\leqslant f(x)\leqslant|f(x)|$, 由积分保序性可得

$$\left|\int_a^b f(x)\mathrm{d}x\right| \leqslant \int_a^b |f(x)|\,\mathrm{d}x .$$

注 其逆不成立. 如[0,1]上如下定义的函数:

$$f(x)=\begin{cases}1, & x\text{为有理数},\\ -1, & x\text{为无理数},\end{cases}$$

显然, $|f(x)|$ 可积, 但 $f(x)$ 不可积.

性质 4.5 (区间可加性) 设 $a<c<b$, $f(x)\in R[a,c]$ 且 $f(x)\in R[c,b]$, 则 $f(x)\in R[a,b]$ 且

$$\int_a^b f(x)\mathrm{d}x = \int_a^c f(x)\mathrm{d}x + \int_c^b f(x)\mathrm{d}x .$$

结构分析 这是一个定量性质的证明, 需要用定义式来证, 重点是建立三个积分对应的有限和关系, 即如何把[a, b]上的有限和转化为[a, c], [c, b]上的有限和, 很容易利用 c 点的定位来解决.

证明 对任意分割

$$T:\ a=x_0<x_1<\cdots<x_n=b$$

和 $\forall\xi_i\in[x_{i-1},x_i], i=1,2,\cdots,n$, 设 $c\in[x_{k-1},x_k)$, 记

$$T_1: a=x_0<x_1<\cdots<x_{k-1}\leqslant c,$$

$$T_2: c<x_k<x_{k+1}<\cdots<x_n=b,$$

则

$$\begin{aligned}\lim_{\lambda(T)\to0}\sum_{i=1}^{n}f(\xi_i)\Delta x_i &= \lim_{\lambda(T)\to0}\left[\sum_{i=1}^{k-1}f(\xi_i)\Delta x_i + f(\xi_k)\Delta x_k + \sum_{i=k+1}^{n}f(\xi_i)\Delta x_i\right]\\ &= \lim_{\lambda(\mathrm{T})\to0}\left[\sum_{i=1}^{k-1}f(\xi_i)\Delta x_i + f(c)(c-x_{k-1}) - f(c)(c-x_{k-1})\right]\\ &\quad + \lim_{\lambda(T)\to0}\left[\sum_{i=k+1}^{n}f(\xi_i)\Delta x_i + f(c)(x_k-c) - f(c)(x_k-c)\right]\\ &\quad + \lim_{\lambda(T)\to0}f(\xi_k)\Delta x_k\\ &= \int_a^c f(x)\mathrm{d}x + \int_c^b f(x)\mathrm{d}x - f(c)\lim_{\lambda(T)\to0}\Delta x_k + \lim_{\lambda(T)\to0}f(\xi_k)\Delta x_k\\ &= \int_a^c f(x)\mathrm{d}x + \int_c^b f(x)\mathrm{d}x,\end{aligned}$$

因而，$f(x)\in R[a,b]$且等式成立.

此性质的逆也成立，这就是下面的性质.

性质 4.6 (区间可加性) 设$f(x)\in R[a,b]$，则对任意的$c:a<c<b$， $f(x)\in R[a,c]$， $f(x)\in R[c,b]$且

$$\int_a^b f(x)\mathrm{d}x = \int_a^c f(x)\mathrm{d}x + \int_c^b f(x)\mathrm{d}x\ .$$

结构分析 此性质虽然与性质 4.5 相近，也涉及定量关系，但不能像性质 4.5 的证明那样利用定义式证明. 原因是：在性质 4.5 中，等式右端两项同时存在能说明等式左端一项存在，但反过来，等式左端一项存在不能说明等式右端两项同时存在，这正是性质 4.6 要证明的，因此，只能先定性分析，说明两个积分同时存在，再利用性质 4.5 进行定量研究，说明等式成立.

证明 由于$f(x)\in R[a,b]$，故对$\forall\varepsilon>0$，$\exists\delta>0$，使得对任意分割

$$T:\ a=x_0<x_1<\cdots<x_n=b,$$

当$\lambda(T)<\delta$时

$$\sum_{i=1}^{n}\omega_i\Delta x_i\leqslant\varepsilon\ .$$

对任意分割

$$T_1:a=x_0^1<x_1^1<\cdots<x_k^1=c,$$

$$T_2:c=x_0^2<x_1^2<\cdots<x_p^2=b,$$

则$T'=T_1+T_2$是对$[a,b]$的分割且当$\lambda(T_1)<\delta$，$\lambda(T_2)<\delta$时，$\lambda(T')<\delta$，因此，

$$\sum_{T_1}\omega_i^1\Delta x_i^1\leqslant\sum_{T'}\omega_i'\Delta x_i'<\varepsilon,$$

$$\sum_{T_2}\omega_i^2\Delta x_i^2\leqslant\sum_{T'}\omega_i'\Delta x_i'<\varepsilon,$$

故 $f(x)\in R[a,c]$， $f(x)\in R[c,b]$. 因而, 由性质 4. 5, 等式成立.

下面, 给出定积分的非常重要的性质——积分中值定理.

性质 4.7 (积分第一中值定理) 设 $f(x)$, $g(x)$ 在 $[a,b]$ 都可积且 $g(x)$ 不变号, 则存在 $\eta\in[m,M]$ 使得

$$\int_a^b f(x)g(x)\mathrm{d}x=\eta\int_a^b g(x)\mathrm{d}x,$$

其中, $m=\min\limits_{x\in[a,b]}f(x)$, $M=\max\limits_{x\in[a,b]}f(x)$.

结构分析 已知的条件是: 定性条件——可积性、定量条件——不变号如 $g(x)\geqslant 0$ 及 $m\leqslant f(x)\leqslant M$, 要证明的也是一个定量关系式, 因此, 由定量条件出发, 得到函数关系, 借助定性条件导出相应的积分关系就是本性质证明的思路——利用积分的保序性将相应的函数关系转化为积分关系.

证明 设 $g(x)\geqslant 0$. 则 $mg(x)\leqslant f(x)g(x)\leqslant Mg(x)$, 利用积分保序性 ,则

$$m\int_a^b g(x)\mathrm{d}x\leqslant\int_a^b f(x)g(x)\mathrm{d}x\leqslant M\int_a^b g(x)\mathrm{d}x.$$

若 $\int_a^b g(x)\mathrm{d}x=0$, 性质显然成立. 若 $\int_a^b g(x)\mathrm{d}x>0$, 则

$$m\leqslant\frac{\int_a^b f(x)g(x)\mathrm{d}x}{\int_a^b g(x)\mathrm{d}x}\leqslant M,$$

因而, 存在 $\eta\in[m,M]$ 使得

$$\frac{\int_a^b f(x)g(x)\mathrm{d}x}{\int_a^b g(x)\mathrm{d}x}=\eta,$$

故, $\int_a^b f(x)g(x)\mathrm{d}x=\eta\int_a^b g(x)\mathrm{d}x$.

若 $g(x)\leqslant 0$, 类似可证.

推论 4.1 当 $f(x)\in C[a,b]$ 时, 存在 $\xi\in[a,b]$,使得 $f(\xi)=\eta$, 此时

$$\int_a^b f(x)g(x)\mathrm{d}x=f(\xi)\int_a^b g(x)\mathrm{d}x,$$

特别, $g(x)\equiv 1$ 时, 中值定理形式为

$$\int_a^b f(x)\mathrm{d}x=f(\xi)(b-a)$$

此时, $f(\xi)=\dfrac{1}{b-a}\int_a^b f(x)\mathrm{d}x$ 称为积分平均值.

抽象总结　从结构看积分中值定理的重要性：对定积分 $\int_a^b f(x)g(x)\mathrm{d}x$ 的研究而言，其难易程度由被积函数的结构决定，积分中值定理的结论将 $\int_a^b f(x)g(x)\mathrm{d}x$ 转化为 $\eta\int_a^b g(x)\mathrm{d}x$，被积函数得到简化，使得积分研究更加简单，因此，积分中值定理实现了积分结构的简单化.

积分中值定理是积分理论中非常重要的一个结论,在多元函数的积分理论还将讨论积分中值定理在各种积分形式中是否成立，因此，应该掌握积分中值定理证明过程中用到了哪个性质，即哪个结论保证积分中值定理成立.

下面，我们借助积分构造一类新函数.

性质 4.8 (积分连续性)　设 $f(x)\in R[a,b]$，则

$$F(x)=\int_a^x f(t)\mathrm{d}t\in C[a,b].$$

结构分析　题型为连续性的验证，这是局部性性质的证明，只需验证点点连续性即可.

证明　由于可积函数是有界函数，可设 $|f(x)|\leqslant M$，因而，

$$|F(x+\Delta x)-F(x)|=\left|\int_x^{x+\Delta x} f(t)\mathrm{d}t\right|\leqslant M|\Delta x|,$$

由此可得 $F(x)=\int_a^x f(t)\mathrm{d}t\in C[a,b]$.

性质 4.9　若 $f(x)\in C[a,b]$，则 $F(x)=\int_a^x f(t)\mathrm{d}t$ 在 $[a,b]$ 可微且

$$F'(x)=\left(\int_a^x f(t)\mathrm{d}t\right)'=f(x),$$

即 $F(x)$ 是 $f(x)$ 的原函数；因此，任何连续函数都有原函数.

证明　利用积分第一中值定理和 $f(x)$ 的连续性，

$$\lim_{\Delta x\to 0}\frac{F(x+\Delta x)-F(x)}{\Delta x}=\lim_{\Delta x\to 0}\frac{1}{\Delta x}\int_x^{x+\Delta x} f(t)\mathrm{d}t=\lim_{\Delta x\to 0} f(\xi)=f(x),$$

其中 ξ 在 x 和 $x+\Delta x$ 之间；因而，性质成立.

注　性质 4.9 更一般的形式. 当 $f(x)$ 连续，$g(x)$和$h(x)$ 可微时，则

$$\left[\int_{h(x)}^{g(x)} f(t)\mathrm{d}t\right]'=f(g(x))g'(x)-f(h(x))h'(x).$$

总结　1) 上述两个性质给出了通过定积分定义的一类新函数——变限积分函数，从而使我们接触到的函数类得到推广——从形式上给出一类新函数，从应

用上可以给出非初等函数如 $f(x)=\int_1^x \frac{\sin t}{t}\mathrm{d}t$. 事实上, 这种结构的函数在进一步的分析学中起着非常重要的作用.

2) 上述两个性质还隐藏着这样的信息：通过构造变限积分函数来提高光滑性.

定积分具体的应用将在下节给出.

性质 4.10(第二中值定理) 设 $f(x)\in R[a,b]$, $g(x)$在$[a,b]$上单调, 则存在 $\xi\in[a,b]$, 使得

$$\int_a^b f(x)g(x)\mathrm{d}x=g(a)\int_a^\xi f(x)\mathrm{d}x+g(b)\int_\xi^b f(x)\mathrm{d}x. \tag{1}$$

特别, 1)如果 $g(x)$ 单调递增且 $g(a)\geqslant 0$, 则存在 $\xi\in[a,b]$, 使得

$$\int_a^b f(x)g(x)\mathrm{d}x=g(b)\int_\xi^b f(x)\mathrm{d}x. \tag{2}$$

2) 如果 $g(x)$ 单调递减且 $g(b)\geqslant 0$, 则存在 $\xi\in[a,b]$, 使得

$$\int_a^b f(x)g(x)\mathrm{d}x=g(a)\int_a^\xi f(x)\mathrm{d}x. \tag{3}$$

结构分析 本证明过程将引入一种新的积分转化为和式的方法, 这一方法在处理积分问题时大量采用, 具体的分析可结合证明过程进行.

证明 应用从简单到复杂的研究思想, 我们先证明 1), 即等式(2). 此时, $g(x)\geqslant 0$且$f(x)g(x)\in R[a,b]$. 对任意分割

$$T:\ a=x_0<x_1<\cdots<x_n=b,$$

则

$$\begin{aligned}\int_a^b f(x)g(x)\mathrm{d}x&=\sum_{i=1}^n\int_{x_{i-1}}^{x_i} f(x)g(x)\mathrm{d}x\\&=\sum_{i=1}^n g(x_i)\int_{x_{i-1}}^{x_i} f(x)\mathrm{d}x\\&\quad+\sum_{i=1}^n\int_{x_{i-1}}^{x_i} f(x)(g(x)-g(x_i))\mathrm{d}x\\&\triangleq\sigma+\rho,\end{aligned}$$

因为 $f(x)$ 可积, 则其必有界, 记 $|f(x)|\leqslant M$, 由于 $g(x)$ 单调, 因而可积, 故

$$|\rho|\leqslant M\sum_{i=1}^n\omega_i^g\Delta x_i\to 0,\quad \lambda(T)\to 0,$$

其中, ω_i^g 表示函数 $g(x)$ 在小区间 $[x_{i-1},x_i]$ 上的振幅.

为研究σ，记$F(x)=\int_x^b f(t)\mathrm{d}t$，则 $F(x)\in C[a,b]$，因此，$F(x)$有最大值L和最小值l，且

$$\int_{x_{i-1}}^{x_i} f(x)\mathrm{d}x=F(x_{i-1})-F(x_i),\ \ F(x_n)=F(b)=0,$$

因而,

$$\sigma=\sum_{i=1}^{n} g(x_i)[F(x_{i-1})-F(x_i)],$$

为了分离出$g(b)$，需要对σ进行估计，因此，需要对求和的各项利用$F(x)$的有界性和$g(x)$的单调性进行定号处理，于是

$$\begin{aligned}\sigma&=g(x_1)F(x_0)+\sum_{i=2}^{n} g(x_i)F(x_{i-1})-\sum_{i=1}^{n-1} g(x_i)F(x_i)\\&=g(x_1)F(x_0)+\sum_{i=1}^{n-1}[g(x_{i+1})-g(x_i)]F(x_i),\end{aligned}$$

由于$g(x)\geqslant 0,\ g(x_{i+1})-g(x_i)\geqslant 0$，因而,

$$l\left[g(x_1)+\sum_{i=1}^{n-1}(g(x_{i+1})-g(x_i))\right]\leqslant\sigma\leqslant L\left[g(x_1)+\sum_{i=1}^{n-1}(g(x_{i+1})-g(x_i))\right],$$

即$l\,g(b)\leqslant\sigma\leqslant Lg(b)$，故,

$$l\,g(b)\leqslant\lim_{\lambda(T)\to 0}\sigma=\int_a^b f(x)g(x)\mathrm{d}x\leqslant Lg(b),$$

因而，存在$\mu\in[l,L]$ 使得

$$\int_a^b f(x)g(x)\mathrm{d}x=\mu g(b).$$

利用连续函数的介值定理，存在$\xi\in[a,b]$，使得$F(\xi)=\mu$，故

$$\int_a^b f(x)g(x)\mathrm{d}x=g(b)\int_\xi^b f(x)\mathrm{d}x.$$

(3)式的证明类似.

由(2)和(3)可以证明(1). 事实上，若$g(x)$单调递增，由(2)，存在$\xi\in[a,b]$使得

$$\int_a^b f(x)[g(x)-g(a)]\mathrm{d}x=[g(b)-g(a)]\int_\xi^b f(x)\mathrm{d}x,$$

化简即得(1)式. 其他情形类似.

积分中值定理是积分理论中一个非常重要的结论，在研究较为复杂的积分问题时经常用到此结论，这个结论的特点是从被积函数中将一个因子分离到积分号外面，从而可以简化积分结构，达到对积分估计、研究的目的.

习 题 7.4

1. 分析下面题目的结构特点，类比已知，你会想到哪个结论？由此确定证明思路，给出证明：

1) 设 $f(x)\in C[a,b]$，且 $\int_a^b f(x)\,\mathrm{d}x>0$，证明存在 $[c,d]\subset[a,b]$ 和 $\alpha>0$，使得

$$f(x)>\alpha>0,\quad x\in[c,d];$$

2) 设 $f(x)\in C[a,b]$，且 $\int_a^b f^2(x)\,\mathrm{d}x=0$，证明

$$f(x)\equiv 0,\quad x\in[a,b];$$

3) 设 $f(x)\in C[a,b]$，若对任意的可积函数 $g(x)$，都有 $\int_a^b f(x)g(x)\mathrm{d}x=0$，证明

$$f(x)\equiv 0,\quad x\in[a,b];$$

2. 证明 Schwarz 积分不等式：设 $f(x)$，$g(x)\in R[a,b]$，则

$$\int_a^b f(x)g(x)\mathrm{d}x\leqslant\left(\int_a^b f^2(x)\mathrm{d}x\right)^{\frac{1}{2}}\left(\int_a^b g^2(x)\mathrm{d}x\right)^{\frac{1}{2}}.$$

3. 分析下面两组题目，二者结构上的差别是什么？类比已知，比较两个定积分大小的基本思想方法是什么？完成题目.

利用积分性质比较积分的大小：

1) $\int_0^1 x^2\mathrm{d}x$，$\int_0^1 x^3\mathrm{d}x$；　　2) $\int_{-2}^{-1} 3^{-x}\mathrm{d}x$，$\int_0^1 3^x\mathrm{d}x$.

4. 1) 设 $f(x)$ 定义在 $[a,b]$ 上，给出曲线 $y=f(x)$ 在 $[a,b]$ 上的两个端点连线的直线方程；设此直线方程为 $y=\phi(x)$，证明：

$$|f(x)-\phi(x)|\leqslant 2\omega_{[a,b]}^{f},$$

其中 $\omega_{[a,b]}^{f}=\sup\limits_{x',\ x''\in[a,b]}|f(x')-f(x'')|$ 表示 $f(x)$ 在 $[a,b]$ 上的振幅.

2) 在定积分的定义和性质中，涉及因子 n 的因素有哪些？这些因素如何与函数曲线 $y=f(x)$ 关联产生一条与之相关的什么样的连续曲线？

3) 证明命题：设 $f(x)\in R[a,b]$，证明存在连续函数 $\varphi_n(x)$，使得

$$\lim_{n\to\infty}\int_a^b|f(x)-\varphi_n(x)|\,\mathrm{d}x=0.$$

4) 分析命题 3)的结论结构，你能挖掘什么信息？

7.5 定积分的计算与应用

本节，我们研究定积分的计算问题；首先，通过建立定积分和不定积分的关系，给出定积分的计算的基本方法；然后，对一些特殊的结构给出特殊的算法.

一、定积分计算的基本公式

先建立定积分和不定积分的关系.

定理 5.1　设 $f(x)\in C[a,b]$，$F(x)$ 是 $f(x)$ 的一个原函数，则

$$\int_a^b f(x)\mathrm{d}x = F(b)-F(a).$$

结构分析　题目证明的结论是建立定积分和原函数的联系，那么，在我们已经掌握的知识中，是否有一个量既与定积分有关，又与原函数有关？类比已知，在介绍定积分性质时，已知 $G(x)=\int_a^x f(t)\mathrm{d}t$ 是 $f(x)$ 的一个原函数，显然，这正是我们所寻求的量. 因而，解决问题的关键就转化为：如何通过 $G(x)$ 建立 $F(x)$ 和 $\int_a^b f(x)\mathrm{d}x$ 的关系.

证明　记 $G(x)=\int_a^x f(t)\mathrm{d}t$，则 $G(x)$ 是 $f(x)$ 的一个原函数，因而，

$$F(x)-G(x)=C,$$

故

$$\int_a^b f(x)\mathrm{d}x = G(b) = G(b)-G(a) = F(b)-F(a).$$

总结　1) 常记 $F(x)\big|_a^b = F(b)-F(a)$，因而公式也表示为

$$\int_a^b f(x)\mathrm{d}x = G(b) = F(x)\big|_a^b,$$

此公式称为 Newton-Leibniz 公式，这个公式给出了利用原函数(不定积分)计算定积分的方法，建立了定积分和不定积分的关系，将两种积分紧密地联系在一起，是积分理论中一个非常完美的结果.

2) 这一公式从定积分计算的角度来看，是将定积分的计算转化为不定积分的计算，或利用原函数实现定积分的计算，实现利用已知理论解决未知问题的目的，这是定积分计算的基本方法和公式.

例 1　计算下面的定积分：

1) $I=\int_0^{\frac{1}{2}}\frac{1}{\sqrt{1-x^2}}\mathrm{d}x$；　　　2) $I=\int_0^1\sqrt{1+x^2}\mathrm{d}x$.

解　1) 由不定积分理论，则 $\arcsin x$ 是 $\frac{1}{\sqrt{1-x^2}}$ 的一个原函数，因而，

$$I=\int_0^{\frac{1}{2}}\frac{1}{\sqrt{1-x^2}}\mathrm{d}x = \arcsin x\Big|_0^{\frac{1}{2}} = \frac{\pi}{6}.$$

2) 利用不定积分的结论，

$$\int \sqrt{1+x^2}\mathrm{d}x = \frac{x}{2}\sqrt{1+x^2} + \frac{1}{2}\ln(x+\sqrt{1+x^2}) + C,$$

则

$$I = \left[\frac{x}{2}\sqrt{1+x^2} + \frac{1}{2}\ln(x+\sqrt{1+x^2})\right]\Bigg|_0^1$$
$$= \frac{\sqrt{2}}{2} + \frac{1}{2}\ln(1+\sqrt{2}).$$

二、定积分计算的基本方法

有了 Newton-Leibniz 公式, 从理论上说, 利用不定积分理论, 定积分的计算问题就得到了解决; 虽然如此, 定积分毕竟与不定积分有很大的不同, 因而, 利用不定积分的计算来实现定积分的计算对简单结构的定积分的计算是可行的, 对更多、更复杂的定积分而言, 这样的计算是复杂的, 甚至是很困难或者不可能, 我们必须建立相对完善的定积分计算理论, 因此, 一方面, 利用定积分和不定积分的关系, 将不定积分计算的思想方法推广到定积分的计算中, 另一方面, 必须根据定积分与不定积分不同的结构特点, 设计有针对性的计算方法. 下面, 我们首先将不定积分计算中的两种主要计算方法(换元法和分部积分法)推广到定积分计算中.

1. 换元法

设 $x=\varphi(t)$ 在 $[\alpha,\beta]$ 上连续, $\varphi(\alpha)=a,\varphi(\beta)=b$, 且当 t 从 α 变到 β 时, x 从 a 变到 b, 利用此换元公式, 则

$$\int_a^b f(x)\mathrm{d}x = \int_\alpha^\beta f(\varphi(t))\varphi'(t)\mathrm{d}t = G(t)\Big|_\alpha^\beta,$$

其中 $G(t)$ 是 $f(\varphi(t))\varphi'(t)$ 的一个原函数.

注 在使用换元法计算时, 确定换元公式 $x=\varphi(t)$ 后, 进一步确定关于新积分变量的积分限 α 和 β; 特别当 $\varphi(t)$ 为周期函数时, 应选择 α 和 β, 使得 $[\alpha,\beta]$ 为最简区间.

2. 分部积分法

类似不定积分的分部积分公式, 可以得到定积分的分部积分公式: 假设函数 $u(x), v(x)$ 在 $[a, b]$ 具有连续的导数, 则

$$\int_a^b u(x)v'(x)\mathrm{d}x = u(x)v(x)\Big|_a^b - \int_a^b u'(x)v(x)\mathrm{d}x.$$

这两个结论的证明很简单, 略去证明, 给出简单应用.

例 2 计算积分.

1) $I=\int_a^{2a}\frac{\sqrt{x^2-a^2}}{x^4}\mathrm{d}x$； 2) $I=\int_0^{\ln 3}x\mathrm{e}^{-x}\mathrm{d}x$.

解 1) 类似不定积分的计算思想, 通过三角函数换元, 将被积函数中的根式有理化, 简化被积函数, 因此, 令 $x=a\sec t$, 则

$$I=\frac{1}{a^2}\int_0^{\frac{\pi}{3}}\sin^2 t\cos t\mathrm{d}t=\frac{\sqrt{3}}{8a^2}.$$

2) 这是一个典型的用分部积分法的例子, 则

$$I=-x\mathrm{e}^{-x}\Big|_0^{\ln 3}+\int_0^{\ln 3}\mathrm{e}^{-x}\mathrm{d}x=\frac{1}{3}(2-\ln 3).$$

例 3 计算 $I_n=\int_0^{\frac{\pi}{2}}\sin^n x\mathrm{d}x$.

解 这也是一个利用分部积分处理的例子, 但是, 与上述例子不同的是:此例需要从自身分离出一部分, 成为一个因子的导数形式.

$$\begin{aligned}I_n&=\int_0^{\frac{\pi}{2}}\sin^{n-1}x(-\cos x)'\mathrm{d}x\\&=-\sin^{n-1}x\cos x\Big|_0^{\frac{\pi}{2}}+\int_0^{\frac{\pi}{2}}(n-1)\sin^{n-2}x\cos^2 x\mathrm{d}x\\&=(n-1)I_{n-2}-(n-1)I_n,\end{aligned}$$

因而, 得到递推公式

$$I_n=\frac{n-1}{n}I_{n-2},$$

由于 $I_0=\frac{\pi}{2}$, $I_1=1$, 故, n 为偶数时,

$$I_n=\frac{(n-1)(n-3)\cdots 3\cdot 1}{n(n-2)\cdots 4\cdot 2}\frac{\pi}{2};$$

n 为奇数时,

$$I_n=\frac{(n-1)(n-3)\cdots 4\cdot 2}{n(n-2)\cdots 5\cdot 3}.$$

三、基于特殊结构的定积分的计算

虽然通过基本公式和方法可以将定积分转化为不定积分计算或利用不定积分类似的计算方法计算, 但是, 对具有特殊结构的定积分, 有时上述计算思想失效, 采用特殊的方法处理更加简单.

1. 奇、偶函数的定积分

定理 5.2 设 $f(x)$ 在 $[-a,a]$ 上连续, 1)若 $f(x)$ 为偶函数, 则

$$\int_{-a}^{a} f(x)\mathrm{d}x = 2\int_{0}^{a} f(x)\mathrm{d}x;$$

2) 若 $f(x)$ 为奇函数, 则 $\int_{-a}^{a} f(x)\mathrm{d}x = 0$.

此定理证明很简单, 略去. 此定理表明, 对特殊结构的定积分, 不必进行原函数的计算就可以完成计算.

抽象总结 从定理可知, 定积分结构中, 被积函数具有奇偶性和积分区间具有对称性时, 这是定理 5.2 作用对象特点, 可以考虑利用定理 5.2.

例 4 计算 $I = \int_{-1}^{1} \frac{\sin x}{x^2+1}\mathrm{d}x$.

结构分析 定积分的结构特点:被积函数为奇函数, 积分区间为对称区间, 具备定理 5.2 作用对象的特点.

解 由于被积函数为奇函数, 因而 $I=0$.

注 利用基本计算公式和方法不能实现或很难实现此例的计算, 由此体现出定积分和不定积分计算思想上的区别.

2. 周期函数的定积分

定理 5.3 设 $f(x)$ 是周期为 T 的连续函数, 则对任意实数 a,

$$\int_{a}^{a+T} f(x)\mathrm{d}x = \int_{0}^{T} f(x)\mathrm{d}x.$$

事实上,

$$\int_{a}^{a+T} f(x)\mathrm{d}x = \int_{a}^{0} f(x)\mathrm{d}x + \int_{0}^{T} f(x)\mathrm{d}x + \int_{T}^{a+T} f(x)\mathrm{d}x,$$

作代换 $x=a+T$, 则

$$\int_{T}^{a+T} f(x)\mathrm{d}x = \int_{0}^{a} f(T+t)\mathrm{d}t = -\int_{a}^{0} f(x)\mathrm{d}x,$$

故, $\int_{a}^{a+T} f(x)\mathrm{d}x = \int_{0}^{T} f(x)\mathrm{d}x$.

公式表明, 对周期函数而言, 在任何一个周期长度的区间上的积分相同.

例 5 设 $f(x)$ 是周期为 T 的连续函数, a 是给定的常数, 令 $F(x) = \int_{a}^{x} f(t)\,\mathrm{d}t$, 证明: 存在以 T 为周期的函数 $g(x)$ 和常数 k, b, 使得 $F(x) = g(x) + kx + b$.

结构分析 类比已知的$F(x)=\int_a^x f(t)\,\mathrm{d}t$的结构和要证明的结论的结构，只需从已知的$F(x)$结构中分离出$kx+b$，剩下的部分应该是$g(x)$，因此，只需用形式同一法进行分离，然后对$g(x)$进行验证即可.

证明 由于

$$F(x)=\int_a^x (f(t)-k+k)\,\mathrm{d}t=\int_a^x (f(t)-k)\,\mathrm{d}t+kx-ka,$$

记$g(x)=\int_a^x (f(t)-k)\,\mathrm{d}t$，只需选定$k$，使得$g(x)$满足相应要求. 由于

$$g(x+T)=\int_a^{x+T}(f(t)-k)\,\mathrm{d}t=g(x)+\int_x^{x+T}(f(t)-k)\,\mathrm{d}t,$$

利用周期函数的性质，则

$$\int_x^{x+T}(f(t)-k)\,\mathrm{d}t=\int_x^{x+T}f(t)\mathrm{d}t-kT=\int_0^T f(t)\mathrm{d}t-kT,$$

因而，取$k=\frac{1}{T}\int_0^T f(t)\,\mathrm{d}t$，则$g(x)$以$T$为周期，结论得证.

3. 涉及三角函数的特殊结构的定积分

还有一类涉及三角函数的积分，需要充分利用三角函数的周期性质和相互的关系式来计算. 先看一个例子.

例 6 计算$I=\int_0^{\pi}\frac{x\sin x}{1+\cos^2 x}\mathrm{d}x$.

结构分析 本题中，虽然被积函数含有两类不同的因子，但是，并不能用分部积分法消去其中一类因子而实现计算(此时，可将其化为$\int_0^{\pi}\arctan\cos x\mathrm{d}x$)，因此，分部积分法失效，这就必须深入挖掘被积函数的主要结构特征，寻找其他的处理方法；事实上，本题中被积函数的主要因子是三角函数因子，积分限也对应于三角函数的结构，因此，要充分利用三角函数的特点，求解本题.

解 由于

$$I=\int_0^{\frac{\pi}{2}}\frac{x\sin x}{1+\cos^2 x}\mathrm{d}x+\int_{\frac{\pi}{2}}^{\pi}\frac{x\sin x}{1+\cos^2 x}\mathrm{d}x\overset{\Delta}{=}I_1+I_2,$$

对第二部分，作换元$x=\pi-t$，则

$$I_2=\int_0^{\frac{\pi}{2}}\frac{(\pi-t)\sin(\pi-t)}{1+\cos^2(\pi-t)}\mathrm{d}t=\pi\int_0^{\frac{\pi}{2}}\frac{\sin t}{1+\cos^2 t}\mathrm{d}t-I_1,$$

因而,

$$I=\pi\int_0^{\frac{\pi}{2}}\frac{\sin t}{1+\cos^2 t}\mathrm{d}t=\frac{\pi^2}{4}.$$

上述例子反映了定积分计算和不定积分计算的区别, 求解过程中, 充分利用了三角函数的性质消去因子 x, 这也代表了这类例子处理的一种思想, 体现了定积分计算有别于不定积分计算的独特之处, 事实上此例利用基本公式计算不出来.

将上述求解思想总结出来, 可以得到更一般的结论.

定理 5.4 $f(x)$ 是连续函数, 则

$$\int_0^{\pi}xf(\sin x)\mathrm{d}x=\frac{\pi}{2}\int_0^{\pi}f(\sin x)\mathrm{d}x=\pi\int_0^{\frac{\pi}{2}}f(\sin x)\mathrm{d}x.$$

此定理的证明留作习题.

四、定积分应用综合举例

本小节通过一些例子讨论定积分在分析学中的应用, 如利用定积分求极限、研究积分和微分的关系等.

由定积分的定义可知, 定积分本身就是一个和式的极限, 由于求和变量随极限变量的变化而变化, 因此, 也称这类和为有限不定和, 故, 对有限不定和式的极限可考虑转化为定积分计算. 此类极限计算的一般形式为: 若 $f(x)$ 可积, 则

$$\lim_{\lambda(T)\to 0}\sum_{i=1}^{n}f(\xi_i)\Delta x_i=\int_a^b f(x)\mathrm{d}x;$$

特别地, 取特殊的 n 等分割和端点, 则

$$\begin{aligned}\lim_{n\to\infty}\frac{b-a}{n}\sum_{i=1}^{n}f\left(a+\frac{b-a}{n}i\right)&=\lim_{n\to\infty}\frac{b-a}{n}\sum_{i=1}^{n}f\left(a+\frac{b-a}{n}(i-1)\right)\\&=\int_a^b f(x)\mathrm{d}x,\end{aligned}$$

若选中点, 还有

$$\lim_{n\to\infty}\frac{b-a}{n}\sum_{i=1}^{n}f\left(a+\frac{b-a}{2n}(2i-1)\right)=\int_a^b f(x)\mathrm{d}x,$$

因此, 处理这类和式极限的方法是将和式向上述和式进行标准化转化, 进行形式统一, 利用定积分求极限; 关键的问题是通过和式的形式, 确定积分限和被积函数, 通常的方法是: 先分离出分割细度 $\left(\text{如}\frac{b-a}{n}\right)$, 再确定分点 $x_i=a+\frac{b-a}{n}i$, 由

此确定$x_0=a$，$x_n=b$，将和式结构中x_i或x_{i-1}换成x即可获得被积函数的形式.

例 7 计算$\lim\limits_{n\to\infty}\left(\dfrac{1}{n+1}+\dfrac{1}{n+2}+\cdots+\dfrac{1}{2n}\right)$.

结构分析 题型为有限不定和的极限计算，确定用定积分处理的思路；具体方法仍是形式统一法，从和式中分离出分割细度后，和式变为

$$\sum_{i=1}^{n}\frac{1}{n+i}=\frac{1}{n}\sum_{i=1}^{n}\frac{1}{1+\frac{i}{n}},$$

因此，$b-a=1$，在确定x_i时，有两种处理方法，其一为$x_i=\dfrac{i}{n}$，此时，$a=0$，$b=1$；其二为$x_i=1+\dfrac{i}{n}$，此时，$a=1, b=2$，与此相对应，可以确定被积函数.

解 因此若记$f(x)=\dfrac{1}{1+x}$，则

$$原式=\int_0^1 f(x)\mathrm{d}x=\int_0^1\frac{1}{1+x}\mathrm{d}x=\ln 2,$$

或

$$原式=\int_1^2\frac{1}{x}\mathrm{d}x=\ln 2.$$

例 8 计算$\lim\limits_{n\to\infty}\dfrac{1}{n}\sqrt[n]{n(n+1)\cdots[n+(n-1)]}$.

解 利用对数函数的性质转化为有限不定和的极限. 记

$$A_n=\frac{1}{n}\sqrt[n]{n(n+1)\cdots[n+(n-1)]},$$

则

$$\begin{aligned}\ln A_n&=\frac{1}{n}\ln\frac{n(n+1)\cdots[n+(n-1)]}{n^n}\\&=\frac{1}{n}\sum_{i=0}^{n-1}\ln\left(1+\frac{i}{n}\right)\to\int_0^1\ln(1+x)\mathrm{d}x=2\ln 2-1,\end{aligned}$$

故，原式$=\mathrm{e}^{2\ln 2-1}$.

上述两个例子对应于定积分特殊分割的有限和，有时涉及的有限不定和为一般形式，这就需要从一般定积分有限和的结构特点出发，将对应的有限不定和的极限转化为定积分，我们再来观察公式

$$\lim_{\lambda(T)\to 0}\sum_{i=1}^{n}f(\xi_i)\Delta x_i=\int_a^b f(x)\mathrm{d}x,$$

定积分对应的有限不定和$\sum\limits_{i=1}^{n}f(\xi_i)\Delta x_i$中，包含三个点：$\xi_i$和$x_i, x_{i-1}$，通过此特点

就可以将有限不定和极限转化为定积分.

例 9　计算 $\lim\limits_{n\to\infty}(b^{\frac{1}{n}}-1)\sum\limits_{i=0}^{n-1}b^{\frac{i}{n}}\sin b^{\frac{2i+1}{2n}}$， $b>1$.

结构分析　本题不像前面例题那样具有简单的结构，因此，我们先将其还原为一般形式

$$(b^{\frac{1}{n}}-1)\sum_{i=0}^{n-1}b^{\frac{i}{n}}\sin b^{\frac{2i+1}{2n}}=\sum_{i=0}^{n-1}\sin b^{\frac{2i+1}{2n}}(b^{\frac{i+1}{n}}-b^{\frac{i}{n}}),$$

和式中涉及三个点，进一步分析发现，这三个点满足定积分定义中的结构特点，因而，可以将其转化为定积分计算.

解　由于

$$\text{原式}=\lim_{n\to\infty}\sum_{i=0}^{n-1}\sin b^{\frac{2i+1}{2n}}\cdot(b^{\frac{i+1}{n}}-b^{\frac{i}{n}}),$$

注意到 $b^{\frac{i}{n}}<b^{\frac{2i+1}{2n}}<b^{\frac{i+1}{n}}$，因而，

$$\text{原式}=\int_1^b\sin x\mathrm{d}x=\cos 1-\cos b.$$

下面的例子是利用定积分性质计算定积分的极限.

例 10　计算 $I_1=\lim\limits_{n\to\infty}\int_0^{\frac{2}{3}}\frac{x^n}{1+x}\mathrm{d}x, I_2=\lim\limits_{n\to\infty}\int_0^{\frac{\pi}{4}}\sin^n x\mathrm{d}x$.

解　对 I_1，由于

$$0\leqslant\frac{x^n}{1+x}\leqslant x^n\leqslant\left(\frac{2}{3}\right)^n, x\in\left[0,\frac{2}{3}\right],$$

因而

$$0\leqslant\int_0^{\frac{2}{3}}\frac{x^n}{1+x}\mathrm{d}x\leqslant\left(\frac{2}{3}\right)^{n+1},$$

故 $I_1=0$，类似 $I_2=0$.

总结　由于被积函数在积分区间上具有很好的估计性质，上述两个例子的处理思想都是对定积分先作估计，利用估计结果得到极限；还可用积分中值定理证明.

例 11　计算 $I=\lim\limits_{n\to\infty}\int_0^{\frac{\pi}{4}}\cos^n x\mathrm{d}x$.

结构分析　此例与例10结构相同，但此例不能再用例10的方法来解决，原因是在点 $x=0$ 处破坏了例 10 中函数所具有的“好的”估计性质. 处理这类例子的方法为所谓的挖洞法——即把破坏上述性质的点(也称为“坏点”)挖去，进行分段

处理, 具体过程如下.

解　对任意充分小的 $\varepsilon>0$, 由于 $\lim\limits_{n\to\infty}\cos^n\varepsilon=0$, 因而存在正整数 $N>0$, 使得 $n>N$ 时, $0<\cos^n\varepsilon<\varepsilon$, 故此时

$$\begin{aligned}0\leqslant\int_0^{\frac{\pi}{4}}\cos^n x\mathrm{d}x&=\int_0^{\varepsilon}\cos^n x\mathrm{d}x+\int_{\varepsilon}^{\frac{\pi}{4}}\cos^n x\mathrm{d}x\\&\leqslant\varepsilon+\cos^n\varepsilon\left(\frac{\pi}{4}-\varepsilon\right)\leqslant2\varepsilon,\end{aligned}$$

因此 $I=0$.

总结　此方法是在原积分区间 $\left[0,\dfrac{\pi}{4}\right]$ 中, 挖去一个充分小的洞 $[0,\varepsilon]$, 去掉坏点, 在剩下的好区间上, 由于没有坏点, 满足很好的性质, 可以很容易处理, 在包含坏点的洞里, 用其他的条件处理, 这就是挖洞法的处理思想.

例 12　计算 $I=\lim\limits_{n\to\infty}\left\{\int_0^{\frac{\pi}{4}}\cos^n x\mathrm{d}x\right\}^{\frac{1}{n}}$.

结构分析　与例 11 类似, 重点在于挖掘 $x=0$ 附近的性质, 可以发现与例 11 具有不同的极限性质.

证明　由于

$$0\leqslant\left\{\int_0^{\frac{\pi}{4}}\cos^n x\mathrm{d}x\right\}^{\frac{1}{n}}\leqslant\left(\frac{\pi}{4}\right)^{\frac{1}{n}}\leqslant1,$$

另一方面, 由于 $\lim\limits_{x\to0}\cos x=1$, 故, 对任意的 $\varepsilon>0$, 存在 $\delta>0$, 当 $0<x<\delta$ 时,

$$1-\varepsilon<\cos x<1,$$

因而,

$$\left\{\int_0^{\frac{\pi}{4}}\cos^n x\mathrm{d}x\right\}^{\frac{1}{n}}\geqslant\left\{\int_0^{\delta}\cos^n x\mathrm{d}x\right\}^{\frac{1}{n}}>(1-\varepsilon)\delta^{\frac{1}{n}},$$

由于 $\lim\limits_{n\to\infty}(1-\varepsilon)\delta^{\frac{1}{n}}=1-\varepsilon$, 故, 存在 N, 当 $n>N$, 有

$$(1-\varepsilon)\delta^{\frac{1}{n}}>1-2\varepsilon,$$

因而, 当 $n>N$, 有

$$1-2\varepsilon\leqslant\left\{\int_0^{\frac{\pi}{4}}\cos^n x\mathrm{d}x\right\}^{\frac{1}{n}}\leqslant1,$$

所以，$I=\lim\limits_{n\to\infty}\left\{\int_0^{\frac{\pi}{4}}\cos^n x\mathrm{d}x\right\}^{\frac{1}{n}}=1$.

更一般的结论是：设非负函数 $f(x)$ 连续，则

$$\lim_{n\to\infty}\left\{\int_a^b f^n(x)\mathrm{d}x\right\}^{\frac{1}{n}}=\max_{x\in[a,b]}f(x).$$

总结 上述挖洞法都是在特殊点处进行挖洞，因此，在使用此方法时，注意分析特殊点处的函数性质.

下面的例子涉及积分和微分的关系.

例 13 设 $f(x)$ 在 $[0,1]$ 上具有连续的导数，且 $f(0)=f(1)=0$，证明

$$\left|\int_0^1 f(x)\mathrm{d}x\right|\leqslant\frac{1}{4}\max_{x\in[0,1]}|f'(x)|.$$

结构分析 从结论形式看，需要建立函数和其导函数的关系，或通过积分号由原函数产生导函数，现在应该有两种方法：微分法——利用微分中值定理建立二者的联系；积分法——利用分部积分公式；可以通过这两种方法进行比较，发现二者的差异.

证明 对任意的 $x_0\in[0,1]$，则

$$\begin{aligned}\int_0^1 f(x)\mathrm{d}x&=\int_0^1 f(x)\mathrm{d}(x-x_0)\\&=f(x)(x-x_0)\big|_0^1-\int_0^1 f'(x)(x-x_0)\mathrm{d}x\\&=-\int_0^1 f'(x)(x-x_0)\mathrm{d}x,\end{aligned}$$

因而,

$$\begin{aligned}\left|\int_0^1 f(x)\mathrm{d}x\right|&\leqslant\max_{x\in[0,1]}|f'(x)|\int_0^1|x-x_0|\mathrm{d}x\\&=\frac{1}{2}[x_0^2+(1-x_0)^2]\Big|_0^1\max_{x\in[0,1]}|f'(x)|,\end{aligned}$$

因此，取 $x_0=\dfrac{1}{2}$ 就可以得到所需要的结果.

从证明过程体会由分部积分产生函数和其导函数联系的方法.

若用微分法，也可以得到类似的结论，只是得到的界不同.

$$\left|\int_0^1 f(x)\mathrm{d}x\right| = \left|\int_0^1 (f(x)-f(0))\mathrm{d}x\right|$$
$$= \left|\int_0^1 f'(\xi)x\mathrm{d}x\right|$$
$$\leqslant \max_{x\in[0,1]} |f'(x)| \left|\int_0^1 x\mathrm{d}x\right|$$
$$\leqslant \frac{1}{2}\max_{x\in[0,1]} |f'(x)|.$$

比较可以发现, 若 $f\left(\frac{1}{2}\right)=0$, 则对微分法插入 $f\left(\frac{1}{2}\right)$, 可以得到与积分法相同的结果, 由于条件中并没有 $f\left(\frac{1}{2}\right)=0$, 因此, 不同的条件下, 用不同的方法得到不同的结论.

例 14　设 $f(x)$ 在 $[a,b]$ 上具有二阶的连续导数, 试确定一点 $x_0\in(a,b)$, 满足: 存在对应的一点 $\xi\in(a,b)$, 使得

$$f''(\xi)=\frac{24}{(b-a)^3}\int_a^b (f(x)-f(x_0))\mathrm{d}x .$$

思路分析　从结论形式看, 需要建立函数和其二阶导函数的某种联系, 因此, 处理工具应该是 Taylor 公式, 很容易利用 Taylor 公式建立结论.

证明　由 Taylor 公式, 存在 $\eta\in(a,b)$, 使得

$$f(x)=f(x_0)+f'(x_0)(x-x_0)+\frac{1}{2}f''(\eta)(x-x_0)^2 ,$$

因而,

$$\int_a^b (f(x)-f(x_0))\mathrm{d}x=\int_a^b f'(x_0)(x-x_0)\mathrm{d}x+\int_a^b \frac{1}{2}f''(\eta)(x-x_0)^2\mathrm{d}x,$$

因此, 必须选择 x_0, 使得

$$\int_a^b f'(x_0)(x-x_0)\mathrm{d}x=0 ,$$

为此, 取 $x_0=\frac{a+b}{2}$ 即可, 此时, 对第二项利用第一积分中值定理(或相同的证明方法), 则存在 $\xi\in(a,b)$, 使得

$$\int_a^b \frac{1}{2} f''(\eta)(x-x_0)^2 \mathrm{d}x = \frac{1}{2} f''(\xi) \int_a^b (x-x_0)^2 \mathrm{d}x = \frac{(b-a)^3}{24} f''(\xi),$$

代入即得结论.

注　在对 $\int_a^b \frac{1}{2} f''(\eta)(x-x_0)^2 \mathrm{d}x$ 进行处理时, 不能将 $f''(\eta)$ 视为常数提到积分号外面, 因为此时 $\eta=\eta(x,x_0)$ 与 x 有关.

关于定积分和微分的更广、更复杂的联系方面的例子, 放在习题课中讲解.

习　题　7.5

1. 计算下列定积分.

1) $\int_0^1 x^3(1-x^2)^5 \mathrm{d}x$;　　2) $\int_0^1 x^2 \arctan x \mathrm{d}x$;

3) $\int_0^1 \frac{x}{1+\sqrt{1+x}} \mathrm{d}x$;　　4) $\int_0^{\ln 2} \sqrt{1-\mathrm{e}^{-2x}} \mathrm{d}x$;

5) $\int_{-1}^1 \frac{x\cos x+|x|}{1+x^2} \mathrm{d}x$;　　6) $\int_{\frac{1}{2}}^{\frac{3}{4}} \frac{\arcsin\sqrt{x}}{\sqrt{x(1-x)}} \mathrm{d}x$;

7) $\int_0^{\pi} \cos^n x \mathrm{d}x$;　　8) $\int_0^1 (1-x^2)^n \mathrm{d}x$.

2. 分析下列极限的结构特征, 说明计算的思路是如何形成的? 计算过程中的难点是什么? 如何解决? 完成计算.

1) $\lim\limits_{n\to+\infty} \frac{1}{n}\left(\sqrt{1+\frac{1}{n}}+\sqrt{1+\frac{2}{n}}+\cdots+\sqrt{1+\frac{n-1}{n}}\right)$;

2) $\lim\limits_{n\to+\infty} \left(\frac{1}{n^2}+\frac{2}{n^2}+\cdots+\frac{n-1}{n^2}\right)$;

3) $\lim\limits_{n\to+\infty} \frac{1}{n^2}\sum_{i=1}^{n} i\mathrm{e}^{\frac{i^2}{n^2}}$;

4) $\lim\limits_{n\to+\infty} \frac{1}{2n^2}\sum_{i=1}^{2n}(2i-1)\ln\left(1+\frac{i^2}{n^2}\right)$.

3. 分析下列极限的结构特征, 说明这类极限计算的方法有哪些? 每种方法对应题型的结构特点是什么? 据此分析下列极限的结构特点, 给出对应的方法并完成计算.

1) $\lim\limits_{x\to+\infty} \int_x^{x+1} t\sin\frac{1}{t}\frac{\mathrm{e}^t}{1+\mathrm{e}^t} \mathrm{d}t$;

2) $\lim\limits_{x\to 0} \frac{1}{x-\sin x}\int_0^x \frac{t^2}{\sqrt{1+t^2}} \mathrm{d}t$;

3) $\lim\limits_{n\to+\infty} \int_0^{\pi} (\sin x)^{\frac{1}{n}} \mathrm{d}x$;

4) $\lim\limits_{n\to+\infty}\int_0^{\frac{\pi}{2}}(1-\sin x)^n\mathrm{d}x$.

4. 证明 $\lim\limits_{n\to+\infty}\int_0^1 \mathrm{e}^{x^n}\mathrm{d}x=1$.

5. 设 $f(x)$ 连续，证明：

$$\int_0^{\frac{\pi}{2}} f(|\cos x|)\mathrm{d}x=\frac{1}{4}\int_0^{2\pi} f(|\cos x|)\mathrm{d}x .$$

6. 设 $a>0$ ， $f(x)\in C[-a,a]$ ，证明

$$\int_{-a}^{a} f(x)\mathrm{d}x=\int_0^a[f(x)+f(-x)]\mathrm{d}x ,$$

并计算 $\int_{-\frac{\pi}{4}}^{\frac{\pi}{4}}\frac{1}{1+\sin x}\mathrm{d}x$.

7. 分析下面命题结论两端的结构，为证明结论需要建立哪些因子间的联系？建立这种联系的常用方法有哪些？利用你给出的方法证明命题.

1) 设 $f(x)\in C^1[a,b]$ ，证明

$$\max_{x\in[a,b]}|f(x)|\leqslant\frac{1}{b-a}\int_a^b|f(x)|\mathrm{d}x+\int_a^b|f'(x)|\mathrm{d}x .$$

2) 设 $f(x)\in C^1[a,b]$ 且 $f(a)=f(b)=0$ ，证明

$$\max_{x\in[a,b]}|f'(x)|\geqslant\frac{4}{(b-a)^2}\left|\int_a^b f(x)\mathrm{d}x\right| .$$

8. 证明定理 5.4.

第 8 章　定积分的应用

定积分理论本身就产生于人类实践活动中的一些具体的几何和物理问题的求解, 本章, 我们就从定积分的几何意义出发, 首先导出平面几何图形的面积公式, 进一步从中抽取出定积分的微元法思想, 用于求解更多的几何量和物理量.

8.1　平面图形的面积

我们已经知道, 定积分的几何意义就是对应的曲边梯形的面积. 设 $y=f(x)\geqslant 0$, $x\in[a,b]$, 由曲线 l: $y=f(x)$ 和直线 $x=a$, $x=b$ 及 x 轴所围曲边梯形的面积为 $S=\int_a^b f(x)\mathrm{d}x$.

结构分析　分析上述公式, 它首先给出了用定积分计算特殊的平面图形的面积公式, 进一步分析公式中各个构成元素的意义可以发现: 定积分中的组成元素对应于曲边梯形的组成元素, 即被积函数 $f(x)=f(x)-0$ 是曲边梯形上下边界的差, 定积分下限 a 对应于曲边梯形的左边界, 上限 b 对应于曲边梯形的右边界(图 8-1), 因此, 对曲边梯形而言, 一旦确定了各个边界, 就可以利用定积分给出其面积的计算公式.

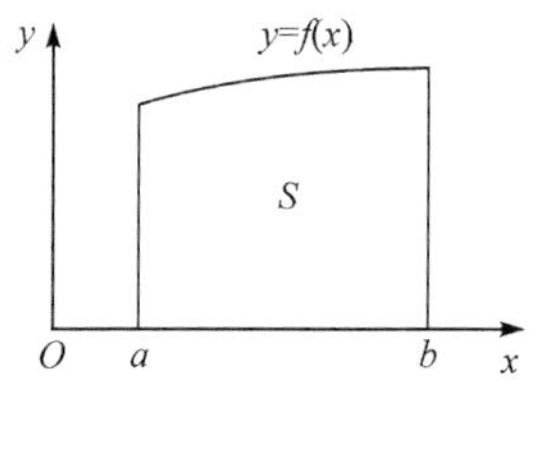

图 8-1

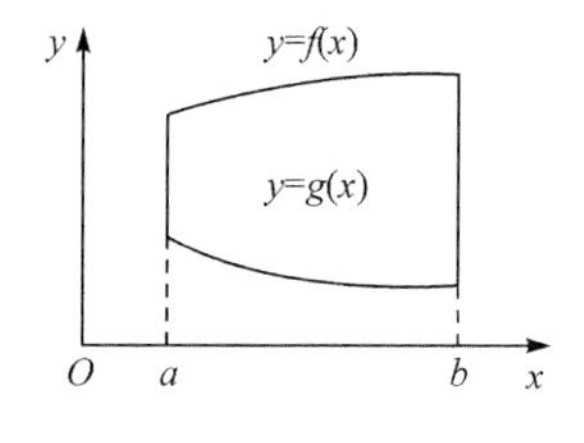

图 8-2

进一步可以证明, 若图形的左边界为直线 $x=a$, 右边界为直线 $x=b(b>a)$,上边界为曲线 $y=f(x)$, 下边界为曲线 $y=g(x)$, 其中 $f(x)\geqslant g(x)$, 见图 8-2, 则图形面积为

$$S=\int_a^b (f(x)-g(x))\mathrm{d}x .$$

将上述公式推广，可以得到更一般的面积计算公式.

1. 设 $y=f(x)$ 为定义在 $[a,b]$ 上的连续函数，则由曲线 l：$y=f(x)$ 和直线 $x=a, x=b$ 及 x 轴所围曲边梯形的面积为

$$S=\int_a^b |f(x)|\mathrm{d}x .$$

2. 设 $y=f(x)$ 和 $y=g(x)$ 都是定义在 $[a,b]$ 上的连续函数，则由曲线 l：$y=f(x)$，l'：$y=g(x)$ 和直线 $x=a, x=b$ 所围图形的面积为

$$S=\int_a^b |f(x)-g(x)|\mathrm{d}x .$$

利用上述公式计算面积的平面图形的结构特点是：图形具有两条左右直线边界，有两条上下的曲线边界. 有时，直线边界可能退化为一点. 这样，可以通过确定图形的边界来确定积分公式中的各个元素.

确定图形的左右边界和上下边界可以用穿线方法：用平行于 x 轴的直线沿 x 轴正向的方向穿过图形区域，先交的边界并由此进入区域的为左边界，后交的并由此穿出区域的边界为右边界；用平行于 y 轴的直线沿 y 轴正向的方向穿过区域，先交的边界并由此进入区域的为下边界，后交的并由此穿出区域的边界为上边界.

这里的函数指的是单值函数，即对定义域中的任意一点 x，存在唯一的 $y=f(x)$ 与之对应；此时，从几何角度，对应的曲线也称为简单曲线，即对定义域中任一点 c，直线 $x=c$ 与曲线 $y=f(x)$ 只有一个交点.

在利用上述公式计算一般平面图形的面积时，一般是先通过确定曲线的交点确定图形边界，然后或直接利用公式，或通过分割转化为能用公式的图形后再代入公式计算.

尽可能画出图形，有助于确定图形的边界. 因此，利用上述公式计算平面图形的面积的主要步骤为

1) **画图**　画出图形的边界线；

2) **确定边界**　一般是利用曲线的交点，将图形分割，使得每一小块都有左右的直线边界，上下的曲线边界；

3) **代入公式计算**　当图形具有上下直线边界和左右曲线边界时，也可以以 y 为积分变量计算图形的面积，即若图形的下直线边界为 $y=c$、上直线边界为 $y=d$，左曲线边界为 $x=f(y)$，右曲线边界为 $x=g(y)$，则图形的面积为

$$S=\int_c^d [g(y)-f(y)]\mathrm{d}y .$$

因此，可以根据图形的特点，灵活选用公式.

当然, 在涉及几何问题时, 一定要挖掘图形的几何结构特征(如对称性), 根据结构特点简化计算.

例 1　计算由曲线 $y=x^2$ 和 $x=y^2$ 所围图形的面积.

解　如图 8-3, 两条曲线的交点为(0, 0), (1, 1), 因此, 所围图形的左右直线边界为 $x=0$ 和 $x=1$, 上下曲线边界分别为 $y=\sqrt{x}$ 和 $y=x^2$, 故面积为

$$S=\int_0^1(\sqrt{x}-x^2)\mathrm{d}x=\frac{1}{3}.$$

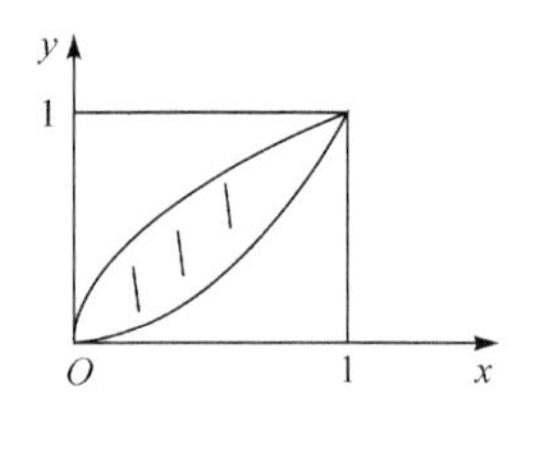

图 8-3

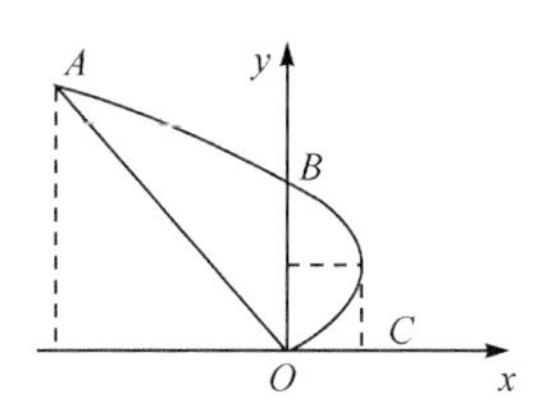

图 8-4

例 2　计算由直线 $y=-x$ 和曲线 $y^2-2y+x=0$ 所围图形的面积.

解　法一　如图 8-4, 记 $A(-3, 3)$, $B(0, 2)$, $C(1, 1)$, 则通过 y 轴将图形分为 AOB 和 BOC 两部分, 对 AOB 部分, 左右直线边界分别为 $x=-3$, $x=0$, 上边界为曲线 $y=1+\sqrt{1-x}$, 下边界为直线 $y=-x$, 对 BOC 部分, 左右直线边界为 $x=0$, $x=1$, 上边界为曲线 $y=1+\sqrt{1-x}$, 下边界为曲线 $y=1-\sqrt{1-x}$, 因此, 所求图形的面积 S 为

$$\begin{aligned}S&=S_{AOB}+S_{OBC}\\&=\int_{-3}^0(1+\sqrt{1-x}+x)\mathrm{d}x\\&\quad+\int_0^1(1+\sqrt{1-x}-(1-\sqrt{1-x}))\mathrm{d}x=\frac{9}{2}.\end{aligned}$$

法二　以 y 为积分变量计算面积, 此时, 需要确定图形的上下直线边界和左右曲线边界, 本题, 下直线边界为 $y=0$, 上直线边界为 $y=3$, 左曲线边界为直线 $x=-y$, 右边界为曲线 $x=-y^2+2y$, 故

$$S=\int_0^3(2y-y^2-(-y))\mathrm{d}y=\frac{9}{2}.$$

若曲线由参数方程给出, 我们可以利用变量代换得到相应的计算公式. 设简单曲线 l 为

$$x=x(t),\quad y=y(t),\quad t\in[\alpha,\beta],$$

其中 $x(t)$ 为 $[\alpha,\beta]$ 上连续可导的递增函数(保证了曲线是简单的), $y(t)$ 为 $[\alpha,\beta]$ 上

的连续函数且 $x(\alpha)=a,\ x(\beta)=b$，则由直线 $x=a,\ x=b$，曲线 l 和 x 轴所围图形的面积为

$$S=\int_{\alpha}^{\beta}|y(t)|x'(t)\mathrm{d}t .$$

当 $x(t)$ 递减时可以得到类似的公式为

$$S=\int_{\alpha}^{\beta}|y(t)|(-x'(t))\mathrm{d}t .$$

因而，当 $x(t)$ 单调时，可以统一公式为

$$S=\int_{\alpha}^{\beta}|y(t)x'(t)|\mathrm{d}t .$$

而当 $x'(t)$ 变号时需要分段处理，因为此时曲线不再是简单曲线了.

例 3　计算椭圆曲线 $x=a\cos t,\quad y=b\sin t$ 所围的椭圆面积.

解　由对称性，只需计算第一象限的面积，此时，$t\in\left[0,\dfrac{\pi}{2}\right]$，而 $x(t)=a\cos t$ 递减，故所求面积为

$$S=4\int_{0}^{\frac{\pi}{2}}b\sin t\,|-a\sin t|\,\mathrm{d}t=ab\pi .$$

下面讨论曲线由极坐标方程给出时所围图形的面积.

给定曲线 l：$r=r(\theta),\ \theta\in[\alpha,\beta]$.

设 $r(\theta)\in C[\alpha,\beta]$，计算由曲线 l 和射线 $\theta=\alpha,\ \theta=\beta$ 所围图形的面积 S.

我们利用定积分的思想推导出计算公式.

n 分割 $[\alpha,\beta]$：

$$\alpha=\theta_0<\theta_1<\cdots<\theta_{n-1}<\theta_n=\beta ,$$

记 $\Delta\theta_i=\theta_i-\theta_{i-1},\lambda=\max\{\Delta\theta_i:i=1,2,\cdots,n\}$.

先计算第 i 个小曲边扇形的面积，即曲线 l 和射线 $\theta=\theta_{i-1}$ 及 $\theta=\theta_i$ 所围的面积.

任取 $\xi_i\in[\theta_{i-1},\ \theta_i]$，以 $r(\xi_i)$ 为半径作圆扇形，用圆扇形的面积近似代替小曲边扇形的面积，则小曲边扇形的面积近似为

$$S_i\approx\frac{1}{2}r^2(\xi_i)\Delta\theta_i ,$$

因而，

$$S=\sum_{\mathrm{i=1}}^{\mathrm{n}}S_i\approx\sum_{i=1}^{n}\frac{1}{2}r^2(\xi_i)\Delta\theta_i ,$$

利用 Darboux 上下和及定积分的定义可得，则

$$S = \lim_{\lambda \to 0} \sum_{i=1}^{n} \frac{1}{2} r^2(\xi_i) \Delta\theta_i = \frac{1}{2} \int_{\alpha}^{\beta} r^2(\theta) \mathrm{d}\theta .$$

进一步推广. 若图形由曲线 $r = r_1(\theta)$, $r = r_2(\theta)$, $\theta \in [\alpha, \beta]$ 和射线 $\theta = \alpha$, $\theta = \beta$ 所围, 且 $r_2(\theta) \geqslant r_1(\theta)$, $\theta \in [\alpha, \beta]$, 则图形的面积为

$$S = \frac{1}{2} \int_{\alpha}^{\beta} [r_2^2(\theta) - r_1^2(\theta)]\, \mathrm{d}\theta .$$

注意, 此时所求面积的图形一般不是直角坐标意义下由曲线和平行于坐标轴的直线所围的图形, 因此, 不能用直角坐标系中参数方程条件下的代入方法来计算.

和前面情形类似, 当图形较为复杂时, 需作分割处理.

为计算的简单化, 在计算封闭的曲线所围图形的面积时, 要注意分析图形的几何特性, 如对称性, 同时要确定 α 和 β.

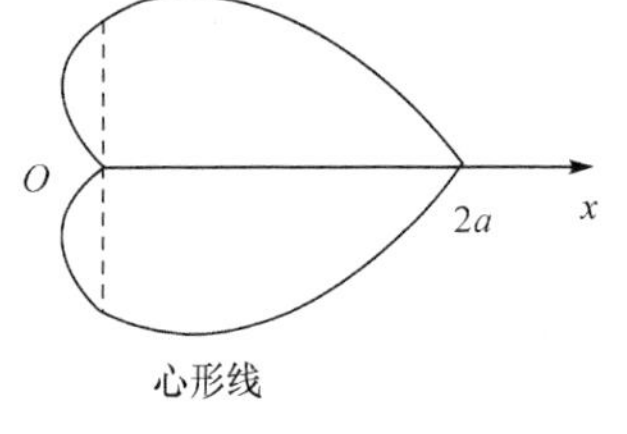

图 8-5

例 4 计算心形线 $r = a(1 + \cos\theta)$ 所围图形的面积.

解 如图 8-5, 由对称性, 只需计算上半部分, 故

$$S = 2 \times \frac{1}{2} \int_{0}^{\pi} a^2 (1 + \cos\theta)^2 \mathrm{d}\theta = \frac{3}{2} \pi a^2 .$$

习 题 8.1

计算下列曲线所围的图形的面积.

1) $y = x$, $y = x^2$;

2) $y = 1$, $y = x^2$;

3) $y = \sqrt{x}$, $y = x$;

4) $y = x + 2$, $y^2 = 4 - x$;

5) $r = 3\cos t$, $\mathrm{r} = 1 + \cos t$;

6) $x = \cos^3 t$, $y = \sin^3 t$, $t \in [0, 2\pi]$.

8.2 平面曲线段的弧长

我们已经掌握了直线段长度的计算, 本节讨论曲线段长度的计算.

给定以 A, B 为端点的曲线段:

$$l: x = x(t),\ y = y(t),\ \alpha \leqslant t \leqslant \beta ,$$

其中 $A(x(\alpha), y(\alpha))$, $B(x(\beta), y(\beta))$, 计算弧 $\overset{\frown}{AB}$ 的长度 l.

结构分析 由于我们掌握了与此相关的直线段长度的计算, 因此, 曲线段的

计算就必须借助其他工具转化为直线段来计算，我们仍然先从近似研究的角度出发研究弧长的计算.我们知道，当曲线段越来越短时，用直线段的长度公式近似计算相应的曲线段的长度时近似度越高，由此，自然联想到以直代曲、分割求和的近似计算思想及利用极限完成计算的定积分思想，因为定积分的思想正是将一个整体量分割为若干个微小的量(微元)，在每一个微小的量(微元)上用近似处理，再整体求和，利用极限得到准确值，这正是我们计算曲线段长度的思想.下面，将上述思想转化为具体的求解过程.

n 分割曲线段，即在曲线段上插入 $n-1$ 个分点，形成曲线段 $\overset{\frown}{AB}$ 的分割

$$A=M_0<M_1<\cdots<M_{n-1}<M_n=B,$$

这里的“<”不表示大小关系，仅表示顺序.

对应上述分割，形成对 $[\alpha,\beta]$ 的分割

$$T:\ \alpha=t_0<t_1<\cdots<t_{n-1}<t_n=\beta,$$

因此，$M_i(x(t_i),y(t_i)),i=0,1,2,\cdots,n$.

任取第 i 段弧 $\overset{\frown}{M_{i-1}M_i}$，相应的弧长记为 l_i，当分割很细时，可以将其近似为直线段，故

$$l_i\approx\sqrt{(x(t_i)-x(t_{i-1}))^2+(y(t_i)-y(t_{i-1}))^2},$$

因而，所求的弧长

$$l=\sum_{i=1}^n l_i\approx\sum_{i=1}^n\sqrt{(x(t_i)-x(t_{i-1}))^2+(y(t_i)-y(t_{i-1}))^2},$$

为了将上述的近似和转化为 Riemann 和，需要分离出分割长度 Δt_i，从上述结构形式看，需要借助微分中值定理达到目的，为此，我们继续对和式进行技术处理.

进一步假设 $x(t),y(t)\in C^1[\alpha,\beta]$，利用微分中值定理得

$$l=\sum_{i=1}^n l_i\approx\sum_{i=1}^n\sqrt{(x'(\xi_i))^2+(y'(\eta_i))^2}\Delta t_i,$$

其中 $\xi_i,\eta_i\in[t_{i-1},t_i]$，$\Delta t_i=t_i-t_{i-1}$.

为了利用定积分计算上述近似和的极限，需要将两个中值点统一，因此，利用插项技术，则

$$\begin{aligned}l&\approx\sum_{i=1}^n\sqrt{(x'(\xi_i))^2+(y'(\xi_i))^2}\Delta t_i\\&\quad+\sum_{i=1}^n\left[\sqrt{(x'(\xi_i))^2+(y'(\eta_i))^2}-\sqrt{(x'(\xi_i))^2+(y'(\xi_i))^2}\right]\Delta t_i\\&\triangleq\sigma+\rho,\end{aligned}$$

显然，

$$\lim_{\lambda(T)\to 0}\sigma=\int_\alpha^\beta\sqrt{(x'(t))^2+(y'(t))^2}\,\mathrm{d}t,$$

进一步分析 ρ，记

$$\delta_i=\sqrt{(x'(\xi_i))^2+(y'(\eta_i))^2}-\sqrt{(x'(\xi_i))^2+(y'(\xi_i))^2},$$

则

$$\begin{aligned}|\delta_i|&=\frac{|(y'(\xi_i))^2-(y'(\eta_i))^2|}{\sqrt{(x'(\xi_i))^2+(y'(\eta_i))^2}+\sqrt{(x'(\xi_i))^2+(y'(\xi_i))^2}}\\&\leqslant|y'(\xi_i)-y'(\eta_i)|,\end{aligned}$$

由于 $y(t)\in C^1[\alpha,\beta]$，因此，$y'(t)$ 一致连续，故对任意的 $\varepsilon>0$，存在 $\delta>0$，当 $\lambda(T)<\delta$ 时,

$$|y'(\xi_i)-y'(\eta_i)|<\varepsilon,$$

故，$\rho\leqslant\varepsilon(\beta-\alpha)$，因而，$\lim\limits_{\lambda(T)\to 0}\rho=0$.

由此，我们得到结论.

定理 2.1 设曲线段

$$l:x=x(t),\ y=y(t),\ \alpha\leqslant t\leqslant\beta,$$

满足 $x(t),y(t)\in C^1[\alpha,\beta]$，则曲线段的长度为

$$l=\int_\alpha^\beta\sqrt{(x'(t))^2+(y'(t))^2}\,\mathrm{d}t.$$

上述弧长公式的推导并非严格的. 在定积分理论中，由于所求的平面图形的面积介于 Darboux 上和与下和之间，因而，严格论证了其面积正是对应的定积分；在弧长公式的推导过程中，我们得到近似公式 $l\approx\sum\limits_{i=1}^n\sqrt{(x(t_i)-x(t_{i-1}))^2+(y(t_i)-y(t_{i-1}))^2}$，没有严格证明 $l=\lim\limits_{\lambda(T)\to 0}\sum\limits_{i=1}^n\sqrt{(x(t_i)-x(t_{i-1}))^2+(y(t_i)-y(t_{i-1}))^2}$，有些课本利用弧长的定义避开这个问题，即定义若 $\lim\limits_{\lambda(T)\to 0}\sigma$ 存在且其极限值与分割、分点的选取无关，此极限值就定义为曲线段的弧长.

上述公式是计算曲线段长度的基本公式，利用此公式可以得到其他形式下的计算公式.

(1) 若曲线 $l:y=f(x),\ a\leqslant x\leqslant b$，可将其视为以 x 为参变量的参数方程形式，代入可得此时的公式为

$$l=\int_a^b\sqrt{1+(f'(x))^2}\,\mathrm{d}x.$$

(2) 若以极坐标形式给出曲线 $l:r=r(\theta),\ \alpha\leqslant\theta\leqslant\beta$，则

$$l=\int_{\alpha}^{\beta}\sqrt{r^2(\theta)+(r'(\theta))^2}\mathrm{d}\theta .$$

(3) 对空间曲线段

$$l: x=x(t), y=y(t), z=z(t), a\leqslant t\leqslant b ,$$

则

$$l=\int_{a}^{b}\sqrt{(x'(t))^2+(y'(t))^2+(z'(t))^2}\mathrm{d}t .$$

例 1　计算星形线 $x=a\cos^3 t, y=a\sin^3 t,\ 0\leqslant t\leqslant 2\pi$ 的长度.

解　星形线是关于原点和坐标轴对称的封闭曲线(图 8-6), 因而, 只需计算第一象限中的部分, 故

$$l=4\int_{0}^{\frac{\pi}{2}}\sqrt{(x'(t))^2+(y'(t))^2}\mathrm{d}t=6a .$$

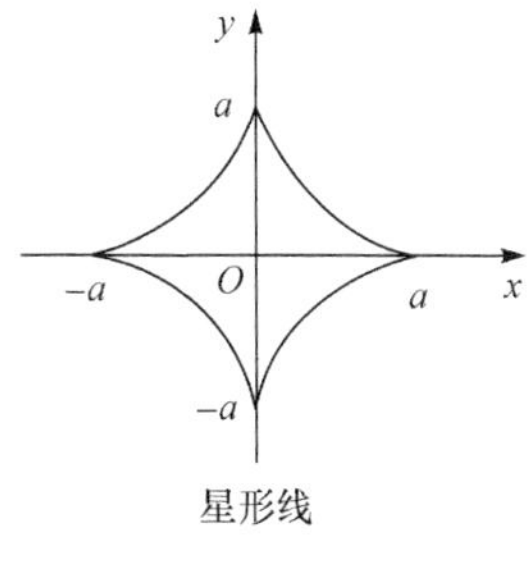

星形线

图 8-6

例 2　计算曲线 $y^2=2x+1$ 上从点 $A(0, 1)$到点 $B(4, 3)$段的长度.

解　以 y 为参数, 则此段曲线的参数方程为

$$x=\frac{y^2-1}{2},\quad y=y,\quad 1\leqslant y\leqslant 3 ,$$

故,

$$l=\int_{1}^{3}\sqrt{y^2+1}\mathrm{d}y=\frac{1}{2}[y\sqrt{1+y^2}+\ln(y+\sqrt{1+y^2}]\Big|_1^3$$

$$=\frac{1}{2}[3\sqrt{10}+\ln(3+\sqrt{10})-\sqrt{2}-\ln(1+\sqrt{2})].$$

由此可以看出, 在计算时, 要充分利用曲线的几何性质, 同时, 也要掌握灵活应用.

抽象总结——微元法　至此, 我们已经利用定积分的思想和方法给出了平面图形的面积和曲线弧长的计算公式, 我们把定积分思想方法的本质抽取出来, 得到处理这类问题更简洁的方法——微元法. 我们知道, 定积分处理的这类量是一个整体量, 满足分割后的可加性, 处理的过程为: 分割——将整体量分割成若干个微元; 近似计算——在每个微元上进行近似计算; 求和——将所有微元上的近似量进行相加, 得到整体量的一个近似; 取极限——对近似和取极限. 分割是为了将整体量转化为局部的微元处理, 关键是对微元的近似计算, 因此, 我们将关键的步骤抽取出来, 就形成了微元法.

设所求的量 A 是一个满足可加性的整体量, 分布在某个变量如 x 的区间 $[a,b]$ 上, 由可加性, 若记 $A(x)$ 为分布在 $[a,x]$ 上的量, 则所求的量就是 $A=A(b)$. 取自

变量区间中的一个微元 $[x,x+\mathrm{d}x]\subset[a,b]$，根据可加性，则所求量分布在 $[x,x+\mathrm{d}x]$ 上的微元为

$$\Delta A=A(x+\mathrm{d}x)-A(x),$$

近似计算 $\Delta A\approx \mathrm{d}A$，若存在 $f(x)$，使得

$$\mathrm{d}A=f(x)\mathrm{d}x,$$

且 $|\Delta A-\mathrm{d}A|=o(\mathrm{d}x)$，则

$$A=\int_a^b f(x)\mathrm{d}x .$$

微元法和定积分的思想是一致的，关键的步骤仍然是近似计算，近似计算的原则是在满足要求的条件下尽量简单，即简单且能用，这是近似的基本原则. 因此，在计算微元的面积时，我们用矩形面积作为曲边梯形的近似，而不用连接曲边两个顶点的梯形作为曲边梯形的近似. 为了说明这一点我们再看一个例子.

例 3　计算曲线 $y=f(x)$ 对应于 $a\leqslant x\leqslant b$ 段的长度(图 8-7).

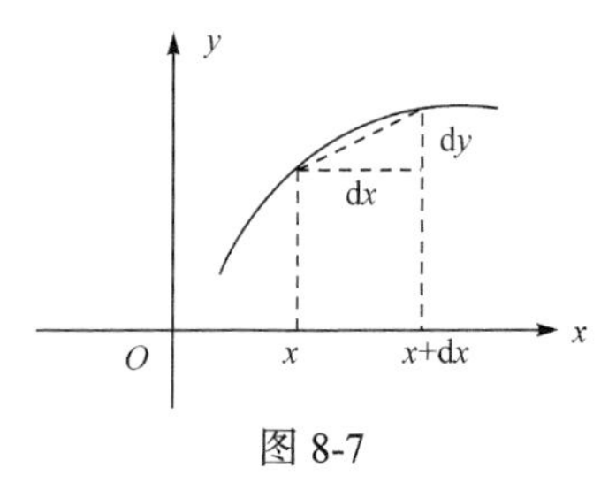

图 8-7

解　任取自变量的微元 $[x,x+\mathrm{d}x]\subset[a,b]$，记

$$\mathrm{d}y=f(x+\mathrm{d}x)-f(x),$$

我们用连接点 $(x,f(x))$ 和 $(x+\mathrm{d}x,f(x+\mathrm{d}x))$ 的直线段作为对应弧长的近似，则

$$\mathrm{d}l=\sqrt{(\mathrm{d}x)^2+(\mathrm{d}y)^2}=\sqrt{1+\left(\frac{\mathrm{d}y}{\mathrm{d}x}\right)^2}\mathrm{d}x,$$

故,

$$l=\int_a^b\sqrt{1+\left(\frac{\mathrm{d}y}{\mathrm{d}x}\right)^2}\mathrm{d}x=\int_a^b\sqrt{1+(f'(x))^2}\mathrm{d}x .$$

上述的近似是用直角三角形的斜边作为弧长的近似，那么，能否用 $\mathrm{d}x$ 直角边作为其近似呢？答案是否定的，我们以简单的斜直线为例进行说明，当曲线为斜直线时，用直角边近似斜边的误差为 $\sqrt{\mathrm{d}x^2+\mathrm{d}y^2}-\mathrm{d}x$，由于

$$\frac{\sqrt{\mathrm{d}x^2+\mathrm{d}y^2}-\mathrm{d}x}{\mathrm{d}x}=\sqrt{1+y'^2}-1\neq 0,$$

因而，$\sqrt{\mathrm{d}x^2+\mathrm{d}y^2}-\mathrm{d}x$ 是 $\mathrm{d}x$ 的同阶的量，而不是其高阶无穷小量，因而，这样的近似不合适.

习　题　8.2

计算下列曲线的弧长.

1) $x=t-\sin t,\ y=1-\cos t,\ t\in[0,2\pi]$;

2) $r=a(1+\cos t)$, $t\in[0,2\pi]$;

3) $r=a\theta,\ 0\leqslant\theta\leqslant 2\pi$;

4) $x=\frac{1}{4}y^2-\frac{1}{2}\ln y,\ 1\leqslant y\leqslant \mathrm{e}$;

5) $y=x^2,\ 0\leqslant x\leqslant 1$.

8.3　体积的计算

本节, 我们解决两类问题, 一类是已知几何体的截面积, 求几何体的体积; 另一类是旋转体的体积.

一、已知截面积的几何体的体积

设几何体夹在平面 $x=a$ 和 $x=b$ 之间, 被垂直于 x 轴的截面所截的面积为 $A(x)$, 计算此几何体的体积 V.

我们用微元法给出计算公式.由于几何体分布在 $[a,b]$ 上, 任取微元 $[x,x+\mathrm{d}x]\subset[a,b]$, 分布在 $[x,x+\mathrm{d}x]$ 上的体积可以用以 $A(x)$为底、$\mathrm{d}x$ 为高的圆柱体近似, 因而,

$$\mathrm{d}V=A(x)\mathrm{d}x,$$

故,

$$V=\int_a^b A(x)\mathrm{d}x.$$

例 1　一平面经过半径为 R 的圆柱体的底面中心, 并与底面交成角度 α, 计算圆柱体被平面截下的部分的体积.

解　如图 8-8, 以圆柱体底面的中心为原点、底面为坐标面、平面与底面的交线为 x 轴作空间直角坐标系, 则体积可以视为分布在 $[-R,R]$ 上, 任取 $x\in[-R,R]$, 过点 $(x,0,0)$ 作垂直于 x 轴的平面, 该平面与截体的截面为直角三角形, 因而, 其面积为

$$A(x)=\frac{1}{2}(R^2-x^2)\tan\alpha,$$

故,

$$V=\frac{1}{2}\int_{-R}^{R}(R^2-x^2)\tan\alpha\mathrm{d}x=\frac{2}{3}R^3\tan\alpha.$$

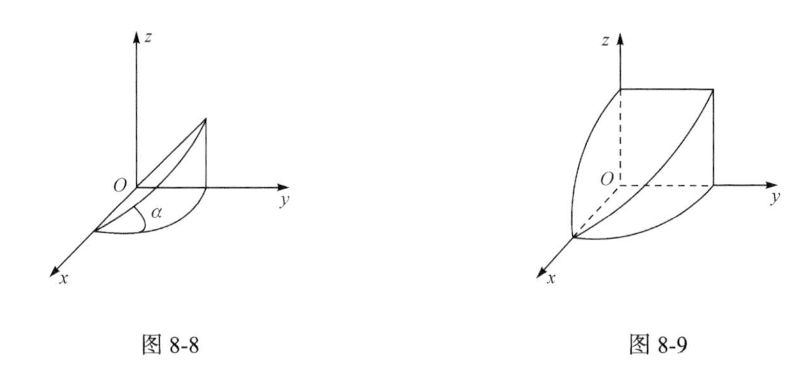

图 8-8　　　　图 8-9

例 2　求两圆柱面 $x^2+y^2=a^2$ 和 $x^2+z^2=a^2$ 相交所围的体积(图 8-9).

解　利用对称性, 只需计算在第一象限中的部分. 将截体视为分布 x 轴上的区间 $[0,a]$ 上, 任取 $x\in[0,a]$, 过点 $(x,0,0)$ 作垂直于 x 轴的垂面, 其与所求体积的几何体的截面为矩形, 利用圆柱面方程可以计算交点的坐标, 因而, 截面的面积为

$$A(x)=a^2-x^2,$$

故, 所求体积为

$$V=8\int_0^a(a^2-x^2)\mathrm{d}x=\frac{16}{3}a^3.$$

二、旋转体的体积

一平面图形绕平面上一直线旋转一周所形成的几何体称为旋转体, 相应的直线称为旋转轴.

下面, 我们从最简单的旋转体的体积计算出发, 导出一般的旋转体的体积.

1. 矩形绕其一边旋转的旋转体的体积

假设矩形的长为 h, 宽为 R, 绕边长为 h 的一边旋转, 旋转体为圆柱体, 圆柱体的高为 h, 底面半径为 R, 因而, 旋转体的体积为 $V=\pi R^2h$.

2. 简单旋转体的体积

给定简单曲线 l: $y=f(x)$, 计算由曲线 l, 直线 x=a, x=b 和 x 轴所围图形绕 x 轴旋转一周的旋转体的体积.

思路分析　将旋转体的体积转化为已知的几何体的体积的计算, 由于我们到目前为止, 掌握的几何体的体积的计算是已知截面积计算体积, 因此, 求解的思路就是利用上述已知的公式来求解.

任取 $x\in[a,b]$, 过点 $(x,0)$ 作垂直于 x 轴的垂面, 则垂面与旋转体的截面为以

$|f(x)|$ 为半径的圆, 因而, 截面积为 $A(x)=\pi f^2(x)$, 因而, 旋转体的体积为

$$V=\pi\int_a^b f^2(x)\,\mathrm{d}x.$$

总结　上述求解思想, 先计算垂直于旋转轴的截面积, 再代入公式计算旋转体的体积, 利用这种思想, 也可以计算旋转轴为任一直线时的旋转体的体积.

例 3　计算摆线 l:

$$x=a(t-\sin t),\quad y=a(1-\cos t),\quad 0\leqslant t\leqslant 2\pi$$

与 x 轴所围的图形的下列旋转体的体积(图 8-10):

1) 绕 x 轴的旋转体体积;

2) 绕 y 轴的旋转体的体积;

3) 绕直线 $y=2a$ 的旋转体的体积.

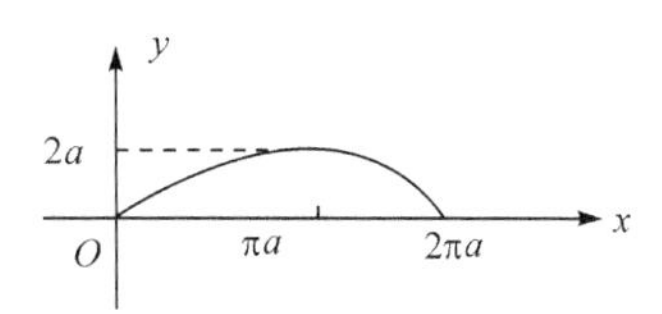

图 8-10

解　1) 以 x 轴为旋转轴时, 曲线 l 相对于变量 x 为简单曲线, 代入公式, 则

$$\begin{aligned}V&=\pi\int_0^{2\pi a} y^2(x)\,\mathrm{d}x\\&=\pi a^3\int_0^{2\pi}(1-\cos t)^3\mathrm{d}x=5a^3\pi^2.\end{aligned}$$

2) 以 y 轴为旋转轴时, 曲线 l 对变量 y 不是简单曲线, 通过曲线的最高点 $A(\pi a,2a)$ 将曲线分为两段简单曲线:

$$l_1: x=a(t-\sin t), y=a(1-\cos t), 0\leqslant t\leqslant\pi,$$

$$l_2: x=a(t-\sin t), y=a(1-\cos t), \pi\leqslant t\leqslant 2\pi,$$

因此, 所求的体积 V 等于 l_2 段所围的图形绕 y 轴的旋转体的体积 V_2 减去 l_1 段所围的图形绕 y 轴的旋转体的体积 V_1, 计算得

$$V_2=\pi\int_0^{2a}x^2(y)\mathrm{d}y=\pi a^3\int_{2\pi}^{\pi}(t-\sin t)^2\sin t\mathrm{d}t,$$

$$V_1=\pi\int_0^{2a}x^2(y)\mathrm{d}y=\pi a^3\int_0^{\pi}(t-\sin t)^2\sin t\mathrm{d}t,$$

因而,

$$V=V_2-V_1=6\pi^3a^3.$$

3) 以直线 $y=2a$ 为旋转轴时, 旋转体分布在直线 $y=2a$ 上对应的区间 $x\in[0,2\pi a]$ 上, 任取 $x\in[0,2\pi a]$, 作垂直于旋转体的截面, 则截面为同心圆, 其面积为

$$A(x)=\pi[(2a)^2-(2a-y(x))^2],$$

因而, 旋转体的体积

$$
\begin{aligned}
V&=\pi\int_0^{2\pi a}[(2a)^2-(2a-y(x))^2]\mathrm{d}x\\
&=\pi\int_0^{2\pi}[(2a)^2-(2a-a(1-\cos t))^2]a(1-\cos t)\mathrm{d}t\\
&=7\pi^2a^3.
\end{aligned}
$$

习　题　8.3

1. 计算下列曲面所围的体积.

1) $\dfrac{x^2}{a^2}+\dfrac{y^2}{b^2}+\dfrac{z^2}{c^2}=1$;

2) $x^2+y^2+z^2=1$，$z=x^2+y^2$.

2. 计算下列旋转体的体积.

1) $y=\sin x, 0\leqslant x\leqslant\pi$ 绕 x 轴旋转;

2) $x^2+(y-1)^2=1$ 绕 x 轴旋转;

3) $x=\sin^3 t, y=\cos^3 t, t\in[0,2\pi]$ 分别绕 x 轴和 y 轴旋转;

4) $r=1+\cos t, t\in[0,2\pi]$ 绕极轴旋转.

3. 给定简单曲线 l：$y=f(x)\geqslant 0$，给出由曲线 l, 直线 $x=a, x=b$ 和 x 轴所围图形绕 y 轴旋转一周的旋转体的体积的计算公式.

8.4　旋转体的侧面积

本节, 我们从特殊的圆锥的侧面积出发, 导出旋转体的侧面积的计算公式.

1. 圆锥体的侧面积

给定底面半径为 R, 斜高为 l 的圆锥体, 由于其侧面展开是扇形, 利用扇形面积的计算公式可得其侧面积(不包含底面)为 πRl.

2. 截锥的侧面积

圆锥被平行于底面的平面截去锥尖所剩下的部分称为截锥.

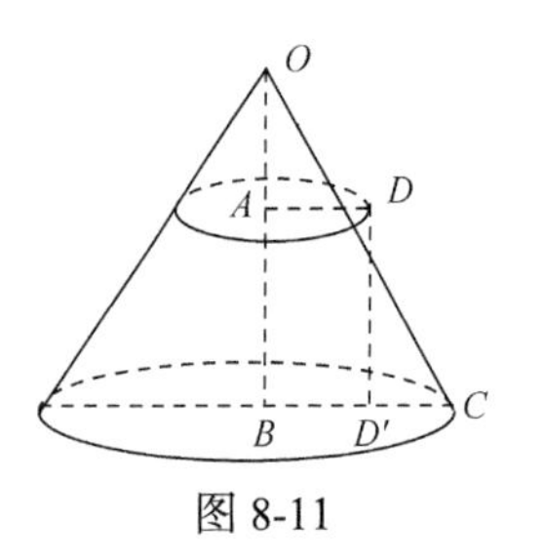

图 8-11

如图 8-11, 设截锥的上顶圆半径为 r, 下底圆半径为 R, 斜高为 l, 计算其侧面积 S.

利用圆锥侧面积公式, 则

$$
\begin{aligned}
S&=\pi[\overline{OC}\cdot\overline{BC}-\overline{OD}\cdot\overline{AD}]\\
&=\pi[\overline{OC}\cdot\overline{BC}-(\overline{OC}-\overline{CD})\overline{AD}]\\
&=\pi[(\overline{BC}-\overline{AD})\overline{OC}+\overline{CD}\cdot\overline{AD}],
\end{aligned}
$$

由于$\triangle OBC \sim \triangle DD'C$，则

$$\frac{\overline{OC}}{\overline{CD}}=\frac{\overline{BC}}{\overline{BC}-\overline{AD}},$$

故，

$$S=\pi(R+r)l.$$

3. 旋转体的侧面积

设简单曲线$y=f(x)\geqslant 0, a\leqslant x\leqslant b$，计算其绕 x 轴旋转一周的旋转体(即曲线、直线 $x=a$、直线 $x=b$ 和 x 轴所围图形的旋转体)的侧面积，其中$f(x)\in C^1[a,b]$.

我们用微元法. 任取微元$[x,x+\mathrm{d}x]\subset[a,b]$，则对应于微元上的侧面积可以用截锥的侧面积来近似，如图 8-12，因而，

$$\begin{aligned}
\mathrm{d}S&=\pi[f(x)+f(x+\mathrm{d}x)]\sqrt{(\mathrm{d}x)^2+(\mathrm{d}y)^2}\\
&=\pi[f(x)+f(x+\mathrm{d}x)]\sqrt{1+\left(\frac{\mathrm{d}y}{\mathrm{d}x}\right)^2}\,\mathrm{d}x\\
&=\pi[f(x)+f(x)+\alpha]\sqrt{1+\left(\frac{\mathrm{d}y}{\mathrm{d}x}\right)^2}\,\mathrm{d}x\\
&=2\pi f(x)\sqrt{1+\left(\frac{\mathrm{d}y}{\mathrm{d}x}\right)^2}\,\mathrm{d}x+o(\mathrm{d}x),
\end{aligned}$$

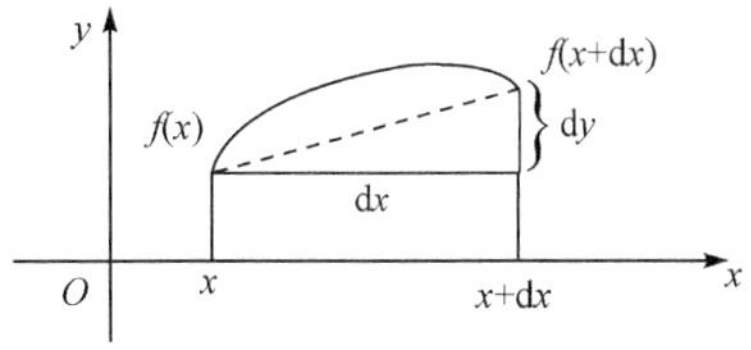

图 8-12

其中当$\mathrm{d}x\to 0$时$\alpha\to 0$. 故

$$S=2\pi\int_a^b f(x)\sqrt{1+(f'(x))^2}\,\mathrm{d}x.$$

注　对一般的函数$y=f(x)$，对应的公式为

$$S=2\pi\int_a^b |f(x)|\sqrt{1+(f'(x))^2}\,\mathrm{d}x.$$

注　利用弧长的微元公式，侧面积的公式也可以写为

$$S=2\pi\int_a^b |f(x)|\,\mathrm{d}l.$$

注　在公式的导出过程中，我们用截锥的侧面积作近似计算，但是，不能用圆柱的侧面积作近似，因为此时的误差不是 $\mathrm{d}x$ 的高阶无穷小量.

例 1　计算心形线$r=a(1+\cos t)$绕极轴的旋转体的侧面积.

解　由对称性，只需计算上半部分对应的侧面积，代入公式得

$$S = 2\pi\int_0^{\pi} a(1+\cos t)\sin t\sqrt{r^2(t)+(r'(t))^2}\,\mathrm{d}t$$
$$= \frac{32}{5}\pi a^2.$$

习 题 8.4

1. 计算下列旋转体的侧面积.

1) 曲线段 $y = x^2, 0 \leqslant x \leqslant 1$ 绕 x 轴旋转;

2) 曲线段 $x^2 + (y-2)^2 = 1$ 绕 x 轴旋转;

3) 曲线段 $x = t - \sin t, y = 1 - \cos t, 0 \leqslant x \leqslant 2\pi$ 分别绕 x 轴和 y 轴旋转.

2. 设简单曲线 $y = f(x) \geqslant 0, a \leqslant x \leqslant b$，导出其绕 y 轴旋转一周的旋转体(即曲线、直线 $x=a$, $x=b$ 和 x 轴所围图形的旋转体)的侧面积, 其中 $f(x) \in C^1[a,b]$.

8.5 定积分在物理中的应用

本节, 我们通过几个例子介绍定积分在物理中的应用, 由此计算几个对应的物理量.

例 1(质心问题) 设曲线段 $l: y = f(x)$, $a \leqslant x \leqslant b$ 上分布有密度为 ρ 质量, 计算曲线段的质心.

结构分析 质心计算问题, 类比已知, 假设已知物理学中质点系的计算公式, 即假设平面上有 n 个质点(x_i, y_i), 对应的质量为 m_i ($i = 1,2,\cdots,n$), 则质点系的坐标为

$$\overline{x} = \frac{\sum_{i=1}^{n} m_i x_i}{\sum_{i=1}^{n} m_i}, \quad \overline{y} = \frac{\sum_{i=1}^{n} m_i y_i}{\sum_{i=1}^{n} m_i},$$

因而, 计算的思路是将其离散化为质点系, 进行近似计算, 借助极限理论实现准确计算, 仍是积分思想的应用.

解 对曲线段 l 进行 n 分割, 分割成 n 段, 在每一段上任取一点(ξ_i, η_i), 将此段近似为质点(ξ_i, η_i), 此点分布的质量近似为 $\rho\Delta l_i$, 其中 Δl_i 为第 i 段的长度, 因此, 利用质点系的质心计算公式, 曲线段的质心近似计算为

$$\overline{x} \approx \frac{\sum_{i=1}^{n} \rho\Delta l_i x_i}{\sum_{i=1}^{n} \rho\Delta l_i} = \frac{\sum_{i=1}^{n} \Delta l_i x_i}{\sum_{i=1}^{n} \Delta l_i}, \quad \overline{y} \approx \frac{\sum_{i=1}^{n} \rho\Delta l_i y_i}{\sum_{i=1}^{n} \rho\Delta l_i} = \frac{\sum_{i=1}^{n} \Delta l_i y_i}{\sum_{i=1}^{n} \Delta l_i},$$

利用极限理论和弧长计算公式, 则

$$\bar{x}=\lim_{\lambda(T)\to 0}\frac{\sum_{i=1}^{n}\Delta l_i x_i}{\sum_{i=1}^{n}\Delta l_i}=\frac{\int_a^b x\sqrt{1+f'^2(x)}\mathrm{d}x}{\int_a^b \sqrt{1+f'^2(x)}\mathrm{d}x},$$

类似，$\bar{y}=\dfrac{\int_a^b y\sqrt{1+f'^2(x)}\mathrm{d}x}{\int_a^b \sqrt{1+f'^2(x)}\mathrm{d}x}$.

注　学习过多元函数及其积分理论后，可以计算非均匀的线、面及体上的质量分布的质心.

例 2　质点做变速运动的路程　设质点沿直线做变速运动，速度为 $v(t)$，计算质点在时段 $[t_1,t_2]$ 内运动的路程.

结构分析　路程计算问题，类比题目结构，假设已知的是匀速直线运动的路程计算公式 $s=vt$，因此，本题目计算的思想仍是定积分思想，具体方法可以采用微元法.

解　任取微元 $(t,t+\mathrm{d}t)\subset[t_1,t_2]$，此微元上近似为匀速直线运动利用近似计算的方法，则路程微元为 $\mathrm{d}S=v(t)\mathrm{d}t$，故所求的路程为 $S=\int_{t_1}^{t_2}v(t)\mathrm{d}t$.

例 3　转动惯量问题 设有一个半径为 R 的圆盘，均匀分布有密度为 ρ 的质量，求圆盘对通过中心与其垂直的轴的转动惯量 I.

结构分析　类比已知，假设已知质量为 m 的质点关于轴 l 的转动惯量为 mr^2，仍采用微元法.

解　以圆盘的圆心为原点，沿径向作 x 轴，在 x 轴上任取微元 $(x,x+\mathrm{d}x)\subset[0,R]$，则此微元对应的圆环的面积为 $\Delta S=\pi(x+\mathrm{d}x)^2-\pi x^2=2\pi x\mathrm{d}x+\pi\mathrm{d}x^2$，对应的面积微元为 $\mathrm{d}S=2\pi x\mathrm{d}x$，对应的转动惯量微元为 $\mathrm{d}I=x^2\rho\mathrm{d}S=2\pi\rho x^3\mathrm{d}x$，故

$$\mathrm{d}I=\int_0^R 2\pi\rho x^3\mathrm{d}x=\frac{1}{2}\pi\rho R^4=\frac{1}{2}MR^2,$$

其中 M 为圆盘的质量.

习　题　8.5

1. 一个带 $+q$ 电量的点电荷放在 r 轴的原点处形成电场，在电场中，距原点 r 处的单位正电荷在电场力的作用下从 $r=a$ 处移动到 $r=b$ 处，计算电场力在此过程中所做的功.(已知距原点 r 处单位正电荷所受的电场力公式为 $F=k\dfrac{q}{r^2}$；常力作用在质点上沿直线移动距离为 r 的做功公式为 $W=Fr$.)

2. 已知质量分别为 m_1,m_2，相距为 r 的两个质点间的引力公式为 $F=g\dfrac{m_1m_2}{r^2}$，g 为重力常数. 完成下面问题：密度为 ρ 的均匀直棒水平放置，棒的长度为 l，与直棒位于同一水平线上放置一个质量为 m 的质点，质点距直棒最近端的距离为 r，计算直棒对质点的引力.

第9章　广 义 积 分

在 Riemann 常义积分中, 有两个先决条件: ①被积函数有界; ②积分限有限. 上述两个条件, 极大限制了常义定积分的应用范围, 这就要求人们从更广的角度考虑积分理论.

事实上, 从理论层面上看, 当建立一套基本理论之后, 人们会不断去掉各种条件的限制, 尽可能扩大理论的外延, 以便涵盖更多的东西, 丰富其内涵. 因此, Riemann 常义积分理论建立后, 不可避免地考虑这样的问题: 能否去掉上述两个限制条件? 去掉上述两个条件后, 会产生什么问题? 如何解决?

从应用角度看, 定积分的产生源于人类改造自然过程中要解决的实际问题, 如计算面积、做功等. 随着人类认识实践活动的深入, 涌现出更多的实际问题, 要解决这些问题, 必须突破上述两个限制条件.

如深空探测是当前热门领域, 中国发射了神舟系列、嫦娥系列、天宫系列, 取得了显著的航天成绩; 但是, 航天技术中要解决的基本问题是航天器发射过程中火箭克服地球引力所做的功, 并由此计算出宇宙速度, 这正是一个数学问题, 把这个问题抽象为如下问题.

引例 1　从地球表面理想状态下垂直发射火箭, 使火箭远离地球, 研究这个过程中火箭克服地球引力所做的功 W.

思路分析　由于是理想状态, 只需考虑地球引力, 根据定积分理论的应用, 在数学上, 做功问题就是一个定积分问题, 因此, 只需给出引力公式, 做功问题即可解决. 下面, 我们来建立数学模型.

解　假设地球半径为 R, 火箭的质量 m, 重力加速度为 g, 根据万有引力定律, 火箭在离地心 x 处受到地球引力为 $f(x)=\dfrac{mgR^2}{x^2}$, 假设把火箭发射到距离地心 h 处, 那么根据定积分知识, 克服地球引力所做的功应该是

$$W(h)=\int_R^h f(x)\mathrm{d}x=\int_R^h \frac{mgR^2}{x^2}\mathrm{d}x=mgR^2\left(\frac{1}{R}-\frac{1}{h}\right).$$

至此, 引例 1 的问题已经得到解决. 我们对公式作进一步分析. 公式表明, 积分区间 $[R,h]$ 是个有限区间, 这是一个定积分, 上述问题的解决正是定积分的应用的体现. 观察结果可知, 功 $W(h)$ 和发射质量成正比, 和发射高度 h 成正比; 因此, 要完成发射目的, 必须使火箭的发动机具备充分大的动力, 达到上述的做功要求.

对结果的进一步分析可以发现，虽然随着高度 h 的增加，要求所做的功也越来越大，但是，由于

$$\lim_{h\to+\infty} W(h)=\lim_{h\to+\infty}\int_R^h f(x)\mathrm{d}x = mgR,$$

因此，从理论来说，只要发动机功率足够大到能够克服引力功 mgR，我们就可以把航天器发射到任意的高度，这就解决了航天器发射中的基本理论问题. 第二宇宙速度($v_0 = 11.2\text{km/s}$)就是利用这个结果计算出来的；事实上，若火箭的发动机提供的动力使火箭发射的初速度为 v_0，由能量守恒定律，则 $\frac{1}{2}m{v_0}^2 = mgR$，因而，$v_0=\sqrt{2gR}\approx 11.2\ \text{km/s}$.

工程技术领域还有很多问题涉及上述相同的定积分的极限 $\lim\limits_{h\to+\infty}\int_R^h f(x)\mathrm{d}x$ 问题，对上述问题进行数学抽象、简化和深入的研究，形成数学理论，这就是无穷限广义积分 $\int_R^{+\infty} f(x)\mathrm{d}x$ 的理论.

还有一类问题涉及的积分形式需要突破定积分的被积函数有界的限制条件. 仍从平面图形的面积谈起，有界封闭区域的平面图形的面积可以用定积分计算，我们将上述问题做简单的推广.

引例 2 研究曲线 $y=\frac{1}{x^p}\left(p=1,\ \frac{1}{2}\right)$ 与 y 轴、x 轴及直线 $x=1$ 所围区域的面积问题(图 9-1).

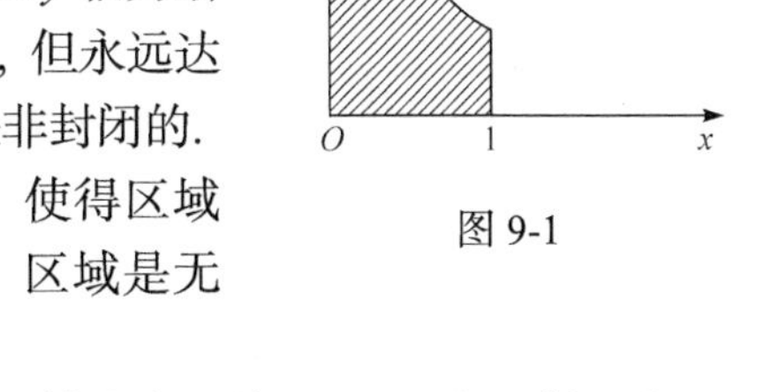

图 9-1

思路分析 所求面积的区域具有特点

1) 区域是非封闭的平面区域. 由于曲线 l 以 y 轴为渐近线，即当 x 充分接近 0 时，曲线无限靠近 y 轴，但永远达不到 y 轴，曲线与 y 轴没有交点，因而，区域是非封闭的.

2) 区域是无限区域. 正是它的非封闭性，使得区域不会包含在以任意长度为半径的圆内，因而，区域是无限(无界)区域；

3) 区域是“几乎”封闭的. 因为曲线 l 以 y 轴为渐近线，因此，在 y 轴无限远处，曲线越来越靠近 y 轴，即对任意的充分小的正数 d，当 x 充分接近 0(或 y 充分大)时，曲线上对应的点到 y 轴的距离总小于 d，或者，直线 $x=d$ 总与曲线相交，因此，所围区域又好像封闭的. 显然，这样的区域既区别于有界的封闭区域，又区别于开放式的无界区域，因而，其面积的问题较为复杂，因为必须先解决面积是否有界即可求性的问题，然后才能讨论如何计算. 那么，如何解决这类问题？

为了研究上述问题，我们分析已经掌握的已知理论和相关工具：我们已经知

道了有限区域面积的计算，知道了“有限”，要计算“无限”，因此，要解决此问题就是如何实现由有限到无限的过渡. 而由有限过渡到无限正是极限所处理的问题的特征，因此，可以设想，我们可以借助极限理论，通过有限区域面积的极限过渡到无限区域的面积计算，即先用有限区域逼近上述无限区域，这正是近似研究思想的应用；这样，我们找到了解决问题的思路和方法——借用有界区域面积计算的定积分理论，通过极限，实现由有限到无限的过渡. 不妨用此思想讨论上述的面积.

解　首先计算曲线l：$y=\frac{1}{x^p}$与x轴、直线$x=1$和$x=b<1$所围有界区域的面积. 利用定积分理论，上述面积为

$$I=\int_b^1 x^{-p}\mathrm{d}x=\begin{cases}2(1-\sqrt{b}), & p=\frac{1}{2},\\ -\ln b, & p=1,\end{cases}$$

其次，考察上述面积计算公式当 $b\to 0^+$的极限. 由于

$$\lim_{b\to 0^+}\int_b^1 x^{-p}\mathrm{d}x=\begin{cases}2, & p=\frac{1}{2},\\ +\infty, & p=1,\end{cases}$$

因而，从上述结论中可以猜想：所围的区域的面积S与p“严重”相关，当$p=\frac{1}{2}$时，区域应具有“面积”为 2，此时，区域是一个有有限面积(或面积存在)的无限区域；当$p=1$时，区域的面积为无穷，此时，区域是一个没有有限面积(或面积不存在)的无限区域；因此，借助于这种思想和方法，我们把平面图形的面积问题从有界区域推广到了无界区域，实际上给出了无界区域面积存在的定义，这种研究是有意义的.

上述研究思想可以解决大量的工程技术领域和科学理论研究领域中的问题，将这种研究思想进行抽象、精炼，其实质相当于研究一类新的积分形式$\int_a^b f(x)\mathrm{d}x$，其中$f(x)$在积分区间$[a,b]$上无界，突破定积分被积函数有界的条件，不再是常义定积分，对这类积分的深入研究，形成了无界函数的广义积分理论.

因此，不论从实践上，还是从理论上，都要求我们突破 Riemann 积分两个先决条件的约束，将 Riemann 积分推广到一个新的高度，这就是广义积分(反常积分)理论.

9.1　无穷限广义积分

本节，我们突破常义积分的积分限有界的限制条件，引入无穷限广义积分的

概念.

一、定义

我们首先利用定积分的极限给出无穷限广义积分的收敛性. 由于可以分别突破积分上限、下限或同时突破积分上下限, 因而, 对应地可以引入不同的广义积分.

定义 1.1　设 $f(x)$ 在 $[a,+\infty)$ 有定义, 且对任意 $A>a$, 都有 $f(x)\in R[a,A]$, 若存在实数 I, 使得

$$\lim_{A\to+\infty}\int_a^A f(x)\mathrm{d}x = I,$$

称 $f(x)$ 在 $[a,+\infty)$ 上是(广义)可积的, I 称为 $f(x)$ 在 $[a,+\infty)$ 上的广义积分, 记为 $I=\int_a^{+\infty} f(x)\mathrm{d}x$, 此时, 也称广义积分 $\int_a^{+\infty} f(x)\mathrm{d}x$ 收敛(于 I).

若 $\lim\limits_{A\to+\infty}\int_a^A f(x)\mathrm{d}x$ 不存在, 称广义积分 $\int_a^{+\infty} f(x)\mathrm{d}x$ 发散.

信息挖掘　1) 由定义, 在收敛的条件下, 有

$$\int_a^{+\infty} f(x)\mathrm{d}x = \lim_{A\to+\infty}\int_a^A f(x)\mathrm{d}x.$$

2) 定义既是定性的, 也是定量的.

3) $f(x)$ 在 $[a,+\infty)$ 上可积通常指的是广义可积.

类似可以定义广义积分 $\int_{-\infty}^b f(x)\mathrm{d}x$ 的收敛性.

对同时突破积分上下限的广义积分, 可以利用已知的广义积分进行定义.

定义 1.2　若对任意实数 a, 广义积分 $\int_a^{+\infty} f(x)\mathrm{d}x$ 和 $\int_{-\infty}^a f(x)\mathrm{d}x$ 都收敛, 称广义积分 $\int_{-\infty}^{+\infty} f(x)\mathrm{d}x$ 收敛, 此时有

$$\int_{-\infty}^{+\infty} f(x)\mathrm{d}x = \int_{-\infty}^a f(x)\mathrm{d}x + \int_a^{+\infty} f(x)\mathrm{d}x;$$

否则, 称广义积分 $\int_{-\infty}^{+\infty} f(x)\mathrm{d}x$ 发散.

也可以利用定义 1.1 的方法, 定义广义积分 $\int_{-\infty}^{+\infty} f(x)\mathrm{d}x$ 的敛散性.

定义 1.3　若对任意实数 a, 及任意 $A>a$, $A'<a$, 极限 $\lim\limits_{A\to+\infty}\int_a^A f(x)\mathrm{d}x$ 和 $\lim\limits_{A'\to-\infty}\int_{A'}^a f(x)\mathrm{d}x$ 同时存在, 称广义积分 $\int_{-\infty}^{+\infty} f(x)\mathrm{d}x$ 收敛; 此时

$$\int_{-\infty}^{+\infty} f(x)\mathrm{d}x = \lim_{A'\to-\infty}\int_{A'}^{a} f(x)\mathrm{d}x + \lim_{A\to+\infty}\int_{a}^{A} f(x)\mathrm{d}x,$$

也可记为$\int_{-\infty}^{+\infty} f(x)\mathrm{d}x = \lim\limits_{\substack{A'\to-\infty\\ A\to+\infty}}\int_{A'}^{A} f(x)\mathrm{d}x$.

定义 1.2 和定义 1.3 中, 条件"实数a的任意性"可减弱为"存在实数a". 事实上, 此时, 对任意的实数b,

$$\begin{aligned}\lim_{A\to+\infty}\int_{b}^{A} f(x)\mathrm{d}x &= \lim_{A\to+\infty}\left[\int_{b}^{a} f(x)\mathrm{d}x + \int_{a}^{A} f(x)\mathrm{d}x\right]\\ &= \int_{b}^{a} f(x)\mathrm{d}x + \lim_{A\to+\infty}\int_{a}^{A} f(x)\mathrm{d}x,\end{aligned}$$

$$\begin{aligned}\lim_{A'\to-\infty}\int_{A'}^{b} f(x)\mathrm{d}x &= \lim_{A'\to-\infty}\left[\int_{A'}^{a} f(x)\mathrm{d}x + \int_{a}^{b} f(x)\mathrm{d}x\right]\\ &= \int_{a}^{b} f(x)\mathrm{d}x + \lim_{A'\to-\infty}\int_{A'}^{a} f(x)\mathrm{d}x,\end{aligned}$$

同时存在, 即广义积分$\int_{b}^{+\infty} f(x)\mathrm{d}x$和$\int_{-\infty}^{b} f(x)\mathrm{d}x$同时存在, 因而, $\int_{-\infty}^{+\infty} f(x)\mathrm{d}x$收敛, 且仍有

$$\int_{-\infty}^{+\infty} f(x)\mathrm{d}x = \lim_{A'\to-\infty}\int_{A'}^{a} f(x)\mathrm{d}x + \lim_{A\to+\infty}\int_{a}^{A} f(x)\mathrm{d}x.$$

定义 1.3 中, 两个极限过程是相互独立的. 因而, 当两个相关的极限过程对应存在极限时, 不一定保证广义积分$\int_{-\infty}^{+\infty} f(x)\mathrm{d}x$的收敛性. 如对广义积分$\int_{-\infty}^{+\infty}\sin x\mathrm{d}x$, 由于$\lim\limits_{A\to+\infty}\int_{a}^{A}\sin x\mathrm{d}x = \lim\limits_{A\to+\infty}(\cos a - \cos A)$不存在, 利用定义, 广义积分$\int_{a}^{+\infty}\sin x\mathrm{d}x$发散, 故广义积分$\int_{-\infty}^{+\infty}\sin x\mathrm{d}x$也发散, 但可计算

$$\lim_{A\to+\infty}\int_{-A}^{A}\sin x\mathrm{d}x = 0,$$

这样的值称为广义积分$\int_{-\infty}^{+\infty}\sin x\mathrm{d}x$的 Cauchy 主值. 所以, 广义积分的 Cauchy 主值存在, 广义积分不一定存在(收敛).

这样, 我们建立了各种无穷限广义积分的定义.

正是由于广义积分是利用定积分和极限定义的, 因而, 利用已知的定积分理论和极限理论很容易计算广义积分并判断敛散性. 事实上, 如果$f(x)$在任意有限区间$[a, b]$上可积, 原函数为$F(x)$且$F(+\infty) = \lim\limits_{A\to+\infty} F(A)$存在, 则广义积分

$\int_a^{+\infty} f(x)\mathrm{d}x$ 收敛且

$$\int_a^{+\infty} f(x)\mathrm{d}x = F(+\infty) - F(a).$$

当然, 这种方法仅对简单结构的广义积分是可行的.

例 1　用定义讨论广义积分 $\int_1^{+\infty} f(x)\mathrm{d}x$ 的收敛性, 其中:

1) $f(x) = C \neq 0$;　　2) $f(x) = x$;　　3) $f(x) = \dfrac{1}{1+x^2}$.

解　1) 由于 $\lim\limits_{A\to+\infty}\int_1^A C\mathrm{d}x = \lim\limits_{A\to+\infty} C(A-1) = \infty$, 故, $\int_a^{+\infty} f(x)\mathrm{d}x$ 不收敛.

2) 由于 $\lim\limits_{A\to+\infty}\int_1^A x\mathrm{d}x = \lim\limits_{A\to+\infty}\dfrac{1}{2}(A^2-1) = +\infty$, 故, $\int_a^{+\infty} f(x)\mathrm{d}x$ 不收敛.

3) 由于

$$\lim_{A\to+\infty}\int_0^A \frac{1}{1+x^2}\mathrm{d}x = \lim_{A\to+\infty}\arctan A = \frac{\pi}{2},$$

故, $I = \int_0^{+\infty}\dfrac{1}{1+x^2}\mathrm{d}x$ 收敛.

类似, $\int_{-\infty}^0 \dfrac{1}{1+x^2}\mathrm{d}x = \dfrac{\pi}{2}$, $\int_{-\infty}^{+\infty}\dfrac{1}{1+x^2}\mathrm{d}x = \pi$.

例 2　讨论 p -积分 $I = \int_1^{+\infty}\dfrac{1}{x^p}\mathrm{d}x$ 的敛散性.

解　$p=1$ 时, 由于 $\lim\limits_{A\to+\infty}\int_1^A \dfrac{1}{x}\mathrm{d}x = +\infty$, 故, 广义积分发散; $p>1$ 时, 由于 $\lim\limits_{A\to+\infty}\int_1^A \dfrac{1}{x^p}\mathrm{d}x = \dfrac{1}{p-1}$, 故, 广义积分收敛; 当 $p<1$ 时, 由于 $\lim\limits_{A\to+\infty}\int_1^A \dfrac{1}{x^p}\mathrm{d}x = +\infty$, 故, 广义积分发散, 因此, 广义积分 $I = \int_1^{+\infty}\dfrac{1}{x^p}\mathrm{d}x$ 当 $p>1$ 时收敛, 当 $p\leqslant 1$ 时发散.

思考: 通过例子观察并猜想影响广义积分收敛的因素是什么?

上述例子表明, 广义积分的计算基础是定积分的计算理论, 因此, 我们的重点不是广义积分的计算, 而是广义积分的敛散性分析, 即在不必计算的条件下, 依靠被积函数的结构给出广义积分的敛散性的判断, 这是本章的主要内容, 将在后续内容中给出.

二、收敛的广义积分的性质

利用定义和极限的运算性质, 可将定积分的运算性质推广到收敛的广义积分.

性质 1.1 (线性性质)　如果 $f(x)$, $g(x)$ 在 $[a,+\infty)$ 可积, 对任意实数 k_1 , k_2 ,

则 $k_1 f(x)+k_2 g(x)$ 在 $[a,+\infty)$ 可积且

$$\int_a^{+\infty}[k_1 f(x)+k_2 g(x)]\mathrm{d}x = k_1\int_a^{+\infty} f(x)\mathrm{d}x + k_2\int_a^{+\infty} g(x)\mathrm{d}x .$$

性质 1.2 (非负性) 若非负函数 $f(x)$ 在 $[a,+\infty)$ 广义可积, 则 $\int_a^{+\infty} f(x)\mathrm{d}x \geqslant 0$.

性质 1.3 (保序性) 若函数 $f(x)$, $g(x)$ 在 $[a,+\infty)$ 广义可积, 且

$$f(x)\geqslant g(x),\quad x\in[a,+\infty),$$

则 $\int_a^{+\infty} f(x)\mathrm{d}x \geqslant \int_a^{+\infty} g(x)\mathrm{d}x$.

习 题 9.1

1. 讨论下列广义积分的敛散性.

1) $\int_0^{+\infty} x\mathrm{e}^{-x^2}\mathrm{d}x$; 2) $\int_1^{+\infty} x^{-\frac{3}{2}}\sin\frac{1}{\sqrt{x}}\mathrm{d}x$;

3) $\int_1^{+\infty}\frac{\arctan x}{x^2}\mathrm{d}x$; 4) $\int_{-\infty}^{+\infty}\frac{1}{(1+x^2)^{\frac{3}{2}}}\mathrm{d}x$;

5) $\int_2^{+\infty}\frac{1}{x\ln^2 x}\mathrm{d}x$; 6) $\int_1^{+\infty}\frac{1}{\sqrt{1+x^2}}\ln(x+\sqrt{1+x^2})\mathrm{d}x$.

2. 设 $f(x)$ 在非负连续, 且 $\int_0^{+\infty} f(x)\mathrm{e}^{x^2}\mathrm{d}x = 0$, 证明 $f(x)\equiv 0, x\in[0,+\infty)$.

要求 分析题目结构, 类比已知, 与此题目相关的已知结论有哪些? 定积分理论中类似的题目是什么? 给出证明.

3. 定积分性质中, 还有哪些性质没有推广到广义积分? 简单说明为什么没有推广?

9.2 无穷限广义积分判别法则

本节, 我们仍采用从简单到复杂, 从特殊到一般的研究思路, 建立无穷限广义积分敛散性的判别法则.

一、一般法则——Cauchy 收敛准则

由于广义积分是通过极限定义的, 同样成立 Cauchy 收敛准则. 将极限存在的 Cauchy 收敛准则应用于广义积分, 就得到相应的判断广义积分敛散性的准则.

定理 2.1 $\int_a^{+\infty} f(x)\mathrm{d}x$ 收敛的充要条件是: 对任意的 $\varepsilon>0$, 存在 $A>a$, 使得对任意的 $A', A''>A$ 时, 成立

$$\left|\int_{A'}^{A''} f(x)\mathrm{d}x\right|<\varepsilon .$$

结构分析 我们称$\int_{A'}^{A''} f(x)\mathrm{d}x$为$\int_{a}^{+\infty} f(x)\mathrm{d}x$的 Cauchy 片段. 因此, Cauchy 收敛准则也可简述为对充分远的 Cauchy 片段, 其绝对值能够任意小(绝对任意小). 从结构上看, 由于 Cauchy 片段涉及函数在充分远处的行为或性质, 因此, 在涉及敛散性和函数无穷远性质的关系研究时可以考虑利用 Cauchy 收敛准则.

利用肯定式向否定式转化的法则, 给出 Cauchy 收敛准则的否定式的表达(习题).

利用 Cauchy 收敛准则, 可得到如下结论.

推论 2.1 若对任意的$A>a$, $f(x)$在$[a,A]$可积, 若$\lim\limits_{x\to+\infty} f(x)=k\neq 0$, 则$\int_{a}^{+\infty} f(x)\,\mathrm{d}x$必发散.

证明 若$k>0$, 则存在$M>a$, 使得$x>M$时,$f(x)>\dfrac{k}{2}>0$. 故对任意的$A>M$, 及$A''=A'+2>A$, 总有

$$\int_{A'}^{A''} f(x)\mathrm{d}x>k,$$

故, 由 Cauchy 收敛准则, 广义积分发散.

若$k<0$, 同样可以证明广义积分发散.

总结 由此推论可以得到, 若$\int_{a}^{+\infty} f(x)\,\mathrm{d}x$收敛且$\lim\limits_{x\to+\infty} f(x)$存在, 则必有$\lim\limits_{x\to+\infty} f(x)=0$; 因此, $\lim\limits_{x\to+\infty} f(x)=0$并非$\int_{a}^{+\infty} f(x)\,\mathrm{d}x$收敛的必要条件; 存在$\int_{a}^{+\infty} f(x)\,\mathrm{d}x$收敛且$\lim\limits_{x\to+\infty} f(x)$不存在的情形(例 9), 这和数项级数理论中对应的结论有差别.

简要地再次强调, Cauchy 收敛准则是非常重要的准则, 必须掌握此准则作用对象的特征和使用方法, 简单地说, 此准则通常应用于抽象对象, 理论应用价值大, 在研究$f(x)$在无穷远处的性质时, 由于与 Cauchy 片段相关联, 可以考虑能否用 Cauchy 收敛准则为工具进行研究.

例 1 设非负函数$f(x)$满足: 1) $\int_{a}^{+\infty} f(x)\mathrm{d}x$收敛; 2) $\lim\limits_{x\to+\infty} f(x)=0$; 证明$\int_{a}^{+\infty} f^2(x)\,\mathrm{d}x$收敛.

结构简析 由于所给条件都可以涉及$f(x)$在无穷远处的性质, 可以考虑利用 Cauchy 收敛准则证明.

证明 由于$\lim\limits_{x\to+\infty} f(x)=0$, 则存在$A_1>a$, 使得

$$0 \leqslant f(x) \leqslant 1, \quad x > A_1,$$

又由于$\int_a^{+\infty} f(x)\,\mathrm{d}x$收敛，利用 Cauchy 收敛准则，对任意的 $\varepsilon>0$，存在$A_2>a$，使得对任意的$A''>A'>A_2$ 时，成立

$$0 \leqslant \int_{A'}^{A''} f(x)\mathrm{d}x < \varepsilon,$$

取$A_0=\max\{A_1,A_2\}$，则对任意的$A''>A'>A_0$，成立

$$0 \leqslant \int_{A'}^{A''} f^2(x)\mathrm{d}x \leqslant \int_{A'}^{A''} f(x)\mathrm{d}x < \varepsilon,$$

再次利用 Cauchy 收敛准则，则$\int_a^{+\infty} f^2(x)\,\mathrm{d}x$收敛.

例 2 设非负函数$f(x)$在$[a,+\infty)$单调递减，$\int_a^{+\infty} f(x)\,\mathrm{d}x$收敛，证明$\lim\limits_{x\to+\infty} xf(x)=0$.

简析 还是$f(x)$在无穷远处的分析性质的讨论，考虑利用 Cauchy 收敛准则；难点是从 Cauchy 片段中分离出$f(x)$；解决方法是利用$f(x)$的单调性和A'', A'的任意性.

证明 由于$\int_a^{+\infty} f(x)\mathrm{d}x$收敛，利用 Cauchy 收敛准则，对任意的$\varepsilon>0$，存在$A_0>a$，使得对任意的$A''>A'>A_0$ 时，成立

$$0 \leqslant \int_{A'}^{A''} f(x)\mathrm{d}x < \varepsilon,$$

对任意的$t>A_0$，取$A''=2t, A'=t$ ，则

$$0 \leqslant \int_{t}^{2t} f(x)\mathrm{d}x < \varepsilon,$$

由于$f(x)$在$[a,+\infty)$非负函数且单调递减，则

$$\int_{t}^{2t} f(x)\mathrm{d}x \geqslant f(t)(2t-t) = tf(t),$$

故，对任意的$t>A_0$，都有$0 \leqslant tf(t) < \varepsilon$，因而，$\lim\limits_{x\to+\infty} xf(x)=0$.

二、非负函数广义积分的判别法则

由于结构的特殊性，我们可以建立关于非负函数的广义积分敛散性的判别法，基本判别思想是通过与已知的广义积分作比较得到相应的敛散性.

1. 比较判别法——基本法则

定理 2.2 设非负函数 $f(x)$，$g(x)$ 在 $[a,+\infty)$ 有定义，且对任意的 $A>a$，二者都在 $[a,A]$ 上可积，若存在 $a_0>a$，使得 $x>a_0$ 时，

$$0\leqslant f(x)\leqslant g(x),$$

则，当 $\int_a^{+\infty}g(x)\mathrm{d}x$ 收敛时，$\int_a^{+\infty}f(x)\mathrm{d}x$ 收敛；当 $\int_a^{+\infty}f(x)\mathrm{d}x$ 发散时，$\int_a^{+\infty}g(x)\mathrm{d}x$ 发散.

利用 Cauchy 收敛准则可以很容易地证明这个结论.

上述法则也简述为"大的收敛，小的也收敛；小的发散，大的也发散."

比较判别法最常用的形式是极限形式：

定理 2.2′ 如果非负函数 $f(x)$，$g(x)$ 满足：

$$\lim_{x\to+\infty}\frac{f(x)}{g(x)}=l,$$

则

1) 当 $0<l<+\infty$ 时，$\int_a^{+\infty}g(x)\mathrm{d}x$ 与 $\int_a^{+\infty}f(x)\mathrm{d}x$ 同时敛散.

2) 当 $l=0$ 时，若 $\int_a^{+\infty}g(x)\mathrm{d}x$ 收敛，则 $\int_a^{+\infty}f(x)\mathrm{d}x$ 也收敛；

若 $\int_a^{+\infty}f(x)\mathrm{d}x$ 发散，则 $\int_a^{+\infty}g(x)\mathrm{d}x$ 也发散.

3) 当 $l=+\infty$ 时，若 $\int_a^{+\infty}f(x)\mathrm{d}x$ 收敛，则 $\int_a^{+\infty}g(x)\mathrm{d}x$ 也收敛；

若 $\int_a^{+\infty}g(x)\mathrm{d}x$ 发散，则 $\int_a^{+\infty}f(x)\mathrm{d}x$ 也发散.

事实上，利用极限性质，当 $0<l<+\infty$ 时，存在 $a_0>a$，当 $x>a_0$ 时，

$$\frac{l}{2}g(x)\leqslant f(x)\leqslant\frac{3l}{2}g(x),$$

因而，此时，$\int_a^{+\infty}g(x)\mathrm{d}x$，$\int_a^{+\infty}f(x)\mathrm{d}x$ 同时敛散.

当 $l=0$ 时，存在 $a_0>a$，当 $x>a_0$ 时，

$$0\leqslant f(x)\leqslant g(x),$$

因而，若 $\int_a^{+\infty}g(x)\mathrm{d}x$ 收敛，必有 $\int_a^{+\infty}f(x)\mathrm{d}x$ 收敛.

当 $l=+\infty$ 时，对应的结论同样成立.

注 若利用 $\int_a^{+\infty}g(x)\mathrm{d}x$ 的敛散性判断 $\int_a^{+\infty}f(x)\mathrm{d}x$ 的敛散性，当 $l=0$ 时只能由

$\int_a^{+\infty} f(x)\mathrm{d}x$ 的收敛性得到 $\int_a^{+\infty} g(x)\mathrm{d}x$ 收敛性; 当 $l=+\infty$ 时只能由 $\int_a^{+\infty} f(x)\mathrm{d}x$ 的发散性得到 $\int_a^{+\infty} g(x)\mathrm{d}x$ 发散性.

比较判别法是基本判别法, 将以此为基础, 通过选择已知的判别标准建立相应的判别法则.

2. Cauchy 判别法

在比较判别法中, 取 $g(x)=\frac{1}{x^p}$, 则由 p-积分的敛散性, 可得如下 Cauchy 判别法.

定理 2.3 设存在 $a_0>a$,使得 $x>a_0$ 时存在常数 $c>0$ 满足:

1) $0\leqslant f(x)\leqslant \frac{c}{x^p}$, 且 $p>1$, 则 $\int_a^{+\infty} f(x)\mathrm{d}x$ 收敛;

2) $f(x)\geqslant \frac{c}{x^p}$, 且 $p\leqslant 1$, 则 $\int_a^{+\infty} f(x)\mathrm{d}x$ 发散.

Cauchy 判别法的极限形式为

定理 2.3′ 设 $\lim\limits_{x\to+\infty} x^p f(x)=l$, 则

1) 当 $0\leqslant l<+\infty$ 且 $p>1$ 时, $\int_a^{+\infty} f(x)\mathrm{d}x$ 收敛;

2) 当 $0<l\leqslant+\infty$ 且 $p\leqslant 1$ 时, $\int_a^{+\infty} f(x)\mathrm{d}x$ 发散.

结构分析 从 Cauchy 判别法的条件形式看, 其作用对象主要为被积函数是非负的且 $\lim\limits_{x\to+\infty} f(x)=0$, 此时, 才能够与 p-积分作对比, 根据 $x\to+\infty$ 时 $f(x)\to 0$ 的速度, 判断 $\int_a^{+\infty} f(x)\mathrm{d}x$ 的敛散性, 因此, 此时 $x\to+\infty$ 时 $f(x)\to 0$ 的速度仍是决定 $\int_a^{+\infty} f(x)\mathrm{d}x$ 的敛散性的关键指标, 故, 仍可以利用阶的分析方法讨论 $\int_a^{+\infty} f(x)\mathrm{d}x$ 的敛散性; 因此, 在用 Cauchy 判别法判断其敛散性时, 重难点是通过阶的分析确定对比的标准, 解决方法是阶的分析方法.

例 3 判断 $\int_1^{+\infty} \frac{1}{x^\alpha (x^2-x-1)^{\frac{1}{3}}}\mathrm{d}x$ $(\alpha>0)$ 的敛散性.

简析 非负函数广义积分的敛散性判别, 被积函数为有理式结构, 阶的分析: $x\to+\infty$ 时, $\frac{1}{x^\alpha (x^2-x-1)^{\frac{1}{3}}}\sim\frac{1}{x^\alpha x^{\frac{2}{3}}}=\frac{1}{x^{\frac{2}{3}+\alpha}}$, 因此, 选择 $\int_1^{+\infty}\frac{1}{x^{\frac{2}{3}+\alpha}}\mathrm{d}x$ 为比较的对象.

解 由于

$$\lim_{x\to+\infty} x^{\frac{2}{3}+\alpha}\frac{1}{x^{\alpha}(x^2-x-1)^{\frac{1}{3}}}=1,$$

故，$\int_1^{+\infty}\frac{1}{x^{\alpha}(x^2-x-1)^{\frac{1}{3}}}\mathrm{d}x$ 与 $\int_1^{+\infty}\frac{1}{x^{\frac{2}{3}+\alpha}}\mathrm{d}x$ 具有相同的敛散性，因而，

$$\int_1^{+\infty}\frac{1}{x^{\alpha}(x^2-x-1)^{\frac{1}{3}}}\mathrm{d}x$$

当 $\alpha>\frac{1}{3}$ 时收敛，当 $\alpha\leqslant\frac{1}{3}$ 时发散.

例 4 判断 $\int_1^{+\infty} x^{\alpha}\mathrm{e}^{-x}\mathrm{d}x\quad(\alpha>0)$ 的敛散性.

简析 对象：非负函数的无穷限广义积分；被积函数结构：主因子为 e^{-x}，次因子为 x^{α}，次因子对主因子起到相反的作用；类比已知：由函数阶的理论，我们知道：$\mathrm{e}^{-x}\to 0$ 的速度比任意阶的 $x^{\alpha}\to+\infty$ 的速度要快得多，体现为下述的极限关系：对任意的 p，

$$\lim_{x\to+\infty} x^{p}x^{a}\mathrm{e}^{-x}=\lim_{x\to+\infty}\frac{x^{a+p}}{\mathrm{e}^{x}}=0,$$

因而，次因子的反作用可以忽略；由于 $l=0$，只能得到收敛性的结论，选择适当的 $p>1$ 即可.

证明 由于 $\lim_{x\to+\infty} x^{2}x^{a}\mathrm{e}^{-x}=\lim_{x\to+\infty}\frac{x^{a+2}}{\mathrm{e}^{x}}=0$，故，广义积分收敛.

例 5 判断 $\int_2^{+\infty}\frac{\mathrm{d}x}{x^{\lambda}\ln x}$ 的敛散性，其中 $\lambda>0$.

简析 由函数阶的理论可知，当 $\lambda>0$ 时，当 $x\to+\infty$ 时，$x^{\lambda}\to+\infty$，$\ln x\to+\infty$，但是，相对于 $x^{\lambda}\to+\infty$ 的速度，$\ln x\to+\infty$ 的速度可以忽略不计，反过来，$\frac{1}{\ln x}\to 0$ 的速度相对于 $\frac{1}{x^{\lambda}}\to 0$ 的速度可用忽略，因而，广义积分的收敛性基本取决于 $\frac{1}{x^{\lambda}}\to 0$ 的速度，因而，可以设想 $\lambda>1$ 时此广义积分收敛，$\lambda\leqslant 1$ 时此广义积分发散；具体的过程体现在下面极限行为的分析中，考虑下述极限

$$\lim_{x\to+\infty} x^{p}\frac{1}{x^{\lambda}\ln x}=\lim_{x\to+\infty}\frac{x^{p-\lambda}}{\ln x}=l=\begin{cases}+\infty, & p-\lambda>0,\\ 0, & p-\lambda\leqslant 0,\end{cases}$$

由于 $l=+\infty$ 时，只能得到发散性结论，此时必须有 $p\leqslant 1$，而此时又有 $p-\lambda>0$，因而，λ 应满足：$\lambda<p\leqslant 1$，故，可设想当 $\lambda<1$ 时，广义积分应该是发散的；当

$l=0$ 时，只能得到收敛性结论，为此必须有 $p>1$，而此时又有 $p-\lambda\leqslant 0$，因而，λ 应满足：$\lambda\geqslant p>1$，故，可设想当 $\lambda>1$ 时，广义积分应该是收敛的. 因此，$\lambda=1$ 是临界情况，需用其他方法讨论，如定义方法.

证明 $\lambda=1$ 时，用定义法，考虑

$$I(A)=\int_2^A\frac{1}{x\ln x}\mathrm{d}x=\ln\ln A-\ln\ln 2\to+\infty,\quad A\to+\infty,$$

此时，广义积分发散.

$\lambda<1$ 时，取 p：$1>p>\lambda$，则 $\lim\limits_{x\to+\infty}x^p\dfrac{1}{x^\lambda\ln x}=\lim\limits_{x\to+\infty}\dfrac{x^{p-\lambda}}{\ln x}=+\infty$，此时，广义积分发散.

$\lambda>1$ 时，取 $p=\lambda>1$，则 $\lim\limits_{x\to+\infty}x^p\dfrac{1}{x^\lambda\ln x}=\lim\limits_{x\to+\infty}\dfrac{1}{\ln x}=0$，此时，广义积分收敛.

因此，当 $\lambda>1$ 时，$\displaystyle\int_2^{+\infty}\frac{\mathrm{d}x}{x^\lambda\ln x}$ 收敛；当 $\lambda\leqslant 1$ 时，$\displaystyle\int_2^{+\infty}\frac{\mathrm{d}x}{x^\lambda\ln x}$ 发散.

总结 1) 上述两个题目的求解及分析过程体现了 Cauchy 判别法应用的基本思想，要熟练掌握；

2) 由本题的结论可以看出，当被积函数收敛于 0 的速度由慢变快时，广义积分的敛散性发生改变，由发散性逐渐过渡到收敛性，其中还存在一个临界结果(门槛结果)，临界情形通常采用定义处理.

注 $\lambda=1$ 时, Cauchy 判别法失效. 事实上，考察极限

$$\lim_{x\to+\infty}x^p\frac{1}{x\ln x}=l=\begin{cases}+\infty, & p>1,\\ 0, & p\leqslant 1,\end{cases}$$

由 Cauchy 判别法的极限形式，当 $l=+\infty$ 时，只能得到发散性的结论，此时，要求 p 应该满足 $p\leqslant 1$，显然，这与保证极限 $l=+\infty$ 的 $p>1$ 矛盾；同样，$l=0$ 时，只能得到收敛性的结论，此时要求 p 应该满足 $p>1$，显然，这与保证极限 $l=0$ 的 $p\leqslant 1$ 矛盾. 故 Cauchy 判别法的极限形式失效. 此时，临界值 $\lambda=1$ 是确定的具体的数值，函数结构简单，通常用定义方法.

三、一般函数广义积分敛散性的判别法

由于一般函数结构上的千差万别，除了定义和一般性的 Cauchy 收敛准则外，并没有判断其广义积分敛散性的共性方法，我们对其中的一些特殊结构进行研究，得到一些结论.

首先，我们利用非负函数广义积分判别法判断一般函数广义积分敛散性，得到绝对收敛的一类广义积分；然后，对具有乘积结构的一类特殊的广义积分建立相应的判别法则.

1. 条件收敛和绝对收敛的广义积分

定义 2.1 设 $f(x)$ 在 $[a,+\infty)$ 有定义，若广义积分 $\int_a^{+\infty}|f(x)|\mathrm{d}x$ 收敛，称广义积分 $\int_a^{+\infty}f(x)\mathrm{d}x$ 绝对收敛，或称 $f(x)$ 在 $[a,+\infty)$ 绝对可积.

定义 2.2 设 $f(x)$ 在 $[a,+\infty)$ 有定义，若广义积分 $\int_a^{+\infty}|f(x)|\mathrm{d}x$ 发散，而广义积分 $\int_a^{+\infty}f(x)\mathrm{d}x$ 收敛，称广义积分 $\int_a^{+\infty}f(x)\mathrm{d}x$ 条件收敛.

定理 2.4 若 $f(x)$ 在 $[a,+\infty)$ 绝对可积，则 $f(x)$ 在 $[a,+\infty)$ 可积.

利用 Cauchy 收敛准则很容易得到证明，略去证明.

上述简单的结论隐藏了深刻的研究思想：通过引入绝对收敛，将一般函数广义积分的敛散性判断转化为非负函数广义积分敛散性的判断，从而可以利用已知的理论研究未知的问题.

例 6 讨论 $\int_1^{+\infty}\frac{\sin x}{x\sqrt{1+x^2}}\mathrm{d}x$ 的敛散性.

结构分析 被积函数的结构中含有因子 $\sin x$，其特性有三个：①本身有界性 $|\sin x|\leqslant 1$；②任意有限区间上的积分有界性 $\left|\int_a^b\sin x\mathrm{d}x\right|\leqslant 2$；③周期性. 同时，另外一个因子具有性质：$\frac{1}{x\sqrt{1+x^2}}\sim\frac{1}{x^2}(x\to+\infty)$，且 $\int_1^{+\infty}\frac{1}{x^2}\mathrm{d}x$ 收敛，由此决定，可以利用 $\sin x$ 的有界性和定理 2.4 证明其收敛性.

证明 由于 $0\leqslant\left|\frac{\sin x}{x\sqrt{1+x^2}}\right|\leqslant\frac{1}{x^2}$，$x>1$，故由比较判别法和定理 2.4，广义积分 $\int_1^{+\infty}\frac{\sin x}{x\sqrt{1+x^2}}\mathrm{d}x$ 绝对收敛，因而也收敛.

2. 形如 $\int_a^{+\infty}f(x)g(x)\mathrm{d}x$ 的广义积分判别法

我们讨论形如 $\int_a^{+\infty}f(x)g(x)\mathrm{d}x$ 的广义积分，其中 $f(x)$，$g(x)$ 定义在 $[a,+\infty)$ 上，且在任意的区间 $[a,A]$ 上可积.

由于对一般函数广义积分的判断法则只有 Cauchy 收敛准则，为此，研究广义积分 $\int_a^{+\infty}f(x)g(x)\mathrm{d}x$ 的 Cauchy 积分片段 $\int_{A'}^{A''}f(x)g(x)\mathrm{d}x$，这是一个定积分，从结构看，被积函数具有因子的乘积结构，结构较复杂，研究的重要思路是先简化结

构；结构简化主要是简化被积函数，相应的研究工具就是第二积分中值定理，假设满足对应的第二积分中值定理的条件，则成立

$$\int_{A'}^{A''} f(x)g(x)\mathrm{d}x = g(A')\int_{A'}^{\xi} f(x)\mathrm{d}x + g(A'')\int_{\xi}^{A''} f(x)\mathrm{d}x,$$

进一步分析右端能够充分小的条件，可得如下两个结论.

定理 2.5 (Abel 判别法)　如果 $f(x)$ 在 $[a,+\infty)$ 上广义可积，$g(x)$ 在 $[a,+\infty)$ 上单调有界，则 $\int_a^{+\infty} f(x)g(x)\mathrm{d}x$ 收敛.

证明　由于 $\int_a^{+\infty} f(x)\mathrm{d}x$ 收敛，利用 Cauchy 收敛准则，对任意的 $\varepsilon>0$，存在 $A>a$，使得 $A', A''>A$ 时，成立

$$\left|\int_{A'}^{A''} f(x)\mathrm{d}x\right| < \varepsilon .$$

又设 $|g(x)|\leqslant M$，由第二积分中值定理，在 A', A'' 之间存在 $\xi>A$，使得

$$\int_{A'}^{A''} f(x)g(x)\mathrm{d}x = g(A')\int_{A'}^{\xi} f(x)\mathrm{d}x + g(A'')\int_{\xi}^{A''} f(x)\mathrm{d}x,$$

因而,

$$\left|\int_{A'}^{A''} f(x)g(x)\mathrm{d}x\right| \leqslant 2M\varepsilon,$$

故，$\int_a^{+\infty} f(x)g(x)\mathrm{d}x$ 收敛.

定理 2.6 (Dirichlet 判别法)　如果对任意的 $A>a$，$f(x)$ 在 $[a, A]$ 上可积，$F(A) = \int_a^A f(x)\mathrm{d}x$ 有界，$g(x)$ 在 $[a,+\infty)$ 上单调且 $\lim\limits_{x\to+\infty} g(x)=0$，则 $\int_a^{+\infty} f(x)g(x)\mathrm{d}x$ 收敛.

证明　设 $|F(A)|\leqslant M$，则对任意的 $A', A''>a$，

$$\left|\int_{A'}^{A''} f(x)\mathrm{d}x\right| = |F(A'')-F(A')| \leqslant 2M,$$

由 $\lim\limits_{x\to+\infty} g(x)=0$，则对任意的 $\varepsilon>0$，存在 $A>a$，使得 $x>A$ 时，$|g(x)|<\varepsilon$，故，当 $A', A''>A$ 时,

$$\begin{aligned}&\left|\int_{A'}^{A''} f(x)g(x)\mathrm{d}x\right| \\ =&\left|g(A')\int_{A'}^{\xi} f(x)\mathrm{d}x + g(A'')\int_{\xi}^{A''} f(x)\mathrm{d}x\right| \leqslant 2M\varepsilon,\end{aligned}$$

故，$\int_a^{+\infty} f(x)g(x)\mathrm{d}x$ 收敛.

两个定理中，$g(x)$ 的单调性是为了保证积分第二中值定理成立.

例 7 讨论 $\int_1^{+\infty}\frac{\sin x}{x}\mathrm{d}x$ 的条件敛散性和绝对收敛性.

结构分析 题目要求讨论 $\int_1^{+\infty}\frac{\sin x}{x}\mathrm{d}x$ 和 $\int_1^{+\infty}\left|\frac{\sin x}{x}\right|\mathrm{d}x$ 的敛散性. 对 $\int_1^{+\infty}\frac{\sin x}{x}\mathrm{d}x$，分析结构，被积函数不是非负函数，比较判别法和 Cauchy 判别法都失效；被积函数中含有因子 $\sin x$，根据其具有的特点，类比已知，其积分片段有界性满足 Dirichlet 判别法对应的条件，可以考虑用 Dirichlet 判别法；对 $\int_1^{+\infty}\left|\frac{\sin x}{x}\right|\mathrm{d}x$，作为非负函数的广义积分，$x\to+\infty$ 时被积函数中趋于 0 的因子只有 $\frac{1}{x}$，类比 p-积分，猜测 $\int_1^{+\infty}\left|\frac{\sin x}{x}\right|\mathrm{d}x$ 可能发散，可以考虑利用已经建立的结论，利用三角函数关系式建立已知和未知的联系，注意下面的处理方法.

证明 由于 $g(x)=\frac{1}{x}$ 在 $[1,+\infty)$ 单调递减且 $\lim\limits_{x\to+\infty}\frac{1}{x}=0$；$f(x)=\sin x$ 满足对任意的 $A>1$，

$$\left|\int_1^A \sin x\mathrm{d}x\right|\leqslant 2,$$

因此，利用 Dirichlet 判别法，$\int_1^{+\infty}\frac{\sin x}{x}\mathrm{d}x$ 收敛.

考虑广义积分 $\int_1^{+\infty}\left|\frac{\sin x}{x}\right|\mathrm{d}x$，由于

$$\frac{|\sin x|}{x}\geqslant\frac{|\sin x|^2}{x}=\frac{1}{2x}-\frac{\cos 2x}{2x}\geqslant 0,$$

类似前面的证明可知，$\int_1^{+\infty}\frac{\cos 2x}{x}\mathrm{d}x$ 收敛，由于 $\int_1^{+\infty}\frac{1}{x}\mathrm{d}x$ 发散，因而，$\int_1^{+\infty}\left(\frac{1}{x}-\frac{\cos 2x}{x}\right)\mathrm{d}x$ 发散，由比较判别法，则 $\int_1^{+\infty}\left|\frac{\sin x}{x}\right|\mathrm{d}x$ 发散，故，$\int_1^{+\infty}\frac{\sin x}{x}\mathrm{d}x$ 条件收敛.

总结 类似可以证明：对 $\int_1^{+\infty}\frac{\sin x}{x^\lambda}\mathrm{d}x$，当 $1\geqslant\lambda>0$ 时条件收敛，当 $\lambda>1$ 时绝对收敛.

例 8　讨论$\int_1^{+\infty}\frac{\sin x\arctan x}{x^\lambda}\mathrm{d}x$的敛散性，其中$\lambda>0$.

分析　此例被积函数结构更为复杂，有三类因子，若要分析每个因子的影响，反而使问题复杂化了，为此，我们从积分形式中挖掘尽可能多的信息，如果某些因子的组合能够产生确定的结论，将这些因子看成一个整体，由此也能简化结构，这也是处理复杂结构的一种方法. 考虑到上例的结论，我们得到重要的信息：$\int_1^{+\infty}\frac{\sin x}{x^\lambda}\mathrm{d}x$是收敛的广义积分，因此，将$\frac{\sin x}{x^\lambda}$看成整体因子，则被积函数是两个因子的乘积，根据因子所具有的性质，问题变得非常简单——这正是 Abel 判别法所处理的广义积分的结构特点：即其中一类因子对应的广义积分收敛，另一类因子具有单调有界的性质.

证明　由例 7 及总结，$\int_1^{+\infty}\frac{\sin x}{x^\lambda}\mathrm{d}x$收敛，函数$\arctan x$单调有界，由 Abel 判别法，原广义积分收敛.

因此，掌握一些常见的结论是必要的.

例 9　讨论$\int_1^{+\infty}\sin x^2\mathrm{d}x$的敛散性.

简析　从被积函数的结构看，前述的分析方法失效；但是，分析结构可以发现：可以将被积函数结构转化为已经处理过的类型$\int_1^{+\infty}\frac{\sin x}{x^\lambda}\mathrm{d}x$，从而找到解决的办法.

解　我们采用定义来讨论. 由于$\int_1^{+\infty}\frac{\sin x}{\sqrt{x}}\mathrm{d}x$收敛，不妨设$\int_1^{+\infty}\frac{\sin x}{\sqrt{x}}\mathrm{d}x=q$，因而，对任意的$A>1$，

$$\lim_{A\to+\infty}\int_1^A\sin x^2\mathrm{d}x=\lim_{A\to+\infty}\int_1^{A^2}\frac{\sin t}{2\sqrt{t}}\mathrm{d}t=\frac{1}{2}q,$$

故，$\int_1^{+\infty}\sin x^2\mathrm{d}x$收敛.

总结　本例的结论表明，$\int_a^{+\infty}\sin x^2\mathrm{d}x$收敛，但是，当$x\to+\infty$时，被积函数$\sin x^2$并不收敛于 0，因而，被积函数收敛于 0 并不是广义积分收敛的必要条件.

四、常义积分与广义积分的区别

我们主要讨论两类积分较简单的性质的区别.

(1) Riemann 常义积分

我们已经掌握 Riemann 积分的如下性质.

性质 2.1 若 $f\in R[a,b]$, 则 $|f|\in R[a,b]$. 反之不然. ——即可积必绝对可积.

如 $f(x)=\begin{cases}1, & x\in[0,1] \text{ 为有理数},\\ -1, & x\in[0,1]\text{为无理数}\end{cases}$ 不可积但绝对可积.

性质 2.2 若 $f\in R[a,b]$, 则 $|f|^2\in R[a,b]$. ——即可积必平方可积.

性质 2.3 $|f|\in R[a,b]$ 等价于 $|f|^2\in R[a,b]$. ——即绝对可积与平方可积等价.

(2) 广义积分

我们已知广义积分有如下相应性质.

性质 2.4 $\int_a^{+\infty}|f(x)|\mathrm{d}x$ 收敛, 则 $\int_a^{+\infty}f(x)\mathrm{d}x$ 收敛. ——即绝对可积必可积.

注 性质 2.4 的逆不成立, 如 $\int_1^{+\infty}\frac{\sin x}{x}\mathrm{d}x$ 可积但不绝对可积.

对广义积分来说, 可积和平方可积没任何关系. 如 $\int_1^{+\infty}\frac{1}{x}\mathrm{d}x$ 发散, $\int_1^{+\infty}\frac{1}{x^2}\mathrm{d}x$ 收敛; 而 $\int_1^{+\infty}\frac{\sin x}{\sqrt{x}}\mathrm{d}x$ 收敛, $\int_1^{+\infty}\frac{\sin^2 x}{x}\mathrm{d}x$ 发散.

习 题 9.2

1. 分析结构, 给出思路, 讨论广义积分的敛散性.

1) $\int_1^{+\infty}\frac{x+1}{x\sqrt{1+x+x^2}}\mathrm{d}x$;

2) $\int_1^{+\infty}\frac{\ln\left(1+\frac{1}{x}\right)}{x^\alpha}\mathrm{d}x,\ \alpha>0$;

3) $\int_1^{+\infty}\frac{\sqrt{1+\frac{1}{x}}}{x^{\frac{1}{4}}}\mathrm{d}x$;

4) $\int_a^{+\infty}\frac{\sqrt{1+x^2}\arctan x^2}{(1+x^2)^{1+\frac{1}{n}}}\mathrm{d}x$, $n>0$;

5) $\int_1^{+\infty}\left(\frac{\pi}{2}-\arctan x\right)^2\mathrm{d}x$;

6) $\int_1^{+\infty}\left(\frac{1}{x}-\sin\frac{1}{x}\right)\mathrm{d}x$;

7) $\int_1^{+\infty}\left(\sqrt{1+\frac{1}{x}}-1\right)^2\mathrm{d}x$;

8) $\int_1^{+\infty}\left(\tan\frac{1}{x}-\sin\frac{1}{x}\right)\mathrm{d}x$;

9) $\int_1^{+\infty}\ln\left(\cos\frac{1}{x}+\sin\frac{1}{x}\right)\mathrm{d}x$;

10) $\int_1^{+\infty}\frac{(\ln x)^n}{x^k}\mathrm{d}x,\ k,n>0$;

11) $\int_1^{+\infty}\frac{x}{1+x^2|\sin x|}\mathrm{d}x$;

12) $\int_3^{+\infty}\frac{1}{\ln x}\sin\frac{1}{x}\mathrm{d}x$.

2. 讨论广义积分的敛散性.

1) $\int_1^{+\infty}\frac{\mathrm{e}^{\cos x}\sin 2x}{x^p}\mathrm{d}x$;

2) $\int_1^{+\infty}\left(1+\frac{1}{x}\right)^x\frac{\sin x}{x}\mathrm{d}x$;

3) $\int_{1}^{+\infty}\frac{\cos x}{\sqrt{x}(1+\sin^2 x)}\mathrm{d}x$； 4) $\int_{1}^{+\infty}\left(\frac{1}{x}-\ln\frac{1+x}{x}\right)x^{\frac{1}{x}}\mathrm{d}x$.

3. 设 $f(x)$ 在 $[0,+\infty)$ 内单调递减，具有一阶连续导数，且 $\lim\limits_{x\to+\infty}f(x)=0$，$\int_{0}^{+\infty}f(x)\mathrm{d}x$ 收敛，证明：$\int_{0}^{+\infty}xf'(x)\mathrm{d}x$ 收敛.

要求 分析所给的已知积分结构形式 $\int_{a}^{b}f(x)\mathrm{d}x$ 和研究对象 $\int_{a}^{b}xf'(x)\mathrm{d}x$ 的结构形式，用哪个定理(结论)建立二者的联系？分析条件形式，类比已知，要证明结论需要用到哪个定理？给出证明.

4. 设 $f(x)$ 在 $[1,+\infty)$ 连续且 $f(x)>0$，证明：若 $\lim\limits_{x\to+\infty}\frac{-\ln f(x)}{\ln x}>1$，则 $\int_{1}^{+\infty}f(x)\mathrm{d}x$ 收敛；若 $\lim\limits_{x\to+\infty}\frac{-\ln f(x)}{\ln x}<1$，则 $\int_{1}^{+\infty}f(x)\mathrm{d}x$ 发散.

5. 设 $f(x)$ 在 $[1,+\infty)$ 具连续的导数，$\int_{1}^{+\infty}f(x)\mathrm{d}x$ 和 $\int_{1}^{+\infty}f'(x)\mathrm{d}x$ 收敛，证明：$\lim\limits_{x\to+\infty}f(x)=0$.

要求 类比已知，$\int_{1}^{+\infty}f(x)\mathrm{d}x$ 收敛和 $\lim\limits_{x\to+\infty}f(x)$ 之间有哪些已知结论？由 $\int_{1}^{+\infty}f'(x)\mathrm{d}x$ 收敛，能得到哪些结论？这些结论中，哪个结论与研究 $\lim\limits_{x\to+\infty}f(x)=0$ 的结论联系最为紧密？给出证明.

6. 若 $f(x)$ 在 $[a,+\infty)$ 上连续且单调，$\int_{a}^{+\infty}f(x)\mathrm{d}x$ 收敛，证明 $\lim\limits_{x\to+\infty}f(x)=0$.

7. 设 $f(x)$ 在任意有限的区间上可积，且 $\lim\limits_{x\to+\infty}f(x)=A$，$\lim\limits_{x\to-\infty}f(x)=B$，证明：对任意实数 a，$\int_{-\infty}^{+\infty}[f(x+a)-f(x)]\mathrm{d}x$ 存在.

8. 设 $f(x)$ 在 $[0,+\infty)$ 上连续，且 $\lim\limits_{x\to+\infty}f(x)=A$，证明：对任意 $b>a>0$，成立

$$\int_{0}^{+\infty}\frac{f(ax)-f(bx)}{x}\mathrm{d}x=[f(0)-A]\ln\frac{b}{a}.$$

要求 分析要证明等式的结构，右端是一个已知的常数，根据左端的结构特征，要证明的结论本质要求是什么？类比已知，这种要求的已知的处理思想方法是什么？给出证明.

9. 设 $\int_{0}^{+\infty}\mathrm{e}^{-x^2}\mathrm{d}x=\frac{\sqrt{\pi}}{2}$，计算 $\int_{0}^{+\infty}\frac{\mathrm{e}^{-ax^2}-\mathrm{e}^{-bx^2}}{x^2}\mathrm{d}x$.

9.3 无界函数的广义积分

一、定义

本节，我们将引入无界函数的广义积分，由于与无穷限广义积分的结构完全相同，有些地方进行了省略.

先引入奇点的概念.

定义 3.1 若存在 $x=b$ 点的邻域 $U(b)$,使得 $f(x)$ 在 $U(b)$ 内无界，称 $x=b$ 为 $f(x)$ 奇点.

奇点实际就是使 $f(x)$ 无界或无意义的点. 如 $x=0$ 为函数 $f(x)=\dfrac{1}{x}$ 的奇点; 而 $f(x)=\dfrac{1}{x(1-x)}$ 有两个奇点 $x=0$和$x=1$. 有些形式上的奇点，可以通过重新定义奇点处的函数值去掉奇性，这类奇点称为假奇点. 如 $f(x)=\dfrac{x^2+\sin x}{x}$， $x=0$ 为假奇点，因为此时定义 $f(0)=1$，函数在 $[-1,1]$ 上连续有界.

有了奇点的概念，我们考虑无界函数的广义积分，即被积函数在积分区间上存在奇点，因而，被积函数在积分区间上是无界函数，从而，把 Riemann 积分推广到无界函数的广义积分. 正如无穷限广义积分，我们仍然通过极限将有界函数的常义积分推广到无界函数的广义积分.

定义 3.2 设 $f(x)$ 定义在 $[a,b)$ 上，$x=b$ 为 $f(x)$ 在 $[a,b)$ 上唯一的奇点，若存在实数 I，对任意充分小的 $\eta>0$，$f(x)$ 在 $[a,b-\eta]$ 上可积且

$$\lim_{\eta\to0^+}\int_a^{b-\eta}f(x)\mathrm{d}x=I,$$

称 $f(x)$ 在 $[a,b]$ 上广义可积，称 I 为 $f(x)$ 在 $[a,b]$ 上的广义积分，记为 $I=\int_a^b f(x)\mathrm{d}x$，此时，称广义积分 $\int_a^b f(x)\mathrm{d}x$ 收敛于 I.

若极限 $\lim\limits_{\eta\to0^+}\int_a^{b-\eta}f(x)\mathrm{d}x$ 不存在，称 $f(x)$ 在 $[a,b]$ 上不广义可积，或称广义积分 $\int_a^b f(x)\mathrm{d}x$ 发散.

类似可定义以端点 $x=a$ 为奇点的广义积分 $\int_a^b f(x)\mathrm{d}x$ 的敛散性.

若 $f(x)$ 在区间 $[a,b]$ 上有内部奇点 $x=c\in(a,b)$，可将其转化为奇点为端点的广义积分，从而引入相应的敛散性定义.

定义 3.3 设 $f(x)$ 有唯一奇点 $c\in(a,b)$，若广义积分 $\int_a^c f(x)\mathrm{d}x$，$\int_c^b f(x)\mathrm{d}x$ 同时收敛，称广义积分 $\int_a^b f(x)\mathrm{d}x$ 收敛，此时

$$\int_a^b f(x)\mathrm{d}x=\int_a^c f(x)\mathrm{d}x+\int_c^b f(x)\mathrm{d}x,$$

否则，称广义积分 $\int_a^b f(x)\mathrm{d}x$ 发散.

有了上述三种形式的广义积分的定义，内部含有多个奇点的广义积分的敛散性可类似定义. 可自行对定义进行信息挖掘.

定义仍然作用于最简单的结构对象.

例 1　讨论 p-积分 $\int_a^b \frac{1}{(x-a)^p}\mathrm{d}x\ (p>0)$ 的敛散性.

简析　无界函数的广义积分，函数有唯一奇点 $x=a$，用定义处理.

解　1) 确定奇点. 由于 $p>0$，$x=a$ 为被积函数的唯一奇点.

2) 利用定义判断敛散性. 由于

$$\lim_{\eta\to0^+}\int_{a+\eta}^b \frac{1}{(x-a)^p}\mathrm{d}x=\begin{cases}\frac{1}{1-p}(b-a)^{1-p}, & 0<p<1,\\ +\infty, & p=1,\\ +\infty, & p>1,\end{cases}$$

故，广义积分 $\int_a^b \frac{1}{(x-a)^p}\mathrm{d}x$ 当 $p\geqslant1$ 时发散，$0<p<1$ 时收敛.

总结　与无穷限广义 p-积分作比较，注意二者的敛散性对应 p 值的不同.

类似可以引入绝对收敛和条件收敛.

二、敛散性的判别法

仅以 $x=a$ 为唯一奇点的广义积分 $\int_a^b f(x)\mathrm{d}x$ 为例加以讨论. 由于和无穷限广义积分的判别法类似，我们略去证明.

1. 一般法则——Cauchy 收敛准则

定理 3.1　$\int_a^b f(x)\mathrm{d}x$ 收敛的充要条件是对任意 $\varepsilon>0$，存在 $\delta>0$，使得对任意的 $0<\eta,\eta'<\delta$，成立

$$\left|\int_{a+\eta}^{a+\eta'} f(x)\mathrm{d}x\right|<\varepsilon.$$

2. 非负广义积分判别法

定理 3.2 (比较法)　设 $f(x),g(x)$ 都以 $x=a$ 为奇点，且在 a 点的某个邻域内成立 $0\leqslant f(x)\leqslant g(x)$，则当 $\int_a^b g(x)\mathrm{d}x$ 收敛时，$\int_a^b f(x)\mathrm{d}x$ 也收敛；当 $\int_a^b f(x)\mathrm{d}x$ 发散

时，$\int_a^b g(x)\mathrm{d}x$ 也发散.

在定理 2.2 中，取 $g(x)=\dfrac{1}{(x-a)^p}$，得到 Cauchy 判别法.

定理 3.3 (Cauchy 判别法)　设 $f(x)\geqslant 0$，且

$$\lim_{x\to a^+}(x-a)^p f(x)=l,$$

则，当 $0\leqslant l<+\infty$ 且 $p<1$ 时，$\int_a^b f(x)\mathrm{d}x$ 收敛；当 $0<l\leqslant+\infty$ 且 $p\geqslant 1$ 时，$\int_a^b f(x)\mathrm{d}x$ 发散.

3. 乘积形式的 Abel 判别法和 Dirichlet 判别法

定理 3.4(Abel 判别法)　设 $f(x)$ 以 $x=a$ 为奇点且 $\int_a^b f(x)\mathrm{d}x$ 收敛，$g(x)$ 单调有界，则 $\int_a^b f(x)g(x)\mathrm{d}x$ 收敛.

定理 3.5(Dirichlet 判别法)　设 $f(x)$ 以 $x=a$ 为奇点，$\int_{a+\eta}^b f(x)\mathrm{d}x$ 是 $\eta>0$ 的有界函数，$g(x)$ 单调且 $\lim\limits_{x\to a^+}g(x)=0$，则 $\int_a^b f(x)g(x)\mathrm{d}x$ 收敛.

三、两类广义积分的关系

两类广义积分可以相互转化. 事实上，设 $\int_a^{+\infty} f(x)\mathrm{d}x\ (a>0)$ 是无穷限广义积分，作变换 $x=\dfrac{1}{y}$，则

$$\int_a^{+\infty} f(x)\mathrm{d}x=\int_0^{\frac{1}{a}} f\left(\frac{1}{y}\right)\frac{1}{y^2}\mathrm{d}y,$$

便转化为以 $y=0$ 为奇点的无界函数的广义积分；反之，设 $\int_a^b f(x)\mathrm{d}x$ 是以 $x=a$ 为奇点的广义积分，作变换 $y=\dfrac{1}{x-a}$，则

$$\int_a^b f(x)\mathrm{d}x=\int_{\frac{1}{b-a}}^{+\infty} f\left(a+\frac{1}{y}\right)\frac{1}{y^2}\mathrm{d}y$$

转化为无穷限广义积分.

四、应用举例

下面，我们给出一些例子. 分析方法与无穷限广义积分类似，重点是讨论函数在奇点处的性质，特别是函数在奇点处趋于无穷的速度，因此，函数阶的比较理论仍是非常重要的处理工具和判断依据，但在判断过程中要注意判断程序，应做到先观察结构，再确定类型，最后选择方法.

例 2 判断广义积分 $\int_0^1 \frac{\ln x}{\sqrt{x}}\mathrm{d}x$ 的敛散性.

结构分析 广义积分是以 $x=0$ 为奇点的无界函数的广义积分，被积函数不变号，可考虑用非负广义积分的判别法. 进一步分析被积函数的结构，当 $x\to 0^+$ 时，$\frac{1}{\sqrt{x}}\to+\infty$，虽然也有 $-\ln x\to+\infty$，但是其所具有的性质 $-x^{\alpha}\ln x\to 0$ ($\forall\alpha>0$)表明，相对于 $\frac{1}{\sqrt{x}}\to+\infty$，$-\ln x\to+\infty$ 的速度可以忽略不计，或者说，$\ln x$ 对整个被积函数 $\frac{\ln x}{\sqrt{x}}$ 的奇性的贡献可以忽略不计，因而，广义积分的敛散性由因子 $\frac{1}{\sqrt{x}}$ 决定，故，积分应该是收敛的. 注意到 $\frac{1}{\sqrt{x}}$ 的结构，很容易用比较判别法证明其收敛性，为了说明判别法的应用，详细给出分析过程.

考察极限

$$\lim_{x\to 0^+} x^p\frac{-\ln x}{\sqrt{x}}=\begin{cases}0, & p>\frac{1}{2},\\ +\infty, & p\leqslant\frac{1}{2},\end{cases}$$

当 $l=0$ 时，只能得到收敛性的结论，此时要求 $p<1$，故，在 $\frac{1}{2}<p<1$ 中，任意取一个 p 值即可.

当 $l=+\infty$ 时，只能得到发散性的结论，此时要求 $p\geqslant 1$，而在 $p\leqslant\frac{1}{2}$ 与 $p\geqslant 1$ 中，没有公共的 p 值，因而不能得到发散性.

通过上述分析，可以确定比较对象，得到如下的证明.

证明 由于

$$\lim_{x\to 0^+} x^{\frac{3}{4}}\frac{-\ln x}{\sqrt{x}}=0,$$

且非负广义积分 $\int_0^1 \frac{1}{x^{\frac{3}{4}}}\mathrm{d}x$ 收敛，因而，非负广义积分 $\int_0^1 \frac{-\ln x}{\sqrt{x}}\mathrm{d}x$ 收敛，故原广义积分也收敛.

注 判别的实质仍是函数极限性质的分析和讨论.

例 3 判断 $\int_0^1 \frac{\sin\frac{1}{x}}{x^r}\mathrm{d}x$ 的敛散性，其中 $r>0$.

结构分析 广义积分是以 $x=0$ 为奇点的无界函数的广义积分. 但对此例，上述方法只能得到部分结论. 事实上，由于

$$\lim_{x\to 0^+} x^p \frac{\sin\frac{1}{x}}{x^r} = \begin{cases} 0, & p>r, \\ \text{不存在}, & p\leqslant r, \end{cases}$$

由此，$p<1$ 时，可得到收敛性结论，此时须有 $1>r>0$. 但当 $r\geqslant 1$ 时，不能得到任何结论.

事实上，对这类包含特殊因子的广义积分，考虑特殊因子的特殊性质，采用特殊的方法解决更为简单. 在无穷限广义积分中，我们知道因子 $\sin x$ 的作用有两个方面：①本身有界性；②积分片段的有界性；本身的有界性通常用于简单的绝对收敛性的判断，更进一步的判断需要更进一步的性质，即用积分片段的有界性得到更进一步的敛散性. 但是，对因子 $\sin\frac{1}{x}$ 并不具备积分片段的有界性，由于结构相似性，可以利用相似的处理思想，因此，必须加以技术处理——配因子 $\frac{1}{x^2}$，以能够利用上述性质.

证明 $x=0$ 为奇点，由于

$$\left|\frac{1}{x^r}\sin\frac{1}{x}\right| \leqslant \frac{1}{x^r},$$

故当 $1>r>0$ 时，广义积分收敛(绝对收敛).

当 $2>r\geqslant 1$ 时，

$$\int_0^1 \frac{\sin\frac{1}{x}}{x^r}\mathrm{d}x = \int_0^1 \frac{1}{x^{r-2}}\frac{1}{x^2}\sin\frac{1}{x}\mathrm{d}x,$$

由于 $\int_\eta^1 \frac{1}{x^2}\sin\frac{1}{x}\mathrm{d}x$ 有界，$\frac{1}{x^{r-2}}$ 单调递减收敛于 0，由 Dirichlet 判别法，$\int_0^1 \frac{\sin\frac{1}{x}}{x^r}\mathrm{d}x$ 收敛.

当 $r=2$ 时，由于

$$\lim_{\eta\to0^+}\int_\eta^1\frac{1}{x^2}\sin\frac{1}{x}\mathrm{d}x=\lim_{\eta\to0^+}\left(\cos1-\cos\frac{1}{\eta}\right)$$

不存在，由定义，则，$\int_0^1\frac{1}{x^2}\sin\frac{1}{x}\mathrm{d}x$ 发散.

当 $r>2$ 时，$\int_0^1\frac{\sin\frac{1}{x}}{x^r}\mathrm{d}x$ 发散. 事实上，若存在 $r_0>2$ 使得 $\int_0^1\frac{\sin\frac{1}{x}}{x^{r_0}}\mathrm{d}x$ 收敛，则

$$\int_0^1\frac{\sin\frac{1}{x}}{x^2}\mathrm{d}x=\int_0^1 x^{r_0-2}\frac{\sin\frac{1}{x}}{x^{r_0}}\mathrm{d}x,$$

由 Abel 判别法，$\int_0^1\frac{\sin\frac{1}{x}}{x^2}\mathrm{d}x$ 收敛，矛盾.

故，$\int_0^1\frac{\sin\frac{1}{x}}{x^r}\mathrm{d}x$ 当 $2>r>0$ 时收敛；当 $r\geqslant2$ 时发散.

例 4 讨论 $I=\int_0^{+\infty}\frac{\sin x}{x^\lambda}\mathrm{d}x$ 收敛性.

简析 此广义积分既是无穷限广义积分又是无界函数广义积分，必须分段讨论.

证明 记 $I_1=\int_0^1\frac{\sin x}{x^\lambda}\mathrm{d}x$，$I_2=\int_1^{+\infty}\frac{\sin x}{x^\lambda}\mathrm{d}x$.

对 I_1：当 $\lambda\leqslant0$ 时为常义积分，故收敛.

当 $1\geqslant\lambda>0$ 时，为以 $x=0$ 为假奇点的广义积分，可以视为常义积分，因而也是收敛的.

当 $\lambda>1$ 时，将假奇性因子分离出来，则广义积分为

$$I_1=\int_0^1\frac{1}{x^{\lambda-1}}\frac{\sin x}{x}\mathrm{d}x,$$

由于 $\lim_{x\to0^+}\frac{\sin x}{x}=1$，因而，由 Cauchy 判别法，$I_1=\int_0^1\frac{1}{x^{\lambda-1}}\frac{\sin x}{x}\mathrm{d}x$ 与广义积分 $\int_0^1\frac{1}{x^{\lambda-1}}\mathrm{d}x$ 具有相同的敛散性，即当 $0<\lambda-1<1$，即 $1<\lambda<2$ 时，I_1 收敛，当 $1\leqslant\lambda-1$，即当 $\lambda\geqslant2$ 时，I_1 发散.

故，对 I_1，当 $\lambda<2$ 时收敛；当 $\lambda\geqslant2$ 时发散.

对 I_2，由无穷限广义积分可知，当 $\lambda>1$ 时，绝对收敛，当 $0<\lambda\leqslant1$ 时，条件收敛，$\lambda\leqslant0$ 时，发散.

事实上，$\lambda\leqslant0$ 时，考察 Cauchy 积分片段

$$\left|\int_{2n\pi+\frac{\pi}{4}}^{2n\pi+\frac{\pi}{2}}\frac{\sin x}{x^{\lambda}}\mathrm{d}x\right|\geqslant\frac{\sqrt{2}}{2}\left|\int_{2n\pi+\frac{\pi}{4}}^{2n\pi+\frac{\pi}{2}}\frac{1}{x^{\lambda}}\mathrm{d}x\right|\geqslant\left(2n\pi+\frac{\pi}{4}\right)^{-\lambda}\frac{\sqrt{2}\pi}{8}\geqslant\frac{1}{8},$$

故，I_2发散.

综述，当$\lambda\leqslant 0$或$\lambda\geqslant 2$时，发散；当$0<\lambda<2$时，收敛.

总结　$\lambda\leqslant 0$时，我们用 Cauchy 收敛准则判断其发散性，此时，注意 Cauchy 片段的选择方法——充分利用了三角函数的周期性，保证对应的三角函数因子在 Cauchy 片段对应的区间上有正的下界.

习　题　9.3

1. 计算下列广义积分.

1) $\int_0^1 \ln x\mathrm{d}x$；　　2) $\int_1^{\mathrm{e}}\frac{1}{x\sqrt{1-\ln^2 x}}\mathrm{d}x$.

2. 讨论广义积分的敛散性.

1) $\int_0^1\frac{\ln(1+x)}{x^p}\mathrm{d}x$；　　2) $\int_0^1\left[\ln(1+x)-\frac{x}{1+x}\right]\frac{1}{x^2}\mathrm{d}x$；

3) $\int_0^1\frac{1}{x^p+x^q}\mathrm{d}x$；　　4) $\int_0^1\left(1-\frac{\sin x}{x}\right)^{-p}\mathrm{d}x$, $p>0$；

5) $\int_0^1\frac{\sin\sqrt{x}}{x\sqrt{1-x}}\mathrm{d}x$；　　6) $\int_0^1(\ln x)^n\mathrm{d}x$.

3. 分析下列广义积分的结构特点，讨论其绝对收敛和条件收敛性：

1) $\int_0^{+\infty}x^p\sin x^q\mathrm{d}x$；　　2) $\int_0^{+\infty}\frac{\sin x(1-\cos x)}{x^{\lambda}}\mathrm{d}x$.

4. 设$\int_0^1 f(x)\mathrm{d}x$收敛，且当$x\to+0$时，$f(x)$ 单调趋于$+\infty$，证明：$\lim\limits_{x\to 0^+}xf(x)=0$.

级数理论

第10章 数 项 级 数

本章研究的主要对象为数项级数$\sum_{n=1}^{+\infty} u_n$，其中u_n为实数，从结构看，这是一个无限和的形式. 显然，和以前处理的对象“有限和”不同，因为有限和计算的最终的结果是一个确定的实数，由于“无限”所具有的不确定性，无限和的形式$\sum_{n=1}^{+\infty} u_n$最终结果也具有不确定性，由此决定了数项级数的研究内容：无限和的确定性，即数项级数是否有意义？也即数项级数的收敛性问题，以及由此进一步研究无限和存在条件下的运算问题——级数的性质研究.

类比已知，将有限过渡到无限正是极限处理的对象的特点，由此决定了研究的思想方法——利用极限理论为工具，将有限和推广到无限和，形成级数的相关理论. 为此，先做一些准备工作.

10.1 聚点和上(下)极限

我们继续研究数列的极限. 关于数列的收敛性，我们在第一册研究进行了系统的研究，本节，我们对发散数列进行深入的研究，引入数列的上下极限的定义，利用此定义研究数列更进一步的性质.

一、定义

给定有界数列$\{a_n\}$ ，记

$$\alpha_k = \inf_{n>k}\{a_n\} = \inf\{a_{k+1}, a_{k+2}, \cdots\},$$

$$\beta_k = \sup_{n>k}\{a_n\} = \sup\{a_{k+1}, a_{k+2}, \cdots\},$$

则由此构造两个数列$\{\alpha_k\}$，$\{\beta_k\}$，且具有性质：$\{\alpha_k\}$有界且单调递增，$\{\beta_k\}$有界且单调递减. 因而存在实数H和h，使得$H = \lim_{k\to+\infty}\beta_k$，$h = \lim_{k\to+\infty}\alpha_k$，显然$h \leqslant H$.

定义 1.1 称H为数列$\{a_n\}$的上极限，h为数列$\{a_n\}$的下极限，记为

$$H=\overline{\lim_{n\to+\infty}}a_n,\quad h=\underline{\lim_{n\to+\infty}}a_n.$$

因此，通过给定的有界数列，我们构造了两个收敛的子列，由此进一步引入上下极限的定义. 那么，上下极限的实质含义是什么？从定义看：上下极限应该是原数列的两个子列的极限. 我们知道，根据 Weierstrass 定理，对一个有界数列来说，可以有多个收敛的子列. 那么这些收敛子列的极限和上下极限有什么关系？为此，我们引入聚点的概念.

定义 1.2　设 $\{a_n\}$ 为有界数列，ξ 为给定的实数，如果存在 $\{a_n\}$ 的子列 $\{a_{n_k}\}$ 使得 $\lim\limits_{k\to+\infty}a_{n_k}=\xi$，称 ξ 为数列 $\{a_n\}$ 的一个聚点或极限点.

二、性质

利用定义，可以得到聚点的等价条件.

性质 1.1　ξ 为数列 $\{a_n\}$ 的聚点的充要条件为：对任意的 $\varepsilon>0$，$U(\xi,\varepsilon)$ 中含有 $\{a_n\}$ 的无穷多项.

证明　只证明充分性. 取 $\varepsilon=\dfrac{1}{n}$，则 $n=1$ 时，必存在一项记为 a_{n_1}，使得 $|a_{n_1}-\xi|<1$；$n=2$ 时，必存在一项记为 a_{n_2}，使得 $|a_{n_2}-\xi|<\dfrac{1}{2}$；如此下去，构造子列 $\{a_{n_k}\}$，使得 $|a_{n_k}-\xi|<\dfrac{1}{k}$，因而，$\lim\limits_{k\to+\infty}a_{n_k}=\xi$，$\xi$ 为数列 $\{a_n\}$ 的一个聚点.

性质 1.1 表明了聚点的几何意义(图 10-1)：邻域 $U(\xi,\varepsilon)$ 内一定含有 $\{a_n\}$ 的无穷多项，但是，在 $U(\xi,\varepsilon)$ 外，可能有 $\{a_n\}$ 的无穷多项，也可能有 $\{a_n\}$ 的有限项.

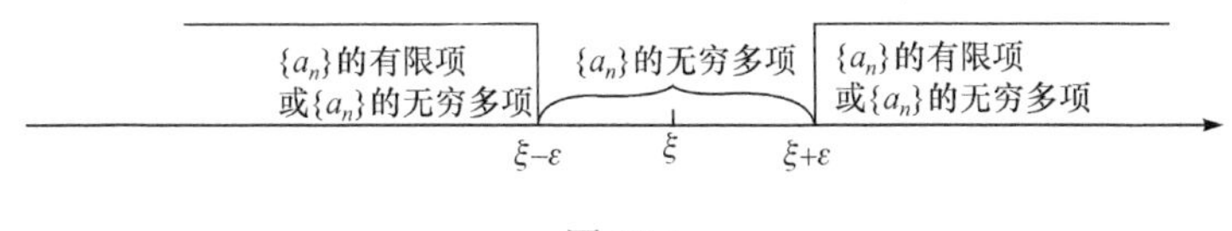

图 10-1

继续研究聚点的性质. 由 Weierstrass 定理，有界数列的聚点肯定存在，因此，若记 $E=\{\xi:\xi\text{为}\{a_n\}\text{的聚点}\}$，则 E 是一个非空有界的集合，称 E 为数列 $\{a_n\}$ 的**聚点集**. 由确界存在定理，集合 E 的上下确界都存在，事实上，我们将证明：数列 $\{a_n\}$ 的上、下极限正是对应的聚点集 E 的上、下确界，即 $H=\sup E$，$h=\inf E$，不仅如此，还可以进一步证明，上下确界都是可达的，即 $H=\max E$，$h=\min E$，因此，上下极限实际就是数列的最大聚点和最小聚点. 下面，我们先给出上下极限的性质，再建立一系列对应的结论.

定理 1.1　设 $H=\overline{\lim\limits_{n\to\infty}}a_n$，则对任意 $\varepsilon>0$，必有 $\{a_n\}$ 的无穷多项属于

$(H-\varepsilon\ ,\ H+\varepsilon)$，至多有有限项属于$(H+\varepsilon\ ,\ +\infty)$.

证明 首先证明$\{a_n\}$中有无限多限项大于$H-\varepsilon$.

反证法 设存在$\varepsilon_0>0$，使得$\{a_n\}$中至多有有限项大于$H-\varepsilon_0$，则存在n_0，使得$n>n_0$时，

$$a_n \leqslant H-\varepsilon_0,$$

因而，当$n>n_0$时，

$$\beta_n=\sup\{a_{n+1},a_{n+2},\cdots\}\leqslant H-\varepsilon_0,$$

故，$H=\lim\limits_{n\to\infty}\beta_n\leqslant H-\varepsilon_0$，矛盾.

再证$\{a_n\}$中至多有有限项属于$(H+\varepsilon\ ,\ +\infty)$.

由定义，对$\forall\varepsilon>0$，存在$N>0$，使得$n>N$时，

$$\beta_n<H+\varepsilon,$$

因而，

$$\sup\{a_{N+1},a_{N+2},\cdots\}<H+\varepsilon,$$

故，$n>N$时，$a_n<H+\varepsilon$. 因此，$\forall\varepsilon>0$，至多有N项属于$(H+\varepsilon\ ,\ +\infty)$.

定理 1.1 表明了上极限与数列极限对应的性质有明显的区别，体现了几何意义(图 10-2)：邻域$U(H,\varepsilon)$内一定含有$\{a_n\}$的无穷多项，但是，在$U(H,\varepsilon)$外，$(H+\varepsilon\ ,\ +\infty)$中最多含有$\{a_n\}$的有限项，$(-\infty\ ,\ H-\varepsilon\ )$可能有$\{a_n\}$的无穷多项，也可能有有限项.

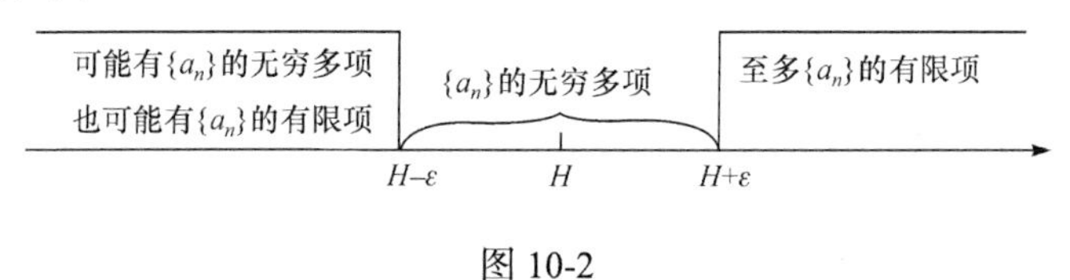

图 10-2

对下极限有类似的结论.

定理 1.2 设$h=\varliminf\limits_{n\to\infty}a_n$，则对任意$\varepsilon>0$，必有$\{a_n\}$的无穷多项属于$(h-\varepsilon\ ,\ h+\varepsilon)$，至多有有限项属于$(-\infty\ ,\ h-\varepsilon)$.

定理 1.3 H是$\{a_n\}$最大的聚点，h是$\{a_n\}$最小的聚点. 即

$$H=\max E,\quad h=\min E.$$

证明 仅对H进行证明，分两步证明：先证$H\in E$，再证明对任意的$\xi\in E$，都有$\xi\leqslant H$.

由定理 1.1，对任意$\varepsilon>0$，必有$\{a_n\}$的无穷多项属于$(H-\varepsilon\ ,\ H+\varepsilon)$，因而，取$\varepsilon=1$，则存在$n_1$，使得$H-1<a_{n_1}<H+1$；取$\varepsilon=\dfrac{1}{2}$，则在$\{a_n\}_{n>n_1}$中，仍有无穷

多项属于$\left(H-\frac{1}{2}, H+\frac{1}{2}\right)$，因而，存在$n_2>n_1$，使得$H-\frac{1}{2}<a_{n_2}<H+\frac{1}{2}$，如此下去，可以构造子列$\{a_{n_k}\}\subset\{a_n\}$，使得$H-\frac{1}{k}<a_{n_k}<H+\frac{1}{k}$，因而，$\lim\limits_{k\to\infty}a_{n_k}=H$，故$H\in E$.

对任意的$\xi\in E$，则存在$\{a_{n_l}\}\subset\{a_n\}$，使得$\lim\limits_{l\to\infty}a_{n_l}=\xi$. 若$\xi>H$，任取$\varepsilon\in\left(0, \frac{\xi-H}{2}\right)$，令$\varepsilon_1=\frac{\xi-H}{2}-\varepsilon>0$，则对$\varepsilon_1$，存在$l_0>0$，当$l>l_0$时，

$$a_{n_l}>\xi-\varepsilon_1=\frac{\xi+H}{2}+\varepsilon>H+\varepsilon,$$

与定理1.1矛盾. 故$\xi\leqslant H$. 因此 $H=\max E$. 证毕

总结 定理1.3表明, 有界数列的上、下极限是所有收敛子列的极限的最大、最小值, 其聚点集E是有界集合, 聚点集的上下确界都是可达的, 且

$$H=\max E=\sup E,\quad h=\min E=\inf E.$$

聚点是数集的一类特殊点, 上下极限又是特殊的聚点, 引入这些概念正是利用特殊研究一般的研究思想的体现.

因此, 自然成立下列结论.

性质 1.2 1) 存在子列$\{a_{n_l}\},\{a_{n_k}\}$，使得

$$\lim_{l\to+\infty}a_{n_l}=H,\quad \lim_{k\to+\infty}a_{n_k}=h;$$

2) $\lim\limits_{n\to\infty}a_n=A$的充分必要条件是$\overline{\lim\limits_{n\to\infty}}a_n=\underline{\lim\limits_{n\to\infty}}a_n=A$.

我们将上述定义和结论进一步推广到无界数列.

设$\{a_n\}$为无上界的数列，规定$\overline{\lim\limits_{n\to\infty}}a_n=+\infty$；设$\{a_n\}$为无下界的数列，规定$\underline{\lim\limits_{n\to\infty}}a_n=-\infty$，相应的结论可以推广.

定理 1.4 1) 设$H=\overline{\lim\limits_{n\to\infty}}a_n$，则当$H=+\infty$时, 对任意$M>0$，必有$\{a_n\}$的无穷多项属于$(M, +\infty)$；当$H=-\infty$时, 必有$\lim\limits_{n\to+\infty}a_n=-\infty$.

2) $h=\underline{\lim\limits_{n\to\infty}}a_n$，则当$h=-\infty$时，对任意$M>0$，必有$\{a_n\}$的无穷多项属于$(-\infty, -M)$；当$h=+\infty$时$\lim\limits_{n\to+\infty}a_n=+\infty$.

注 性质1.2当A为正无穷或负无穷时仍成立.

例 1 记$a_n=n+(-1)^n n$，计算H和h.

解 由于$a_n\geqslant 0$且$a_{2n+1}=0$，$a_{2n}=2n$，故，$H=+\infty$，$h=0$.

例 2 记$a_n=\cos\frac{n}{4}\pi$，计算H和h.

解 由于$|a_n|\leqslant 1$，且 $a_{8k}\to 1$，$a_{4(2k+1)}\to -1$，故$H=1$，$h=-1$.

例 3 设$\{x_n\}$，$\{y_n\}$有界，证明

$$\overline{\lim_{n\to+\infty}}(x_n+y_n)\leqslant\overline{\lim_{n\to+\infty}}x_n+\overline{\lim_{n\to+\infty}}y_n .$$

证明 由于$\{x_n\}$，$\{y_n\}$有界，所以$\overline{\lim\limits_{n\to+\infty}}(x_n+y_n)$，$\overline{\lim\limits_{n\to+\infty}}x_n$和$\overline{\lim\limits_{n\to+\infty}}y_n$都有界.

法一 用定义法. 由定义，对任意给定的正整数k，对任意$\lambda>k$，

$$x_\lambda\leqslant\sup_{n>k}\{x_n\}，y_\lambda\leqslant\sup_{n>k}\{y_n\},$$

因而,

$$x_\lambda+y_\lambda\leqslant\sup_{n>k}\{x_n\}+\sup_{n>k}\{y_n\},$$

由λ的任意性，则

$$\sup_{n>k}\{x_n+y_n\}\leqslant\sup_{n>k}\{x_n\}+\sup_{n>k}\{y_n\},$$

故，结论成立.

法二 用性质证明. 记$\alpha=\overline{\lim\limits_{n\to+\infty}}x_n$，$\beta=\overline{\lim\limits_{n\to+\infty}}y_n$，则对任意$\varepsilon>0$，至多有有限个$x_n\in(\alpha+\varepsilon,+\infty)$，因而，存在$N_1$,使得$n>N_1$时,

$$x_n\leqslant\alpha+\varepsilon ;$$

同样，至多有有限个$y_n\in(\beta+\varepsilon,+\infty)$，因而，存在$N_2$，当 $n>N_2$时,

$$y_n\leqslant\beta+\varepsilon ;$$

取$N=\max\{N_1, N_2\}$，则当$n>N$时,

$$x_n+y_n\leqslant\alpha+\beta+2\varepsilon ;$$

故

$$\overline{\lim_{n\to+\infty}}(x_n+y_n)\leqslant\alpha+\beta+2\varepsilon ,$$

由ε的任意性，即得结论.

法三 转化为收敛子列的极限来讨论.

记$\alpha=\overline{\lim\limits_{n\to+\infty}}x_n$，$\beta=\overline{\lim\limits_{n\to+\infty}}y_n$，$\gamma=\overline{\lim\limits_{n\to+\infty}}(x_n+y_n)$，则存在子列$\{x_{n_k}+y_{n_k}\}$，使得

$$\lim_{k\to+\infty}(x_{n_k}+y_{n_k})=\gamma ,$$

又$\overline{\lim\limits_{k\to+\infty}}x_{n_k}\leqslant\alpha$，$\overline{\lim\limits_{k\to+\infty}}y_{n_k}\leqslant\beta$，则存在子列 $\{x_{n_{k_l}}\}$，$\{y_{n_{k_l}}\}$，使得

$$\lim_{l\to+\infty}x_{n_{k_l}}=\alpha_1\leqslant\alpha,\quad \lim_{l\to+\infty}y_{n_{k_l}}=\beta_1\leqslant\beta ,$$

故，$\lim\limits_{l\to+\infty}(x_{n_{k_l}}+y_{n_{k_l}})=\alpha_1+\beta_1\leqslant\alpha+\beta$.

另，作为收敛数列的子列，还有$\lim\limits_{l\to+\infty}(x_{n_{k_l}}+y_{n_{k_l}})=\gamma$，因而

$$\gamma\leqslant\alpha+\beta,$$

即结论成立.

注 法三的研究思想是利用上下极限的性质，将上下极限问题转化为收敛数列的极限来讨论，从而可以利用数列极限的理论研究上下极限问题，是研究上下极限问题的有效方法，这一研究思想在确界问题的研究中已经运用过.

例 4 设$x_n>0$，$\varliminf\limits_{n\to+\infty}x_n\neq0$，则$\varlimsup\limits_{n\to+\infty}\dfrac{1}{x_n}=\dfrac{1}{\varliminf\limits_{n\to+\infty}x_n}$.

证明 设$\varliminf\limits_{n\to+\infty}x_n=\alpha\neq0$，则存在$\{x_{n_k}\}$使得$\lim\limits_{k\to+\infty}x_{n_k}=\alpha$，因而，

$$\frac{1}{\varliminf\limits_{n\to+\infty}x_n}=\frac{1}{\alpha}=\frac{1}{\lim\limits_{k\to+\infty}x_{n_k}}=\lim_{k\to+\infty}\frac{1}{x_{n_k}}\leqslant\varlimsup_{n\to+\infty}\frac{1}{x_n}.$$

另一方面，设$\varlimsup\limits_{n\to+\infty}\dfrac{1}{x_n}=\beta$，则存在子列$\{x_{n_l}\}$使得$\lim\limits_{l\to+\infty}\dfrac{1}{x_{n_l}}=\beta$，由极限性质，则$\{x_{n_l}\}$也收敛且$\lim\limits_{l\to+\infty}x_{n_l}=\dfrac{1}{\beta}$，因而

$$\varlimsup_{n\to+\infty}\frac{1}{x_n}=\beta=\lim_{l\to+\infty}\frac{1}{x_{n_l}}=\frac{1}{\lim\limits_{l\to+\infty}x_{n_l}}\leqslant\frac{1}{\varliminf\limits_{n\to+\infty}x_n},$$

因此，成立$\varlimsup\limits_{n\to+\infty}\dfrac{1}{x_n}=\dfrac{1}{\varliminf\limits_{n\to+\infty}x_n}$.

例 5 设$x_n\geqslant0$，$y_n\geqslant0$，证明

$$\varliminf_{n\to+\infty}(x_n\cdot y_n)\geqslant\varliminf_{n\to+\infty}x_n\cdot\varliminf_{n\to+\infty}y_n.$$

证明 记$\varliminf\limits_{n\to+\infty}(x_n\cdot y_n)=\gamma$，$\varliminf\limits_{n\to+\infty}x_n=\alpha$，$\varliminf\limits_{n\to+\infty}y_n=\beta$，则存在子列使得$\lim\limits_{k\to+\infty}(x_{n_k}\cdot y_{n_k})=\gamma$，而

$$\varliminf_{k\to+\infty}x_{n_k}=\alpha_1\geqslant\alpha,\quad\varliminf_{k\to+\infty}y_{n_k}=\beta_1\geqslant\beta,$$

故存在子列$\lim\limits_{l\to+\infty}x_{n_{k_l}}=\alpha_1$，$\lim\limits_{l\to+\infty}y_{n_{k_l}}=\beta_1$，因而

$$\begin{aligned}\gamma&=\varliminf_{n\to+\infty}(x_n\cdot y_n)=\lim_{k\to+\infty}(x_{n_k}\cdot y_{n_k})=\lim_{l\to+\infty}(x_{n_{k_l}}\cdot y_{n_{k_l}})\\&=\lim_{l\to+\infty}x_{n_{k_l}}\cdot\lim_{l\to+\infty}y_{n_{k_l}}=\alpha_1\cdot\beta_1\geqslant\alpha\cdot\beta.\end{aligned}$$

总结 观察上述几个例子，将上下极限问题，通过转化为收敛子列的极限问

题, 利用极限的运算性质, 达到证明上下极限关系的目的, 这是处理上下极限问题的一个重要方法, 应熟练掌握.

习　题　10.1

1. 计算下列数列的上下极限.

1) $x_n=\dfrac{1+(-1)^n n}{n}$;　　　　2) $x_n=1+\sin\dfrac{n\pi}{2}$.

2. 证明: $\varliminf\limits_{n\to+\infty}(x_n+y_n)\geqslant\varliminf\limits_{n\to+\infty}x_n+\varliminf\limits_{n\to+\infty}y_n$.

3. 设 $x_n\geqslant 0$, $y_n\geqslant 0$, 证明:

$$\varlimsup_{n\to+\infty}(x_n\cdot y_n)\leqslant\varlimsup_{n\to+\infty}x_n\cdot\varlimsup_{n\to+\infty}y_n .$$

4. 证明: $\varliminf\limits_{n\to+\infty}x_n-\varlimsup\limits_{n\to+\infty}y_n\leqslant\varlimsup\limits_{n\to+\infty}(x_n-y_n)\leqslant\varlimsup\limits_{n\to+\infty}x_n-\varliminf\limits_{n\to+\infty}y_n$.

5. 设 $x_n>0$, $\varlimsup\limits_{n\to+\infty}x_n\cdot\varlimsup\limits_{n\to+\infty}\dfrac{1}{x_n}=1$, 证明: $\{x_n\}$ 收敛.

10.2　数项级数的基本概念

本节, 我们引入数项级数的概念, 并研究其基本性质.

一、基本概念

设 $\{u_n\}$ 是给定的数列.

定义 2.1　无限可列个数的和

$$u_1+u_2+\cdots+u_n+\cdots,$$

称为数项级数, 简称级数, 记为 $\sum\limits_{n=1}^{\infty}u_n$, 其中 u_n 称为级数 $\sum\limits_{n=1}^{\infty}u_n$ 的通项.

结构分析　从定义看, 数项级数就是无限个实数的和, 类比已知, 我们已经学习和掌握了有限个实数和的运算性质, 因此, 从结构形式上, 数项级数就是有限和运算的推广. 注意到“无限”的不确定性, 这是无限和有限的重要区别, 由此决定了定义是形式的. 因为此时无限可列个数的和 $\sum\limits_{n=1}^{\infty}u_n$ 是否存在是不确定的. 如根据等比数列的计算公式可知 $\sum\limits_{n=0}^{\infty}\dfrac{1}{2^n}=2$, $\sum\limits_{n=1}^{\infty}2^n=+\infty$, 显然级数 $\sum\limits_{n=1}^{\infty}(-1)^n$ 的和不存在.

由此决定了数项级数的研究内容:

1) 无限和有意义吗?——数项级数的敛散性问题;

2) 如何判断无限和是否有意义——收敛性的判别问题, 即判别法则, 也是数项级数的核心理论.

那么, 如何建立数项级数的相关理论?

从科学研究的角度, 我们先分析数项级数——作为未知的、将要被研究的东西和我们已经掌握的知识的联系与区别. 从形式上看, 数项级数是无穷多个数的和, 作为数的和, 我们已经掌握了有限个数的和的定义、运算和性质, 因此, 很自然的想法是: 如何将有限个数的和的定义、运算和性质推广到无限个数的和, 由此得到关于级数的定义和性质. 因此, 解决问题的关键是如何将“有限”过渡到“无限”——这正是极限方法的思想, 由此决定我们本节所采用的研究思想: 通过有限和的极限引入无限和——收敛的级数, 利用极限的性质研究收敛级数的性质. 下面, 将按上述思想引入本节的概念和性质. 为此先引入一个有限和——级数的部分和.

定义 2.2 称级数的前 n 项和

$$S_n=\sum_{k=1}^{n}u_k=u_1+u_2+\cdots+u_n$$

为级数 $\sum_{n=1}^{\infty}u_n$ 的部分和.

显然, 部分和是有限和, 下面, 通过部分和的极限过渡到无限和, 进而引入级数的收敛性.

定义 2.3 若部分和数列 $\{S_n\}$ 收敛(于 S), 称级数 $\sum_{n=1}^{\infty}u_n$ 收敛(于 S), 此时, 记 $\sum_{n=1}^{\infty}u_n=S$, S 也称为级数 $\sum_{n=1}^{\infty}u_n$ 的和; 若部分和数列 $\{S_n\}$ 发散, 称级数 $\sum_{n=1}^{\infty}u_n$ 发散.

信息挖掘 1) 定义既是定性的, 也是定量的.

2) 由此定义可知, 只有当 $\sum_{n=1}^{\infty}u_n$ 收敛时, 无限和 $\sum_{n=1}^{\infty}u_n$ 才有意义, 此时, $\sum_{n=1}^{\infty}u_n$ 就是一个确定的数, 即 $\sum_{n=1}^{\infty}u_n=\lim\limits_{n\to+\infty}S_n$; 而当级数 $\sum_{n=1}^{\infty}u_n$ 发散时, 级数 $\sum_{n=1}^{\infty}u_n$ 只是一个记号或形式.

定义作用对象特征分析: 定义是最低层的工具, 只能处理简单结构, 因此, 通常用定义证明最简单的具体级数的敛散性; 但是, 涉及级数的定量分析(求和)时, 通常用定义处理. 注意到定义是通过部分和研究数项级数的敛散性, 因此, 类比已知, 能计算部分和的结构通常具有等比、等差或特殊的结构, 这些结构是定量分析级数的基础.

作为应用, 可以利用定义研究简单结构的数项级数的敛散性.

例 1 考察几何级数 $\sum_{n=1}^{\infty}q^n$ 的收敛性, 其中 $0<q<1$.

简析 通项具有等比结构, 可以利用对应的求和公式, 用定义考察其敛散性.

解 利用等比数列的求和公式可得

$$S_n=\sum_{k=1}^{n}q^k=\frac{q(1-q^n)}{1-q},$$

故, $\{S_n\}$ 收敛于 $\frac{q}{1-q}$, 因此, 几何级数 $\sum_{n=1}^{\infty}q^n$ 收敛于 $\frac{q}{1-q}$, 故, $\sum_{n=1}^{\infty}q^n=\frac{q}{1-q}$.

在考察级数的收敛性时, 还经常涉及另一个数列——余和.

定义 2.4 称 $r_n=u_{n+1}+u_{n+2}+\cdots$ 为级数 $\sum_{n=1}^{\infty}u_n$ 的余和.

部分和和余和的区别和联系.

1) 部分和是有限和, 因此, 只要级数 $\sum_{n=1}^{\infty}u_n$ 给定, 部分和就确定了; 余和和级数一样, 仍是一个无限和, 因此, 在不知道其收敛的情形下, 余和仍只是一个形式或记号.

2) 若级数 $\sum_{n=1}^{\infty}u_n$ 收敛于 S, 则

$$r_n=S-S_n=u_{n+1}+u_{n+2}+\cdots,$$

此时, 余和是一个收敛于 0 的级数, 反之也成立, 这就是下面的定理.

定理 2.1 级数 $\sum_{n=1}^{\infty}u_n$ 收敛等价于余和收敛于 0.

证明 考察部分和与余和的 Cauchy 片段的关系. 显然, 对任意的 n,p,

$$|r_{n+p}-r_n|=|u_{n+1}+u_{n+2}+\cdots+u_{n+p}|=|S_{n+p}-S_n|,$$

即二者有相同的 Cauchy 片段, 因而, $\{S_n\}$ 和 $\{r_n\}$ 具有相同的收敛性. 因此, 由定义, $\sum_{n=1}^{\infty}u_n$ 收敛等价于 $\{S_n\}$ 收敛于 S, 进一步等价于 $\{r_n\}$ 收敛于 0.

由此可以发现, 部分和及余和都能刻画级数的敛散性.

二、收敛级数的性质

利用定义和极限的性质, 很容易得到收敛级数的性质.

1. 线性性质

性质 2.1 设 $\sum_{n=1}^{\infty}u_n$, $\sum_{n=1}^{\infty}v_n$ 是两个收敛的数项级数, 则对任意的实数 a, b, 级

数$\sum_{n=1}^{\infty}(au_n+bv_n)$也收敛且

$$\sum_{n=1}^{\infty}(au_n+bv_n)=a\sum_{n=1}^{\infty}u_n+b\sum_{n=1}^{\infty}v_n .$$

2. 不变性

性质 2.2 设$\sum_{n=1}^{\infty}u_n$收敛, 则对$\sum_{n=1}^{\infty}u_n$任意加括号后所成的级数

$$(u_1+u_2+\cdots+u_{i_1})+(u_{i_1+1}+\cdots+u_{i_2})+\cdots$$

也收敛且其和不变.

简析 到目前为止, 我们只学过级数的定义, 且要证明的结论还是定量的, 因此, 本性质的证明必须采用定义, 实质是考察二者的部分和关系.

证明 记$S_n=\sum_{k=1}^{n}u_k$, $A_n=\sum_{k=1}^{n}(u_{i_{k-1}+1}+\cdots+u_{i_k})$为两个级数相应的部分和, 考察二者之间的关系, 则

$$A_1=u_1+\cdots+u_{i_1}=S_{i_1},$$
$$A_2=u_1+\cdots+u_{i_2}=S_{i_2},$$
$$\cdots\cdots$$
$$A_n=u_1+\cdots+u_{i_n}=S_{i_n}.$$

因而, 数列$\{A_n\}$是数列$\{S_n\}$的子列,由于$\{S_n\}$收敛, 因而, $\{A_n\}$也收敛, 且$\lim_{n\to+\infty}A_n=\lim_{n\to+\infty}S_n$.

抽象总结 1) 从性质 2.2 的结构看, 此性质表明, 在收敛的条件下, 无限和的运算也满足结合律.

2) 由于子列收敛不一定保证原数列收敛, 因而, 性质 2.2 的逆不成立. 如$\sum_{n=1}^{\infty}(-1)^{n+1}$是发散的数项级数, 但若从第一项开始, 相邻两项加括号, 可得收敛于0的级数$\sum_{n=1}^{\infty}(1-1)=0$.

3. 必要条件

下面的性质揭示了收敛级数的结构特征.

性质 2.3 设$\sum_{n=1}^{\infty}u_n$收敛, 则必有$\lim_{n\to+\infty}u_n=0$.

事实上, 设$\sum_{n=1}^{\infty}u_n=S$, 则

$$u_n = S_n - S_{n-1} \to S - S = 0 .$$

此条件非充分，如$\sum_{n=1}^{\infty}\frac{1}{n}$，有$u_n = \frac{1}{n} \to 0$，但此级数发散.

此必要条件常用于判断级数的发散性.

例 2 判断$\sum_{n=1}^{\infty} n\ln\left(1+\frac{1}{n}\right)$的敛散性.

解 由于

$$\lim_{n\to+\infty} n\ln\left(1+\frac{1}{n}\right) = 1 \neq 0 ,$$

因而，$\sum_{n=1}^{\infty} n\ln\left(1+\frac{1}{n}\right)$发散.

因此，在判断级数的敛散性时，首先考察通项的极限，若$\{u_n\}$不存在极限或存在极限但不为 0，级数肯定发散；在$\{u_n\}$收敛于 0 的条件下，再进一步判断其敛散性，这是判断级数敛散性的一般程序.

性质 2.3 的另一个应用是用于研究数列的收敛于 0 的性质，即要证明$\lim_{n\to+\infty} u_n = 0$，只需证明$\sum_{n=1}^{\infty} u_n$收敛. 而在有些时候，证明$\sum_{n=1}^{\infty} u_n$的收敛性比证明数列$\{u_n\}$的收敛性更简单，如利用后面我们给出的判别法很容易判断$\sum_{n=1}^{\infty}\frac{(2n)!}{2^{n(n+1)}}$收敛，因而，$\lim_{n\to+\infty}\frac{(2n)!}{2^{n(n+1)}} = 0$(具体的例子将在后面给出).

4. 充要条件——Cauchy 收敛准则

涉及极限的地方都有相应的 Cauchy 收敛准则，利用部分和数列收敛的 Cauchy 收敛准则，容易得到判断级数收敛的充分必要条件，即相应的 Cauchy 收敛准则.

性质 2.4 级数$\sum_{n=1}^{\infty} u_n$收敛的充要条件是对任意的$\varepsilon > 0$，存在$N > 0$使得$n > N$时，对任意的自然数p都成立

$$|u_{n+1} + \cdots + u_{n+p}| < \varepsilon .$$

和数列收敛的 Cauchy 准则一样，N 仅依赖于ε，与p无关. 也常称$|u_{n+1} + \cdots + u_{n+p}|$为级数的 Cauchy 片段.

Cauchy 收敛准则应用分析：

1) **Cauchy 收敛准则结构分析** Cauchy 收敛准则是判断极限存在(收敛性)的

一般准则. 由 Cauchy 收敛准则, $\sum_{n=1}^{\infty} u_n$ 收敛的充要条件是充分远的 Cauchy 片段任意小, 故级数的敛散性与级数的前面有限项无关, 因而, 去掉或增加或改变级数的有限项不改变级数的敛散性, 但对收敛级数, 上述的改变, 虽然不改变收敛性, 但会改变收敛级数的和.

2) **应用方法分析**　用 Cauchy 收敛准则判断级数的收敛性时, 关键是对 Cauchy 片段作估计, 从结构上看, 类似于用定义考察数列的极限问题, 因此, 相应的放大方法可以移植到级数收敛性的判断上. 即要判断级数的收敛性, 通常对 Cauchy 片断寻求如下形式的估计(去掉 p 的影响):

$$|S_{n+p}-S_n|=|u_{n+1}+\cdots+u_{n+p}|\leqslant G(n),$$

其中, $G(n)$满足与 p 无关、单调递减且 $G(n)\to 0$; 求解 $G(n)<\varepsilon$ 确定 N.

而在用 Cauchy 收敛准则判断发散性时, 要用缩小法, 需要对 Cauchy 片段作反向估计, 即寻求如下的估计:

$$|S_{n+p}-S_n|=|u_{n+1}+\cdots+u_{n+p}|\geqslant C(n,p),$$

通过取特定的关系 $p=p(n)$能使 $C(n,p)\geqslant \varepsilon_0>0$, 由此得到发散性.

3) **作用特征**　由于这是一个一般性的判别方法, 理论意义更大, 通常作用于抽象对象, 也用于简单的具体对象. 同时, 由于条件是充要条件, 因此, 即可以判定收敛性, 也可以判定发散性. 它还是一个利用自身结构特点判定其敛散性的法则, 不需要与其他的级数作比较进行判断, 这也和后面的比较判别法则形成了对比和差别.

例 3　证明: 1) $\sum_{n=1}^{\infty}\frac{1}{n}$ 发散; 2) $\sum_{n=1}^{\infty}\frac{1}{n^2}$ 收敛.

简析　我们在数列极限理论中讨论过类似的结构, 类比已知, 可以用 Cauchy 收敛准则讨论其敛散性.

证明　1) 记 $S_n=\sum_{k=1}^{n}\frac{1}{k}$, 考察其 Cauchy 片段, 则

$$|S_{n+p}-S_n|=\sum_{k=n+1}^{n+p}\frac{1}{k}>\frac{p}{n+p},$$

因而, 对任意 n, 取 $p=n$, 则

$$|S_{n+p}-S_n|>\frac{1}{2},$$

故 $\{S_n\}$ 发散, 因此, $\sum_{n=1}^{\infty}\frac{1}{n}$ 发散.

2) 考察 Cauchy 片段, 由于

$$\frac{1}{(n+1)^2}+\cdots+\frac{1}{(n+p)^2}\leqslant\frac{1}{n(n+1)}+\cdots+\frac{1}{(n+p-1)(n+p)}$$
$$=\frac{1}{n}-\frac{1}{n+p}<\frac{1}{n},$$

故, 对任意的$\varepsilon>0$, 存在$N=\left[\frac{1}{\varepsilon}\right]+1$, 则当$n>N$时, 对任意$p$成立

$$\frac{1}{(n+1)^2}+\cdots+\frac{1}{(n+p)^2}<\frac{1}{n}<\varepsilon,$$

故, $\sum_{n=1}^{\infty}\frac{1}{n^2}$收敛.

例 4　判断级数$\sum_{n=1}^{\infty}\frac{(-1)^{n+1}}{n}$的敛散性.

简析　我们在数列极限理论中讨论过类似的结构, 类比已知, 可以用 Cauchy 收敛准则讨论其敛散性.

证明　其 Cauchy 片段为

$$|S_{n+p}-S_n|=\left|\frac{1}{n+1}-\frac{1}{n+2}+\cdots+\frac{(-1)^{p-1}}{n+p}\right|,$$

p为奇数时,

$$\left|S_{n+p}-S_n\right|=\frac{1}{n+1}-\left(\frac{1}{n+2}-\frac{1}{n+3}\right)-\cdots-\left(\frac{1}{n+p-1}-\frac{1}{n+p}\right)<\frac{1}{n+1},$$

p为偶数时,

$$|S_{n+p}-S_n|=\frac{1}{n+1}-\left(\frac{1}{n+2}-\frac{1}{n+3}\right)-\cdots-\left(\frac{1}{n+p-2}-\frac{1}{n+p-1}\right)-\frac{1}{n+p}<\frac{1}{n+1},$$

故, 总有$|S_{n+p}-S_n|<\frac{1}{n+1}$, 因而, 类似可以证明$\sum_{n=1}^{\infty}\frac{(-1)^{n+1}}{n}$收敛.

例 5　设$\sum_{n=1}^{\infty}(u_{2n-1}+u_{2n})$收敛, 且$\lim_{n\to+\infty}u_n=0$, 证明: $\sum_{n=1}^{\infty}u_n$收敛.

分析　证明思路仍然是考察部分和的关系.

证明　记$A_n=\sum_{k=1}^{n}(u_{2k-1}+u_{2k})$, $S_n=\sum_{k=1}^{n}u_k$, 则

$$S_{2n}=A_n,\quad S_{2n+1}=A_n+u_{2n+1},$$

因为 $\sum_{n=1}^{\infty}(u_{2n-1}+u_{2n})$ 收敛, 故 $\lim_{n\to+\infty}A_n=A$ 存在, 因而,

$$\lim_{n\to+\infty}S_{2n}=\lim_{n\to+\infty}S_{2n+1}=A,$$

故, $\lim_{n\to+\infty}S_n=A$, 因而, $\sum_{n=1}^{\infty}u_n$ 收敛.

习 题 10.2

1. 本节给出的讨论数项级数的敛散性的方法有哪些? 一般的讨论敛散性的步骤是什么? 据此讨论下列级数 $\sum_{n=1}^{\infty}u_n$ 的敛散性, 其中

1) $u_n=\dfrac{1+(-1)^n2^n}{3^n}$; 2) $u_n=\dfrac{1}{n(n+1)}$;

3) $u_n=\left(1+\dfrac{1}{n}\right)^n$; 4) $u_n=\dfrac{1}{n^2}-\dfrac{1}{n}$.

2. 计算下列级数 $\sum_{n=1}^{\infty}u_n$ 的和, 其中:

1) $u_n=\dfrac{1}{(2n+1)(2n-1)}$; 2) $u_n=\sqrt{n+2}-2\sqrt{n+1}+\sqrt{n}$.

3. 给出命题: 给定正整数 $p>0$, 则

$$\sum_{n=1}^{\infty}\frac{1}{n(n+p)}=\frac{1}{p}\left(1+\frac{1}{2}+\cdots+\frac{1}{p}\right).$$

分析命题结论的属性, 说明证明命题的思路是如何形成的? 给出命题的证明.

4. 设 $\sum_{n=1}^{\infty}u_n$ 收敛, 证明: $\sum_{n=1}^{\infty}\frac{1}{2}(u_n+u_{n+1})$ 也收敛, 且成立

$$\sum_{n=1}^{\infty}\frac{1}{2}(u_n+u_{n+1})=2\sum_{n=1}^{\infty}u_n.$$

5. 设 $\sum_{n=1}^{\infty}n(u_n-u_{n-1})$ 收敛且 $\{nu_n\}$ 收敛, 证明: $\sum_{n=1}^{\infty}u_n$ 收敛.

要求 进行思路分析: 目前证明级数收敛的工具有哪些? 类比所给的已知条件, 要建立的主要关系是什么? (问题解决的重点是什么?)给出证明.

6. 设对任意的正整数 p, 都有 $\lim_{n\to\infty}(u_{n+1}+u_{n+2}+\cdots+u_{n+p})=0$, 问 $\sum_{n=1}^{\infty}u_n$ 是否收敛? 为什么?

10.3 正 项 级 数

10.2 节中, 我们引入了数项级数的收敛性的定义, 并给出一个普遍性的判别

法则——Cauchy 准则, 但是, 要通过上述两个方法判断更一般级数的敛散性是很困难的, 必须借助其他的手段获得敛散性, 这就需要一系列判别法则, 从本节开始, 我们从最简单的正项级数开始, 建立级数敛散性的判别法则.

一、定义和基本定理

1. 定义

定义 3.1 若数项级数 $\sum_{n=1}^{\infty} u_n$ 的通项满足 $u_n > 0$, 则称数项级数 $\sum_{n=1}^{\infty} u_n$ 为正项级数.

2. 基本定理

根据定义, 我们挖掘正项级数的结构特征:

设 $\sum_{n=1}^{\infty} u_n$ 是给定的正项级数, 则其部分和 $S_n = \sum_{k=1}^{n} u_k$ 是单调递增有下界 0 的数列.

因此, 成立下面的结论.

定理 3.1(基本定理) 若正项级数 $\sum_{n=1}^{\infty} u_n$ 的部分和 $\{S_n\}$ 有上界, 则 $\sum_{n=1}^{\infty} u_n$ 必收敛. 否则, $\sum_{n=1}^{\infty} u_n$ 发散到 $+\infty$.

定理 3.1′(基本定理) 正项级数 $\sum_{n=1}^{\infty} u_n$ 收敛的充分必要条件为其部分和 $\{S_n\}$ 有界.

用基本定理判断正项级数的敛散性, 需要对部分和的上界进行估计, 这通常是很困难的, 我们需要更好的判别法则.

二、正项级数收敛性的判别法则

基于正项级数的结构特征, 我们建立一系列的判别法用于判断 $\sum_{n=1}^{\infty} u_n$ 的敛散性.

1. 基本判别法则——比较判别法

定理 3.2 设正项级数 $\sum_{n=1}^{\infty} u_n$, $\sum_{n=1}^{\infty} v_n$ 满足: 存在 C 和 N,使得 $n > N$ 时,

$u_n \leqslant Cv_n$ ，则

i) 若 $\sum_{n=1}^{\infty} v_n$ 收敛，则 $\sum_{n=1}^{\infty} u_n$ 也收敛；

ii) 若 $\sum_{n=1}^{\infty} u_n$ 发散，则 $\sum_{n=1}^{\infty} v_n$ 也发散.

简单地说，大的收敛，小的也收敛；小的发散，大的也发散.

只需利用基本定理比较其部分和关系即可证明结论，略去具体的证明.

抽象总结 比较判别法是正项级数的最基本的判别法则，将以此判别法为基础，通过与不同的标准对比，得到不同的判别法，当然，应用此判别法及以后由此导出的判别法时，首先必须选定作为比较对象的标准级数，因此，这些判别法通常应用于具体级数的敛散性的判别，通过对具体级数通项的结构分析，按照一定的要求确定比较对象，再用判别法进行判断.

由于要在两个通项间进行比较，定理 3.2 不好用，常用定理 3.2 的极限形式.

定理 3.2′ 若 $\lim_{n\to+\infty}\frac{u_n}{v_n}=l$，则

i) 当 $0<l<+\infty$ 时，$\sum_{n=1}^{\infty} u_n$，$\sum_{n=1}^{\infty} v_n$ 同时敛散；

ii) 当 $l=0$ 时，

若 $\sum_{n=1}^{\infty} v_n$ 收敛，则 $\sum_{n=1}^{\infty} u_n$ 也收敛，

若 $\sum_{n=1}^{\infty} u_n$ 发散，则 $\sum_{n=1}^{\infty} v_n$ 也发散；

iii) 当 $l=+\infty$ 时，

若 $\sum_{n=1}^{\infty} u_n$ 收敛，则 $\sum_{n=1}^{\infty} v_n$ 也收敛，

若 $\sum_{n=1}^{\infty} v_n$ 发散，则 $\sum_{n=1}^{\infty} u_n$ 也发散.

利用极限定义(取特殊的 ε)很容易建立级数通项之间的大小关系，然后，利用定理 3.2 就可以证明结论，我们也略去具体的证明.

比较判别法是判断正项级数敛散性的基本判别法，通过这个判别法，我们可以挖掘正项级数敛散性的深层次原因.

我们知道 $\lim_{n\to+\infty} u_n=0$ 是级数 $\sum_{n=1}^{\infty} u_n$ 收敛的必要条件，因而，通项为无穷小量的级数才有可能收敛；在数列极限理论中，我们知道无穷小量是极限为 0 的数列，虽然极限都为 0，无穷小量间还是有区别的，区别的一个重要指标就是无穷小量的

阶，即收敛于 0 的速度，因此，可以思考，通项为无穷小量的正项级数，其敛散性是否与通项的阶或其收敛于 0 的速度有关？试着从这个角度分析比较判别法，对正项级数，若 $u_n \leqslant Cv_n$ ，$n>N$ 且 $\sum_{n=1}^{\infty} v_n$ 收敛，则 $\lim_{n\to+\infty} v_n = 0$ ，因而此时必然有 $\lim_{n\to+\infty} u_n = 0$，且 $u_n \to 0$ 的速度要快于 $v_n \to 0$ 的速度，因此，速度越快，收敛的可能性也越大. 事实上，比较判别法正是通过比较速度获得敛散性的关系. 即 $0<l<+\infty$ 时，两个级数的通项具有相同的收敛速度，因而，两个级数也具有相同的敛散性. $l=0$ 时，通项 $u_n \to 0$ 的速度大于通项 $v_n \to 0$ 的速度，因此，由级数 $\sum_{n=1}^{\infty} v_n$ 的收敛性可以推出级数 $\sum_{n=1}^{\infty} u_n$ 收敛；同样，$l=+\infty$ 时，通项 $u_n \to 0$ 的速度小于通项 $v_n \to 0$ 的速度，因此，由 $\sum_{n=1}^{\infty} v_n$ 的发散性可以推出级数 $\sum_{n=1}^{\infty} u_n$ 发散.

通过上述分析，知道了决定正项级数敛散性的关键因素是通项为无穷小量时的阶，因此，结合数列极限中已经掌握的阶的理论(速度关系)，就可以利用已知的简单的收敛和发散级数，基于比较判别法得到更为复杂的级数的敛散性.

例 1　判断 $\sum_{n=1}^{\infty} \sin\frac{1}{n}$ 和 $\sum_{n=1}^{\infty}\left(1-\cos\frac{1}{n}\right)$ 的敛散性.

简析　目前已知敛散性的级数只有简单的几个，如 $\sum_{n=1}^{\infty}\frac{1}{n}$，$\sum_{n=1}^{\infty}\frac{1}{n^2}$，$\sum_{n=1}^{\infty} q^n (|q|<1)$，从这些级数中很容易确定作为比较的级数.

解　由于 $\sum_{n=1}^{\infty} \sin\frac{1}{n}$，$\sum_{n=1}^{\infty}\left(1-\cos\frac{1}{n}\right)$ 都是正项级数，且

$$\lim_{n\to+\infty}\frac{\sin\frac{1}{n}}{\frac{1}{n}} = 1,\quad \lim_{n\to+\infty}\frac{1-\cos\frac{1}{n}}{\frac{1}{n^2}} = \frac{1}{2},$$

因此，利用比较判别法得，$\sum_{n=1}^{\infty} \sin\frac{1}{n}$ 发散，$\sum_{n=1}^{\infty}\left(1-\cos\frac{1}{n}\right)$ 收敛.

2. Cauchy 判别法

我们已经知道了，级数的敛散性和其通项收敛于 0 的速度有关系，因此，将待判敛散性的级数通项与各种已知敛散性的级数通项作比较，就可以获得各种不同的判别法. Cauchy 判别法就是与几何级数作比较得到的判别法.

定理 3.3　设$\sum_{n=1}^{\infty}u_n$为正项级数,

i) 若存在$q\in(0,1)$, $N>0$, 使得$n>N$时有$\sqrt[n]{u_n}\leqslant q$, 则$\sum_{n=1}^{\infty}u_n$收敛;

ii) 若存在$N>0$,使得$n>N$时有$\sqrt[n]{u_n}\geqslant 1$, 则$\sum_{n=1}^{\infty}u_n$发散.

简析　所给的条件已经表明了两个级数通项间的关系, 因此, 直接利用比较判别法即可.

证明　i) 由条件得

$$u_n\leqslant q^n,\ n>N,$$

由于$\sum_{n=N}^{\infty}q^n$收敛, 因而, $\sum_{n=1}^{\infty}u_n$收敛.

ii) 由于$n>N$时, $u_n\geqslant 1$, 故u_n不收敛于 0, 因而, $\sum_{n=1}^{\infty}u_n$发散.

定理 3.3 的极限形式为

定理 3.3′　设$\sum_{n=1}^{\infty}u_n$为正项级数, 且$r=\overline{\lim_{n\to+\infty}}\sqrt[n]{u_n}$, 则

i) $r<1$时, 级数$\sum_{n=1}^{\infty}u_n$收敛;

ii) $r>1$时, 级数$\sum_{n=1}^{\infty}u_n$发散;

iii) $r=1$时, 级数$\sum_{n=1}^{\infty}u_n$的敛散性不能确定.

简析　证明的思路是从条件出发, 将极限所满足的条件形式进一步转化为通项所满足的如同定理 3.3 中的条件形式.

证明　i) 取$\varepsilon_0=\frac{1-r}{2}>0$, $q=r+\varepsilon_0$, 则$0<q<1$, 由上极限定义, 对此ε_0,存在$N>0$, 使得$n>N$时,

$$0\leqslant\sqrt[n]{u_n}\leqslant r+\varepsilon_0=q<1,$$

因此, 由定理 3. 3 即得结论.

ii) 取$\varepsilon_0>0$使得$q\triangleq r-\varepsilon_0>1$, 则存在子列$\{u_{n_k}\}$, 使得对充分大$n_k$,

$$\sqrt[n_k]{u_{n_k}}\geqslant r-\varepsilon_0=q>1,$$

因而, $\{u_n\}$不收敛于 0, 故$\sum_{n=1}^{\infty}u_n$发散.

iii) 如对级数 $\sum_{n=1}^{\infty}\frac{1}{n}$, $\sum_{n=1}^{\infty}\frac{1}{n^2}$, 都有 r=1, 但前者发散, 后者收敛.

上述的上极限条件形式可以改为极限形式, 即若 $r=\lim_{n\to+\infty}\sqrt[n]{u_n}$, 结论仍成立. 但应注意, 上极限肯定存在, 而极限不一定存在.

定理的逆不成立, 即若 $\sum_{n=1}^{\infty}u_n$ 收敛, 不能保证 $r=\overline{\lim_{n\to+\infty}}\sqrt[n]{u_n}<1$,但能保证 $r=\overline{\lim_{n\to+\infty}}\sqrt[n]{u_n}\leqslant 1$; 在相应极限存在的条件下, 只能保证 $\lim_{n\to+\infty}\sqrt[n]{u_n}\leqslant 1$, 也不能保证 $\lim_{n\to+\infty}\sqrt[n]{u_n}<1$.

结构分析　1) 通过证明过程可知, Cauchy 判别法在判断收敛性时是与几何级数 $\sum_{n=1}^{\infty}q^n$ 进行比较, 在判断发散性时, 是与通项不是无穷小量的对象进行比较. 由于几何级数中, 通项 $q^n\to 0$ 的速度为非确定的阶, 它比任何确定阶的无穷小量收敛于 0 的速度都快, 因而, 此判别法对通项为确定阶的无穷小量的正项级数失效.

2) 在具体的应用中, 由于需要计算 $\lim_{n\to+\infty}\sqrt[n]{u_n}$, 因此, 此方法适用于通项具有 n 幂结构的正项级数, 这是此判别法作用对象的结构特征.

例 2　判断级数 $\sum_{n=1}^{\infty}\frac{n^5}{2^n}$ 的敛散性.

简析　通项中含有两类因子, n 幂结构的因子为主要因子(或困难因子), 因此, 采用 Cauchy 判别法处理.

解　由于

$$\lim_{n\to+\infty}\left(\frac{n^5}{2^n}\right)^{\frac{1}{n}}=\lim_{n\to+\infty}\frac{n^{\frac{5}{n}}}{2}=\frac{1}{2}<1,$$

因而, $\sum_{n=1}^{\infty}\frac{n^5}{2^n}$ 收敛.

利用级数收敛的必要条件可得 $\lim_{n\to+\infty}\frac{n^5}{2^n}=0$, 由此, 进一步可以看到有时通过判断级数的收敛性计算数列的极限比直接计算极限还简单, 因此, 我们又掌握了一个计算极限的方法, 当然, 这种方法只能计算极限为 0 的数列的极限.

3. D'Alembert 判别法

此判别法仍是和几何级数作比较, 只是采用了另外一种表现形式.

定理 3.4　设 $\sum_{n=1}^{\infty}u_n$ 是正项级数,

i) 若存在 $N>0$, $q\in(0,1)$ 使得 $n>N$ 时, $\dfrac{u_{n+1}}{u_n}\leqslant q<1$, 则 $\sum\limits_{n=1}^{\infty}u_n$ 收敛;

ii) 若存在 $N>0$ 使得 $n>N$ 时, $\dfrac{u_{n+1}}{u_n}\geqslant 1$, 则 $\sum\limits_{n=1}^{\infty}u_n$ 发散.

思路分析　证明的思路仍然是将所给的条件形式转化为如同比较判别法中通项所满足的条件形式.

证明　i) 由于当 $n>N$ 时, $\dfrac{u_{n+1}}{u_n}\leqslant q$, 故此时 $u_{n+1}\leqslant qu_n$, 依次递推, 则有 $u_n\leqslant q^{n-N}u_N=Cq^n$, 其中 $C=q^{-N}u_N$. 故, $\sum\limits_{n=1}^{\infty}u_n$ 收敛.

ii) 当 $n>N$ 时, 则 $u_{n+1}\geqslant u_n$, 故 $\{u_n\}$ 不收敛于 0, 因而, $\sum\limits_{n=1}^{\infty}u_n$ 发散.

类似有此定理的极限形式.

定理 3.4′　设 $\sum\limits_{n=1}^{\infty}u_n$ 为正项级数,

i) 若 $\overline{\lim\limits_{n\to+\infty}}\dfrac{u_{n+1}}{u_n}=\bar{r}<1$, 则 $\sum\limits_{n=1}^{\infty}u_n$ 收敛;

ii) 若 $\underline{\lim\limits_{n\to+\infty}}\dfrac{u_{n+1}}{u_n}=\underline{r}>1$, 则 $\sum\limits_{n=1}^{\infty}u_n$ 发散;

iii) 若 $\bar{r}=1$ 或 $\underline{r}=1$, 则不能确定其敛散性.

还有下述的极限形式.

定理 3.5　设 $\sum\limits_{n=1}^{\infty}u_n$ 为正项级数, 若 $r=\lim\limits_{n\to+\infty}\dfrac{u_{n+1}}{u_n}$, 则 $r<1$ 时 $\sum\limits_{n=1}^{\infty}u_n$ 收敛; $r>1$ 时 $\sum\limits_{n=1}^{\infty}u_n$ 发散; $r=1$ 时级数 $\sum\limits_{n=1}^{\infty}u_n$ 的敛散性不能确定.

上述两个定理的证明与定理 3.4 的证明类似, 我们不再给出证明.

注意定理 3.3 与定理 3.4 的区别. 定理 3.3 只涉及上极限, 而定理 3.4 同时涉及上极限和下极限.

抽象总结　1) 此判别法和 Cauchy 判别法作用机理相同.

2) 由于需要计算 $\lim\limits_{n\to+\infty}\dfrac{u_{n+1}}{u_n}$, 此判别法的作用对象的特征是通项的相邻两项能消去大部分因子以简化结构, 特别, 若通项中含有 $n!$, 需要用此判别法处理. 当然, 有些 n 幂结构的因子也可以用此方法处理.

例 3　判断级数 $\sum\limits_{n=1}^{\infty}\dfrac{n^n}{3^n n!}$ 的敛散性.

简析　通项结构中含有困难因子 $n!$, 需用 D’Alembert 判别法处理.

解　记 $u_n = \dfrac{n^n}{3^n n!}$, 则

$$r = \lim_{n\to+\infty} \frac{u_{n+1}}{u_n} = \frac{\mathrm{e}}{3},$$

故, 由 D’Alembert 判别法, 级数收敛.

下面, 我们简要讨论 Cauchy 判别法与 D’Alembert 判别法间的关系. 两个判别法的实质都是比较判别法的应用, 都是与几何级数作比较, 只是比较的手段和形式不同, 因此, 两个判别法之间应该存在某种联系, 事实上, 我们有下面的结论.

定理 3.6　设 $\sum_{n=1}^{\infty} u_n$ 是正项级数, 则成立以下关系:

$$\varliminf_{n\to+\infty} \frac{u_{n+1}}{u_n} \leqslant \varliminf_{n\to+\infty} \sqrt[n]{u_n} \leqslant \varlimsup_{n\to+\infty} \sqrt[n]{u_n} \leqslant \varlimsup_{n\to+\infty} \frac{u_{n+1}}{u_n};$$

因而, 若能用 D’Alembert 判别法判断敛散性, 则一定可以用 Cauchy 判别法来判断, 反之, 能用 Cauchy 判别法判断敛散性, 不一定能用 D’Alembert 判别法来判断, 故 Cauchy 判别法比 D’Alembert 判别法的使用范围更广.

证明　设 $\bar{r} = \varlimsup_{n\to+\infty} \dfrac{u_{n+1}}{u_n}$, 则对任意的 $\varepsilon > 0$, 存在 $N > 0$, 使得 $n>N$ 时,

$$\frac{u_{n+1}}{u_n} < \bar{r} + \varepsilon,$$

即 $u_{n+1} < (\bar{r}+\varepsilon)u_n$, $n > N$, 故

$$u_{n+1} \leqslant (\bar{r}+\varepsilon)^{n-N} u_N,$$

因此, $\varlimsup_{n\to+\infty} \sqrt[n]{u_n} \leqslant \bar{r}+\varepsilon$, 由 ε 的任意性, 得 $\varlimsup_{n\to+\infty} \sqrt[n]{u_n} \leqslant \bar{r}$.

类似可以证明左半部分.

例 4　判断 $\sum_{n=1}^{\infty} u_n = \dfrac{1}{2} + \dfrac{1}{3} + \dfrac{1}{2^2} + \dfrac{1}{3^2} + \cdots + \dfrac{1}{2^n} + \dfrac{1}{3^n} + \cdots$ 的收敛性.

证明　由于

$$u_n = \begin{cases} \dfrac{1}{2^k}, & n = 2k-1, \\ \dfrac{1}{3^k}, & n = 2k, \end{cases} \quad k = 1,2,\cdots,$$

由 Cauchy 判别法,

$$\overline{\lim_{n\to+\infty}}\sqrt[n]{u_n}=\lim_{k\to+\infty}\left(\frac{1}{2^k}\right)^{\frac{1}{2k-1}}=\frac{1}{\sqrt{2}}<1,$$

故级数收敛.

但若用 D'Alembert 判别法, 则

$$\overline{\lim_{n\to+\infty}}\frac{u_{n+1}}{u_n}=\lim_{n\to+\infty}\frac{3^n}{2^{n+1}}=+\infty,$$

$$\underline{\lim_{n\to+\infty}}\frac{u_{n+1}}{u_n}=\lim_{n\to+\infty}\frac{2^n}{3^{n+1}}=0,$$

故此法失效.

从另一个角度讲, 两个判别法在判断级数的收敛性时, 是将级数与几何级数作比较, 此时, 通项能被 $q^n(0<q<1)$ 控制, 因而收敛; 而在判断发散性时, 通项满足 $\lim\limits_{n\to+\infty}u_n\neq 0$. 显然, 两种情形之间差距甚远, 因此, 当通项处于二者之间时, 两个判别法都失效, 故需要有更精细的判别法. 为此, 我们先建立用于判别作为比较标准的称为 p-级数 $\sum\limits_{n=1}^{\infty}\frac{1}{n^p}$ 的敛散性的积分判别法.

4. 积分判别法

利用广义积分的敛散性的判别, 也可以判断级数的敛散性, 这就是级数敛散性的积分判别法.

定理 3.7　设 $\sum\limits_{n=1}^{\infty}u_n$ 为正项级数, $\{u_n\}$ 单调递减, 令 $f(x)$ 为一个连续且单减的正值函数且满足 $f(n)=u_n$, 记 $A_n=\int_1^n f(x)\mathrm{d}x$, 则 $\sum\limits_{n=1}^{\infty}u_n$ 与 $\{A_n\}$ 同时敛散, 即 $\sum\limits_{n=1}^{\infty}u_n$ 与广义积分 $\int_1^{+\infty}f(x)\mathrm{d}x$ 同时敛散.

简析　证明的思路是寻求 $\{A_n\}$ 与 $\sum\limits_{n=1}^{\infty}u_n$ 部分和的关系.

证明　由于

$$\begin{aligned}u_{k-1}&=\int_{k-1}^{k}u_{k-1}\mathrm{d}x=\int_{k-1}^{k}f(k-1)\mathrm{d}x\geqslant\int_{k-1}^{k}f(x)\mathrm{d}x\\&\geqslant\int_{k-1}^{k}f(k)\mathrm{d}x=\int_{k-1}^{k}u_k\mathrm{d}x=u_k,\end{aligned}$$

故,

$$\sum_{k=2}^{n}u_{k-1}\geqslant\sum_{k=2}^{n}\int_{k-1}^{k}f(x)\mathrm{d}x=\int_1^n f(x)\mathrm{d}x=A_n\geqslant\sum_{k=2}^{n}u_k,$$

由此式即可得到结论.

抽象总结 从形式上看，利用此判别法时，通项能连续化为简单的函数，且对应的积分能够容易计算；从本质上看，此判别法作用对象为通项具有确定阶的无穷小量的正项级数.

例 5 判断下列级数的敛散性：

1) $\sum_{n=2}^{\infty}\frac{1}{n\ln n}$； 2) $\sum_{n=2}^{\infty}\frac{1}{n(\ln n)^2}$； 3) $\sum_{n=1}^{\infty}\frac{1}{n^p}, p>0$.

简析 结构中含有$\left(\frac{1}{n}\right)^p$结构的因子或以此结构为主要结构，暗示其作为无穷小量具有确定的 p-阶速度，适用于积分判别法.

解 1) 记$f(x)=\frac{1}{x\ln x}$，则当 $x>1$ 时，$f(x)$为一个连续且单减的正值函数且满足$f(n)=\frac{1}{n\ln n}$，由于

$$A_n=\int_2^n f(x)\mathrm{d}x=\ln\ln n-\ln\ln 2\to+\infty,$$

因而，$\{A_n\}$发散，故，$\sum_{n=2}^{\infty}\frac{1}{n\ln n}$发散.

2) 记$f(x)=\frac{1}{x(\ln x)^2}$，则当 $x>1$ 时，$f(x)$为一个连续且单减的正值函数且满足$f(n)=\frac{1}{n(\ln n)^2}$，由于

$$A_n=\int_2^n f(x)\mathrm{d}x=\frac{1}{\ln 2}-\frac{1}{\ln n}\to\frac{1}{\ln 2},$$

因而，$\{A_n\}$收敛，故，$\sum_{n=2}^{\infty}\frac{1}{n(\ln n)^2}$收敛.

3) 记$f(x)=\frac{1}{x^p}$，则当 $x>1$ 时，$f(x)$为一个连续且单减的正值函数且满足$f(n)=\frac{1}{n^p}$，由于$p<1$时，

$$A_n=\int_2^n f(x)\mathrm{d}x=\frac{1}{1-p}(n^{1-p}-2^{1-p})\to+\infty,$$

$p=1$时，

$$A_n = \int_2^n f(x)\mathrm{d}x = \ln n - \ln 2 \to +\infty,$$

$p > 1$时,

$$A_n = \int_2^n f(x)\mathrm{d}x = \frac{1}{p-1}(2^{1-p} - n^{1-p}) \to \frac{2^{1-p}}{p-1},$$

故, 当 $p \leqslant 1$时$\sum_{n=2}^{\infty}\frac{1}{n^p}$发散, 当 $p > 1$时级数收敛.

总结　把$\sum_{n=1}^{\infty}\frac{1}{n^p}(p>0)$称为 p-级数, 其通项的结构特征是具有确定的 p-阶的收敛于 0 的速度, 因此, 有了此级数的敛散性, 就可以以此为标准判断通项具有确定速度的正项级数的敛散性. 而对此类级数的处理主要方法就是阶的分析方法, 确定速度, 从而确定对比的标准.

上述一系列判别法通过与几何级数、p-级数进行比较判断给定的具体级数的敛散性, 基本解决了一般结构的具体正项级数的敛散性问题, 但是, 正如前述指出的那样, 每个判别法都有失效的情形, 即这些判别法不能解决所有问题, 特别, 一些复杂的结构, 需要更精细的判别法.

5. Raabe 判别法

针对 D'Alembert 判别法失效的情形, 我们建立以$\sum_{n=2}^{\infty}\frac{1}{n^p}$为比较对象的判别法, 为此, 先给出一个引理.

引理 3.1　对 $s > t > 0$, 存在 $\delta > 0$, 使得 $x \in (0,\delta)$ 时, 成立

$$1 - sx < (1-x)^t.$$

证明　记 $f(x) = 1 - sx - (1-x)^t$, 则

$$f(0) = 0,\quad f'(0) = t - s < 0,$$

因而, 存在充分小的 $\delta > 0$, 使得

$$f'(x) < 0\ ,\ x \in (0,\delta).$$

因而, $f(x) < f(0),\ x \in (0,\delta)$, 故

$$1 - sx < (1-x)^t,\quad x \in (0,\delta).$$

定理 3.8　设$\sum_{n=1}^{\infty}u_n$为正项级数且$\lim_{n\to+\infty} n\left(1 - \frac{u_{n+1}}{u_n}\right) = r$, 则当 $r > 1$ 时收敛, 当 $r<1$ 时发散.

证明　当 $r>1$ 时, 取 $\varepsilon > 0$, 使得 $s = r - \varepsilon > 1$, 因而, 存在 N, 使得 $n > N$时,

$$1-\frac{u_{n+1}}{u_n}>\frac{s}{n},$$

取 t, 使得 $r>s>t>1$, 由引理 3.1, 当 $\frac{1}{n}<\delta$ 时, 则

$$\frac{u_{n+1}}{u_n}<1-\frac{s}{n}<\left(1-\frac{1}{n}\right)^t=\frac{(n-1)^t}{n^t},$$

因此, $\{n^t u_{n+1}\}$ 单调递减, 故存在 $A>0$, 使得

$$u_{n+1}<\frac{A}{n^t},$$

由于 $t>1$, 故, $\sum\limits_{n=1}^{\infty}u_n$ 收敛.

当 $r<1$ 时, 取 $\varepsilon>0$ 使得 $r+\varepsilon<1$, 则由条件, 对充分大的 n,

$$1-\frac{u_{n+1}}{u_n}<\frac{r+\varepsilon}{n}<\frac{1}{n},$$

因而, $1-\frac{1}{n}<\frac{u_{n+1}}{u_n}$, 故

$$(n-1)u_n<nu_{n+1},$$

因而, 数列 $\{nu_{n+1}\}$ 单调递增, 因而有下界 $B>0$, 使得 $nu_{n+1}>B$, 即

$$u_{n+1}>\frac{B}{n},$$

故, $\sum\limits_{n=1}^{\infty}u_n$ 发散.

Raabe 判别法的另一形式为

引理 3.2 对任意的 $s>t>1$, 存在 $\delta>0$, 使得 $x\in(0,\delta)$ 时,

$$1+sx>(1+x)^t.$$

证明 令 $f(x)=1+sx-(1+x)^t$, 则 $f(0)=0$, $f'(0)=s-t>0$, 由连续性, 存在 $\delta>0$, 使得当 $x\in(0,\delta)$ 时, $f'(x)>0$, 故 $f(x)$ 单调递增, 因而,

$$1+sx>(1+x)^t,\quad x\in(0,\delta).$$

定理 3.9 设 $\sum\limits_{n=1}^{\infty}u_n$ 为正项级数, 且 $\lim\limits_{n\to+\infty}n\left(\frac{u_n}{u_{n+1}}-1\right)=r$, 则

i) 当 $r>1$ 时, 级数 $\sum\limits_{n=1}^{\infty}u_n$ 收敛; ii) 当 $r<1$ 时, 级数 $\sum\limits_{n=1}^{\infty}u_n$ 发散.

证明 i) 当 $r>1$ 时, 取 s,t 使得: $r>s>t>1$,由于

$$\lim_{n\to+\infty} n\left(\frac{u_n}{u_{n+1}}-1\right)=r>s>t,$$

则对充分大的 n, 使得 $0<\frac{1}{n}<\delta$, 利用引理 3.2, 则

$$\frac{u_n}{u_{n+1}}>1+s\frac{1}{n}>\left(1+\frac{1}{n}\right)^t=\frac{(n+1)^t}{n^t},$$

即 $n^t u_n>(n+1)^t u_{n+1}$, 故 n 充分大时, $\{n^t u_n\}$ 单调递减. 因而数列 $\{n^t u_n\}$ 有上界 A, 即

$$n^t u_n<A, \text{即} u_n<\frac{A}{n^t},$$

由于 $t>1$, 故, $\sum_{n=1}^{\infty} u_n$ 收敛.

ii) 当 $r<1$ 时, 则对充分大的 n,

$$n\left(\frac{u_n}{u_{n+1}}-1\right)<1,$$

因此,

$$\frac{u_n}{u_{n-1}}<1+\frac{1}{n}=\frac{n+1}{n},$$

故, $\{nu_n\}$ 单调递增, 此时其有下界 $B>0$, 因而

$$nu_n>B>0,$$

即 $u_n>B\frac{1}{n}$, 故 $\sum_{n=1}^{\infty} u_n$ 发散.

注 从证明过程可以看出, 正是与 p-级数的比较, 得到了 Raabe 判别法, 因此, Raabe 判别法可以处理 Cauchy 判别法和 D'Alembert 判别法失效的情形.

例 6 判断 1) $\sum_{n=1}^{\infty}\frac{(2n-1)!!}{(2n)!!}$ 和 2) $\sum_{n=1}^{\infty}\frac{(2n-3)!!}{(2n)!!}$ 的敛散性.

简析 对此两个级数, 由于都有 $\lim_{n\to\infty}\frac{u_{n+1}}{u_n}=1$, 因而, D'Alembert 判别法失效, 进而, Cauchy 判别法也失效, 必须用进一步的 Raabe 判别法判别.

解 1) 由于

$$\lim_{n\to\infty} n\left(1-\frac{u_{n+1}}{u_n}\right)=\frac{1}{2}<1,$$

由 Raabe 判别法, 该级数发散.

2) 由于

$$\lim_{n\to\infty} n\left(1-\frac{u_{n+1}}{u_n}\right)=\frac{3}{2}>1,$$

由 Raabe 判别法, 该级数收敛.

6. Kummer 判别法

我们再给出一个更加精细的判别法.

定理 3.10 设 $\sum_{n=1}^{\infty} u_n$ 为正项级数, $\sum_{n=1}^{\infty}\frac{1}{c_n}$ 为发散的正项级数, 记

$$K_n=c_n-c_{n+1}\frac{u_{n+1}}{u_n},$$

i) 若存在 N 及 $\delta>0$, 使得当 $n>N$ 时, $K_n\geqslant\delta$, 则 $\sum_{n=1}^{\infty}u_n$ 收敛;

ii) 若存在 $N>0$, 使得 $n>N$ 时, $K_n\leqslant 0$, 则 $\sum_{n=1}^{\infty}u_n$ 发散.

证明 i) 由条件, 则 $n>N$ 时,

$$c_n u_n-c_{n+1}u_{n+1}\geqslant\delta u_n\geqslant 0,$$

因此, $\{c_n u_n\}(n>N)$ 非负单调递减, 因而有极限, 不妨设 $\lim_{n\to+\infty}c_n u_n=A$.

考虑正项级数 $\sum_{n=1}^{\infty}(c_n u_n-c_{n+1}u_{n+1})$, 其部分和数列

$$S_n=c_1u_1-c_{n+1}u_{n+1}\to c_1u_1-A,$$

故, 级数 $\sum_{n=1}^{\infty}(c_n u_n-c_{n+1}u_{n+1})$ 收敛, 因而, $\sum_{n=1}^{\infty}u_n$ 也收敛.

ii) 若 $K_n\leqslant 0$, 则 $c_{n+1}u_{n+1}\geqslant c_n u_n$, 因此 $\{c_n u_n\}$ 单调递增, 故

$$c_n u_n\geqslant c_1u_1,$$

即 $u_n\geqslant c_1u_1\frac{1}{c_n}$, 故, $\sum_{n=1}^{\infty}u_n$ 发散.

注 定理 3.10 的极限形式:

记 $K=\lim_{n\to+\infty}K_n$, 则 $K>0$ 时, $\sum_{n=1}^{\infty}u_n$ 收敛, $K<0$ 时, $\sum_{n=1}^{\infty}u_n$ 发散.

总结 Kummer 判别法与前述判别法的关系:

取 $c_n=1$, 即得 D'Alembert 判别法;取 $c_n=n$, 即得 Raabe 判别法;取 $c_n=n\ln n$, 即得如下的 Bertrand 判别法.

Bertrand 判别法：记 $B_n=\ln(n+1)\left[(n+1)\left(1-\dfrac{u_{n+1}}{u_n}\right)-1\right]$，若 $\lim\limits_{n\to+\infty}B_n=B$，则 $B>1$ 时，$\sum\limits_{n=1}^{\infty}u_n$ 收敛；$B<1$ 时，$\sum\limits_{n=1}^{\infty}u_n$ 发散. 此时

$$K_n=n\ln n-(n+1)\ln(n+1)\frac{u_{n+1}}{u_n}=B_n-n\ln\frac{n+1}{n}\to B-1.$$

7. Gauss 判别法

定理 3.11　设 $\sum\limits_{n=1}^{\infty}u_n$ 为正项级数，若 $\dfrac{u_n}{u_{n+1}}=\lambda+\dfrac{\mu}{n}+\dfrac{\theta_n}{n^2}$，其中 θ_n 一致有界，则

i) $\lambda>1$ 时，$\sum\limits_{n=1}^{\infty}u_n$ 收敛；

ii) $\lambda=1$，$\mu>1$ 时，$\sum\limits_{n=1}^{\infty}u_n$ 收敛；

iii) $\lambda=1$，$\mu\leqslant1$ 时，$\sum\limits_{n=1}^{\infty}u_n$ 发散；

iv) $\lambda<1$ 时 $\sum\limits_{n=1}^{\infty}u_n$ 发散.

证明　由于 $\lim\limits_{n\to+\infty}\dfrac{u_{n+1}}{u_n}=\dfrac{1}{\lambda}$，故当 $\lambda>1$ 时，由 D'Alembert 判别法，$\sum\limits_{n=1}^{\infty}u_n$ 收敛；当 $\lambda<1$ 时，$\sum\limits_{n=1}^{\infty}u_n$ 发散.

当 $\lambda=1$ 时，由于

$$R_n=n\left(1-\frac{u_{n+1}}{u_n}\right)=\frac{\mu+\dfrac{\theta_n}{n}}{1+\dfrac{\mu}{n}+\dfrac{\theta_n}{n^2}}\to\mu,$$

由 Raabe 判别法，$\mu>1$ 时，$\sum\limits_{n=1}^{\infty}u_n$ 收敛，$\mu<1$ 时，$\sum\limits_{n=1}^{\infty}u_n$ 发散.

当 $\lambda=\mu=1$ 时，

$$B_n=\ln(n+1)\left[1-(n+1)\left(1-\frac{u_{n+1}}{u_n}\right)-1\right]=\frac{\ln(n+1)}{n}\frac{\theta_n}{1+\dfrac{1}{n}+\dfrac{\theta_n}{n^2}}\to0,$$

由 Bertrand 判别法，$\sum\limits_{n=1}^{\infty}u_n$ 发散.

三*、广义积分与数项级数

从研究对象看，数项级数研究的对象，其形式是无限和的形式，本质是研究其具有离散变量结构的通项；广义积分研究的对象，其形式是积分形式，本质是研究其具有连续变量结构的被积函数，这决定了二者之间必有差别，但是，从研究的内容看，作为主要内容的判别其敛散性的判别法基本上是平行的，如都有比较判别法、Cauchy 判别法、Abel 判别法、Dirichlet 判别法等，而且还可以借助于广义积分判断级数敛散性的Cauchy积分判别法，这表明二者之间必有联系，本小节我们讨论二者的联系与差别.

我们讨论二者之间的转化关系.

给定广义积分 $\int_a^{+\infty} f(x)\mathrm{d}x$，任给数列 $\{A_n\}$：$A_n \to +\infty$ 且 $A_0 = a$，如下构造级数的通项 $u_k = \int_{A_{k-1}}^{A_k} f(x)\mathrm{d}x$，则得到数项级数 $\sum\limits_{n=1}^{\infty} u_n$，我们把此级数称为由广义积分 $\int_a^{+\infty} f(x)\mathrm{d}x$ 生成的级数. 下面讨论二者的敛散性关系.

记 $I(A) = \int_a^{A} f(x)\mathrm{d}x$，由定义，$\int_a^{+\infty} f(x)\mathrm{d}x$ 的收敛性等价于函数极限 $\lim\limits_{A\to+\infty} I(A)$ 的存在性. 根据函数极限理论，$\lim\limits_{A\to+\infty} I(A)$ 存在当且仅当对任意 $\{A_n\}$：$A_n \to +\infty$，$\{I(A_n)\}$ 收敛于同一极限，注意到 $I(A_n) = \sum\limits_{k=1}^{n} u_k$，由此可得

定理 3.12 $\int_a^{+\infty} f(x)\mathrm{d}x$ 收敛的充要条件是存在实数 I，使得对任意 $\{A_n\}$：$A_n \to +\infty$，都有级数 $\sum\limits_{n=1}^{\infty} u_n$ 收敛于 I. 因而，若存在 $\{A_n\}$：$A_n \to +\infty$，使得 $\sum\limits_{n=1}^{\infty} u_n$ 发散，则广义积分 $\int_a^{+\infty} f(x)\mathrm{d}x$ 发散.

再考虑级数向广义积分的转化.

给定级数 $\sum\limits_{n=1}^{\infty} u_n$，构造阶梯函数 $f(x) = u_n,\ n \leqslant x < n+1$，则 $f(x)$ 定义在 $[1,+\infty)$ 上且 $\sum\limits_{k=1}^{n} u_k = \int_1^{n+1} f(x)\mathrm{d}x$，因而 $\sum\limits_{n=1}^{+\infty} u_n = \int_1^{+\infty} f(x)\mathrm{d}x$，即二者同时敛散.

事实上，若 $\sum\limits_{n=1}^{\infty} u_n$ 发散，则 $\left\{\int_1^{n} f(x)\mathrm{d}x\right\}$ 发散，因而，$\int_1^{+\infty} f(x)\mathrm{d}x$ 发散. 若 $\sum\limits_{n=1}^{\infty} u_n$ 收敛，则 $\{u_n\}$ 收敛于 0，且 $\forall \varepsilon > 0$，存在 $N > 0$，当 $n > N$ 时，成立

$$|u_n| < \varepsilon,$$

$$|u_{n+1} + u_{n+2} + \cdots + u_{n+p}| < \varepsilon, \ \forall p,$$

因而，对任意的 $A' > N+1$，$A'' > N+1$，则存在 n, p，使得 $n \leqslant A' < n+1$，$n+p \leqslant A'' < n+p+1$，因此，

$$\begin{aligned}\left|\int_{A'}^{A''} f(x)\mathrm{d}x\right| &= \left|\int_{A'}^{n+1} f(x)\mathrm{d}x + \int_{n+1}^{n+p} f(x)\mathrm{d}x + \int_{n+p}^{A'} f(x)\mathrm{d}x\right| \\ &\leqslant |(n+1-A')u_n| + |u_{n+1} + u_{n+2} + \cdots + u_{n+p-1}| \\ &\quad + |(A''-n-p)u_{n+p}| \\ &\leqslant 3\varepsilon,\end{aligned}$$

因而，$\int_1^{+\infty} f(x)\mathrm{d}x$ 收敛.

正是由于二者之间的这种联系，使得二者之间具有一些平行的判别法.

下面介绍二者的差别.

我们知道，对数项级数 $\sum_{n=1}^{\infty} u_n$ 来说，成立一个级数收敛的必要条件的结论：即级数 $\sum_{n=1}^{\infty} u_n$ 收敛，必有通项 $\{u_n\}$ 收敛于 0，因此，若通项 $\{u_n\}$ 不收敛于 0，则数项级数 $\sum_{n=1}^{\infty} u_n$ 必发散，故，级数 $\sum_{n=1}^{\infty} u_n$ 是否收敛，取决于通项 $\{u_n\}$ 收敛于 0 的速度. 但对广义积分来说，相应的必要条件不成立，即若广义积分 $\int_a^{+\infty} f(x)\mathrm{d}x$ 收敛，不能保证 $\lim\limits_{x\to+\infty} f(x) = 0$ 成立. 如前例的广义积分 $\int_a^{+\infty} \sin x^2 \mathrm{d}x$ 收敛，但 $\lim\limits_{x\to+\infty} \sin x^2$ 不存在. 造成广义积分与数项级数在收敛的必要条件上的差别的主要原因在于二者研究对象上的差异. 对级数来说，其通项 $\{u_n\}$ 是离散变量 n 的函数，只有一种极限方式：$n \to +\infty$. 对广义积分 $\int_a^{+\infty} f(x)\mathrm{d}x$，被积函数 $f(x)$ 是连续变量的函数，变量 $x \to +\infty$ 的方式可以离散出无穷多种方式，因此，对收敛的广义积分 $\int_a^{+\infty} f(x)\mathrm{d}x$，也许能保证有一种极限过程 $x_n \to +\infty$ 成立 $f(x_n) \to 0$，但不能保证所有的极限过程 $x_n \to +\infty$ 都有 $f(x_n) \to 0$，即 $f(x) \to 0 \ (x \to +\infty)$. 这就是我们将要证明的下面较弱的结论.

定理 3.13 设 $f(x)$ 连续，若 $\int_a^{+\infty} f(x)\mathrm{d}x$ 收敛，则存在点列 $\{x_n\}$：使得 $x_n \to +\infty$，且 $\lim\limits_{n\to+\infty} f(x_n) = 0$.

证明 由于$\int_a^{+\infty} f(x)\mathrm{d}x$收敛, 因而, 由 Cauchy 收敛准则, 对任意$\varepsilon>0$,存在A_0, 使得对任意的$A', A''>A_0$, 成立

$$\left|\int_{A'}^{A''} f(x)\mathrm{d}x\right|<\varepsilon,$$

特别有

$$\left|\int_{A'}^{A'+1} f(x)\mathrm{d}x\right|<\varepsilon,$$

由第一积分中值定理, 存在$x'\in[A', A'+1]$, 使得

$$|f(x')|<\varepsilon;$$

因而, 取$\varepsilon=1$, 存在A_1, 取$A'>\max\{A_1,1\}$, 则存在$x_1\in[A', A'+1]$, 使得

$$|f(x_1)|<1;$$

取$\varepsilon=\frac{1}{2}$, 存在A_2, 取$A'>\max\{A_2,2\}$, 则存在$x_2\in[A', A'+1]$, 使得

$$|f(x_2)|<\frac{1}{2};$$

如此下去, 对任意的n, 取$\varepsilon=\frac{1}{n}$, 存在A_n, 取$A'>\max\{A_n,n\}$, 则存在$x_n\in[A', A'+1]$, 使得

$$|f(x_n)|<\frac{1}{n};$$

由此构造点列$\{x_n\}$: 满足$x_n>n$且$|f(x_n)|<\frac{1}{n}$, 因而也满足定理.

虽然成立较弱的结论, 但是可以设想, 若增加被积函数$f(x)$的条件, 可以保证相应的必要条件成立. 下面, 我们给出一个条件.

定理 3.14 若$f(x)$在$[a,+\infty)$上一致连续且$\int_a^{+\infty} f(x)\mathrm{d}x$收敛, 则

$$\lim_{x\to+\infty} f(x)=0.$$

结构分析 要证结论为$\lim\limits_{x\to+\infty} f(x)=0$, 其实质是研究函数在无穷远处的行为. 主要条件为$\int_a^{+\infty} f(x)\mathrm{d}x$收敛, 因此, 我们从条件出发分析导出的结论, 可以发现, 涉及函数无穷远处的行为的有 Cauchy 收敛准则, 由此, 决定证明思路.

证明过程就是上述思想的具体化. 关键就是如何寻找$f(x)$与 Cauchy 片段

$\int_{A'}^{A''} f(x)\mathrm{d}x$ 的关系，二者具有不同的形式，建立二者联系的直接方法就是形式统一方法，直接建立二者的如下的联系：$f(x)=\frac{1}{A''-A'}\int_{A'}^{A''} f(x)\mathrm{d}t$. 注意到辅助条件是**一致连续性**，相当于知道$|f(x')-f(x'')|<\varepsilon$，继续用形式统一法对上式研究，则

$$|A''-A'|f(x)=\int_{A'}^{A''} f(x)\mathrm{d}t=\int_{A'}^{A''}(f(x)-f(t))\mathrm{d}t+\int_{A'}^{A''} f(t)\mathrm{d}t,$$

等式左端就是我们的研究对象，等式右边的项就和已知的条件一致连续和 Cauchy 片段联系在一起，因而，可以借助条件达到对$|f(x)|$的估计，此时需要解决系数$|A''-A'|$的问题，注意到 x 应是先给定的任意充分大的量，t 在 A', A'' 之间，且为了利用一致连续的条件，t 和 x 之间的距离不能超过某个量δ，因而，必然要求 x 和 A', A'' 之间满足一定的关系，故，为了解决系数问题，为了利用一致连续性条件，对充分大的任意的 x，由此构造特定的具有特定联系的 A', A'' 即可.

证明　法一　由于 $f(x)$ 在 $[a,+\infty)$ 上一致连续，则对任意 $\varepsilon\in(0,1)$，存在 $\delta\in(0,\varepsilon)$，当$|x''-x'|<\delta$时，有

$$|f(x'')-f(x')|<\varepsilon.$$

又由于$\int_a^{+\infty} f(x)\mathrm{d}x$收敛，存在$A>0$，当$A''>A'>A$时，$\left|\int_{A'}^{A''} f(x)\mathrm{d}x\right|<\varepsilon\delta$.

故，对任意$x>A+1$，取$A''=x+\frac{\delta}{2}$，$A'=x-\frac{\delta}{2}$，则

$$\begin{aligned}\delta|f(x)|&=|A''-A'|\cdot|f(x)|\\&=\left|\int_{A'}^{A''}(f(x)-f(t))\mathrm{d}t+\int_{A'}^{A''} f(t)\mathrm{d}t\right|\\&\leqslant\varepsilon\delta+\varepsilon\delta,\end{aligned}$$

故，$|f(x)|<2\varepsilon$，因而$\lim\limits_{x\to+\infty} f(x)=0$.

注　上述证明过程也可以简单总结为三步：①摆条件；②确定满足要求的 A', A''；③验证. 当然，这些过程是建立在所作的前述分析的基础上.

上述思想还可以通过反证法实现.

法二　反证法. 假设$\lim\limits_{x\to+\infty} f(x)\neq 0$，则存在$\varepsilon_0>0$和点列$\{x_n\}: x_n\to+\infty$，使得$|f(x_n)|\geqslant\varepsilon_0$. 又 $f(x)$ 在$[a,+\infty)$上一致连续，则对$\frac{\varepsilon_0}{2}$，存在$\delta>0$，当$|x''-x'|<\frac{\delta}{2}$时，$|f(x'')-f(x')|<\frac{\varepsilon_0}{2}$. 故，对任意$x\in\left[x_n-\frac{\delta}{2}, x_n+\frac{\delta}{2}\right]$，成立

$$|f(x)-f(x_n)|<\frac{\varepsilon_0}{2},$$

因而,

$$|f(x)|>|f(x_n)|-|f(x)-f(x_n)|\geqslant \frac{\varepsilon_0}{2},$$

因此, $f(x)$ 在 $x\in\left[x_n-\frac{\delta}{2},x_n+\frac{\delta}{2}\right]$ 上不变号. 事实上, 若存在 $x_1,x_2\in\left[x_n-\frac{\delta}{2},x_n+\frac{\delta}{2}\right]$, 使得 $f(x_1)\geqslant\frac{\varepsilon_0}{2}$ 而 $f(x_2)\leqslant-\frac{\varepsilon_0}{2}$, 则 $f(x_1)-f(x_2)\geqslant\varepsilon_0$, 与前述条件矛盾. 所以,

$$\left|\int_{x_n-\frac{\delta}{2}}^{x_n+\frac{\delta}{2}}f(x)\mathrm{d}x\right|=\int_{x_n-\frac{\delta}{2}}^{x_n+\frac{\delta}{2}}|f(x)|\mathrm{d}x\geqslant\frac{1}{2}\varepsilon_0\delta,$$

这与 $\int_a^{+\infty}f(x)\mathrm{d}x$ 收敛性矛盾.

习　题　10.3

1. 通过分析结构, 给出结构特点, 据此选择合适的判别法判断下列级数的收敛性.

1) $\sum_{n=1}^{\infty}\frac{1}{\sqrt{n^2+1}}$;

2) $\sum_{n=1}^{\infty}n^p\sin\frac{1}{\sqrt{n^2+n}},p>0$;

3) $\sum_{n=1}^{\infty}(\sqrt{n+1}-\sqrt{n})$;

4) $\sum_{n=1}^{\infty}\sin\frac{1}{\sqrt{n^3+1}}$;

5) $\sum_{n=1}^{\infty}(1-\mathrm{e}^{\frac{1}{n^2}})$;

6) $\sum_{n=1}^{\infty}\frac{\ln n}{n^p},p>0$;

7) $\sum_{n=1}^{\infty}\frac{1}{n^{1+\frac{1}{n}}}$;

8) $\sum_{n=1}^{\infty}\left(\frac{1}{n}-\ln\frac{n+1}{n}\right)$;

9) $\sum_{n=1}^{\infty}2^n\tan\frac{1}{3^n}$;

10) $\sum_{n=1}^{\infty}\left(\frac{n+1}{2n+1}\right)^n$;

11) $\sum_{n=1}^{\infty}\frac{n^n}{n!}$;

12) $\sum_{n=2}^{\infty}\frac{1}{n\ln n\ln\ln n}$;

13) $\sum_{n=2}^{\infty}\left(\sqrt{1+\frac{1}{n^2}}-1\right)$;

14) $\sum_{n=2}^{\infty}\frac{a^n}{n!},a>1$;

15) $\sum_{n=1}^{\infty}(n^{\frac{1}{n}}-1)$;

16) $\sum_{n=1}^{\infty}n^k\mathrm{e}^{-n}$;

17) $\sum_{n=2}^{\infty}\frac{1}{n\ln^p n},p>0$;

18) $\sum_{n=1}^{\infty}\left(\frac{1}{2}\right)^{1+\frac{1}{2}+\cdots+\frac{1}{n}}$;

19) $\sum_{n=1}^{\infty}\left[\frac{1}{n}-\ln\left(1+\frac{1}{n}\right)\right]$;

20) $\sum_{n=1}^{\infty}\frac{n}{(\ln n)^p}\sin\frac{1}{n^2},p>0$;

21) $\sum\limits_{n=1}^{\infty}\int_0^{\frac{1}{n}}\sqrt{\dfrac{\sin x}{1-x^2}}\mathrm{d}x$；　　22) $\sum\limits_{n=1}^{\infty}\int_0^{\frac{1}{n}}\dfrac{\ln(1+x)}{x^{\frac{1}{3}}}\mathrm{d}x$.

2. 设正项级数 $\sum\limits_{n=1}^{\infty}u_n$ 收敛，证明：当 $p>1$ 时 $\sum\limits_{n=1}^{\infty}u_n^p$ 也收敛；其逆成立吗？

3. 设正项级数 $\sum\limits_{n=1}^{\infty}u_n$，$\sum\limits_{n=1}^{\infty}v_n$ 都收敛，证明：$\sum\limits_{n=1}^{\infty}\max\{u_n,v_n\}$，$\sum\limits_{n=1}^{\infty}\min\{u_n,v_n\}$ 也收敛；进一步问，当 $\sum\limits_{n=1}^{\infty}u_n$，$\sum\limits_{n=1}^{\infty}v_n$ 都发散时，有何结论？

4. 设 $u_n\neq 0,\lim\limits_{n\to+\infty}u_n=a\neq 0$，证明：$\sum\limits_{n=1}^{\infty}|u_{n+1}-u_n|$ 和 $\sum\limits_{n=1}^{\infty}\left|\dfrac{1}{u_{n+1}}-\dfrac{1}{u_n}\right|$ 具有相同的敛散性.

5. 利用级数收敛的必要条件证明：

1) $\lim\limits_{n\to+\infty}\dfrac{n^n}{(n!)^2}=0$；　　2) $\lim\limits_{n\to+\infty}\dfrac{(2n-1)!!}{(2n)!!(2n+1)}=0$.

6. 设正项级数 $\sum\limits_{n=1}^{\infty}u_n$ 收敛，$\{u_n\}$ 单调递减，证明：$\lim\limits_{n\to+\infty}nu_n=0$.

7. 设正项级数 $\sum\limits_{n=1}^{\infty}u_n$ 收敛，证明：$\sum\limits_{n=1}^{\infty}\dfrac{\sqrt{u_n}}{n}$ 收敛.

8. 设 $u_1=2$，$u_{n+1}=\dfrac{1}{2}\left(u_n+\dfrac{1}{u_n}\right),n=1,2,\cdots$，证明：

1) $\{u_n\}$ 收敛；　　2) $\sum\limits_{n=1}^{\infty}\left(\dfrac{u_n}{u_{n+1}}-1\right)$ 收敛.

要求　1) 对 $\{u_n\}$ 进行结构分析，其结构特点是什么？类比已知的数列极限理论，针对此结构的数列收敛性的证明，常用的方法是什么？

2) 分析 $\sum\limits_{n=1}^{\infty}\left(\dfrac{u_n}{u_{n+1}}-1\right)$ 的通项的属性，类比正项级数的各个判别法作用对象的特征，通常选择什么判别法证明其收敛性.

3) 完成证明.

9. 给定正项级数 $\sum\limits_{n=1}^{\infty}u_n$，且 $\lim\limits_{n\leftrightarrow+\infty}\dfrac{\ln\dfrac{1}{u_n}}{\ln n}=r$，证明：当 $r>1$ 时，级数 $\sum\limits_{n=1}^{\infty}u_n$ 收敛；当 $r<1$ 时，级数 $\sum\limits_{n=1}^{\infty}u_n$ 发散. 并由此判断 1) $\sum\limits_{n=1}^{\infty}\dfrac{1}{3^{\ln n}}$；2) $\sum\limits_{n=1}^{\infty}n^{\ln x},x>0$ 的敛散性.

10. 设 $f(x)$ 在 $x=0$ 的某个邻域内有二阶连续导数，且 $\lim\limits_{x\to 0}\dfrac{f(x)}{x}=0$，证明：$\sum\limits_{n=1}^{\infty}\left|f\left(\dfrac{1}{n}\right)\right|$ 收敛.

10.4　任意项级数

在 10.3 节中，我们介绍了正项级数敛散性的判别法. 一个级数，如果全是正项或者全是负项，或者只有有限的负项或正项，都可化为正项级数，因而，都可以应用正项级数的判别法判别其敛散性. 但是，正项级数仅是数项级数中简单、特殊的一类，本节，我们利用从简单到复杂、从特殊到一般的研究思路，研究更一般数项级数的敛散性.

定义 4.1 如果一个级数中既有无限个正项，又有无限个负项，这样的级数称为任意项级数.

关于一般数项级数的敛散性的研究工具仍局限于定义和 Cauchy 数列准则，本节，我们讨论一般数项级数中两类特殊的任意项级数：一类是交错级数，另一类是通项为特殊结构的乘积因子形式的任意项级数.

一、交错级数

定义 4.2 正负相间的级数，即形如

$$\sum_{n=1}^{\infty}(-1)^{n+1}u_n = u_1 - u_2 + u_3 - u_4 + \cdots + (-1)^{n+1}u_n + \cdots$$

(其中 $u_n > 0$)的级数，称为交错级数.

定义 4.2 中，交错级数的首项为正项，这是交错级数的一般形式，对首项为负项的交错级数，可以转化为首项为正项的交错级数.

交错级数中重要的一类是 Leibniz 级数.

定义 4.3 设 $\sum_{n=1}^{\infty}(-1)^{n+1}u_n$ 为交错级数，若 $\{u_n\}$ 单调递减且趋于 0，称 $\sum_{n=1}^{\infty}(-1)^{n+1}u_n$ 为 Leibniz 级数.

如 $\sum_{n=1}^{\infty}(-1)^{n+1}\frac{1}{n}$ 就是收敛的 Leibniz 级数.

定理 4.1 Leibniz 级数必收敛，且其余和 r_n 的符号与余和的第一项的符号相同且 $|r_n| \leqslant u_{n+1}$.

思路分析 前面，我们已经接触到了一个 Leibniz 级数 $\sum_{n=1}^{\infty}(-1)^{n+1}\frac{1}{n}$，这是 Leibniz 级数的典型代表，因此，可以从这个级数的处理过程中可以抽取证明的思想和方法，用于处理一般的 Leibniz 级数，这是解决问题的一般性思路.

证明 记其部分和为 S_n. 分别考察其偶子列和奇子列. 对其偶子列 $\{S_{2m}\}$，有

$$S_{2m} = (u_1 - u_2) + (u_3 - u_4) + \cdots + (u_{2m-1} - u_{2m}),$$
$$S_{2(m+1)} = (u_1 - u_2) + (u_3 - u_4) + \cdots + (u_{2m-1} - u_{2m}) + (u_{2m+1} - u_{2m+2}),$$

另一方面,

$$S_{2m}=u_1-(u_2-u_3)-(u_4-u_5)-\cdots-(u_{2m-2}-u_{2m-1})-u_{2m}\leqslant u_1,$$

因而 $S_{2(m+1)}\geqslant S_{2m}$，故 $\{S_{2m}\}$ 单调递增且有上界 u_1，所以，存在 $u_1\geqslant S>0$,使得 $\lim\limits_{m\to+\infty}S_{2m}=S\geqslant 0$，故

$$\lim_{m\to+\infty}S_{2m+1}=\lim_{m\to+\infty}(S_{2m}+(-1)^{2m+2}u_{2m+1})=S.$$

因此, 数列 $\{S_n\}$ 收敛且 $\lim\limits_{n\to+\infty}S_n=S$，这就证明了 $\sum\limits_{n=1}^{\infty}(-1)^{n+1}u_n$ 收敛且

$$0\leqslant S=\sum_{n=1}^{\infty}(-1)^{n+1}u_n\leqslant u_1.$$

对余和 $r_n=\sum\limits_{k=n+1}^{\infty}(-1)^{k+1}u_k$，可以视为首项为 $(-1)^{n+2}u_{n+1}$ 的交错级数, 利用上述类似的讨论可知, 首项为正项时，$0\leqslant r_n\leqslant u_{n+1}$；首项为负项时，$0\leqslant -r_n\leqslant u_{n+1}$，故总有 $|r_n|\leqslant u_{n+1}$. 证毕.

注　若仅仅证明收敛性, 可以用 $\sum\limits_{n=1}^{\infty}(-1)^{n+1}\dfrac{1}{n}$ 的处理方法.

证明　考虑 Cauchy 片段

$$P_{n,p}\equiv\left|(-1)^{n+2}u_{n+1}+(-1)^{n+3}u_{n+2}+\cdots+(-1)^{n+p+1}u_{n+p}\right|,$$

当 p 为奇数时,

$$\begin{aligned}P_{n,p}&=\left|u_{n+1}-u_{n+2}+\cdots+u_{n+p}\right|\\&=u_{n+1}-(u_{n+2}-u_{n+3})-\cdots-(u_{n+p-1}-u_{n+p})\quad\leqslant u_{n+1},\end{aligned}$$

当 p 为偶数时,

$$\begin{aligned}P_{n,p}&=\left|u_{n+1}-u_{n+2}+\cdots+u_{n+p}\right|\\&=u_{n+1}-(u_{n+2}-u_{n+3})-\cdots-(u_{n+p-2}-u_{n+p-1})-u_{n+p}\quad\leqslant u_{n+1},\end{aligned}$$

故对任意的 p, 总有

$$P_{n,p}\leqslant u_{n+1},$$

因而利用 Cauchy 收敛准则证明级数收敛.

例 1　讨论级数 $\sum\limits_{n=1}^{\infty}(-1)^{n+1}\dfrac{\ln n}{n}$ 的收敛性.

解　这是一个交错级数, 记 $f(x)=\dfrac{\ln x}{x}$, 则

$$f'(x)=\frac{1-\ln x}{x^2}<0,\quad x>3,$$

且 $\lim\limits_{x\to+\infty}\dfrac{\ln x}{x}=0$，因而，$\sum\limits_{n=1}^{\infty}(-1)^{n+1}\dfrac{\ln n}{n}$ 是 Leibniz 级数，故级数收敛.

例 2 考察级数 $\sum\limits_{n=1}^{\infty}(-1)^{n+1}\sin(\sqrt{n+1}-\sqrt{n})\pi$ 的收敛性.

解 这是一个交错级数，由于

$$\sin(\sqrt{n+1}-\sqrt{n})\pi=\sin\left(\frac{1}{\sqrt{n+1}+\sqrt{n}}\right)\pi,$$

因而 $\{\sin(\sqrt{n+1}-\sqrt{n})\pi\}$ 单调递减收敛于 0，故原级数收敛.

二、通项为因子乘积的任意项级数

本小节讨论通项为因子乘积形式的任意项级数 $\sum\limits_{n=1}^{\infty}a_nb_n$，给出判断其收敛性的 Abel 判别法和 Dirichlet 判别法. 先引入一个引理.

引理 4.1 (Abel 变换) 设 $\{a_n\},\{b_n\}$ 是两个数列，记 $B_k=\sum\limits_{i=1}^{k}b_i$，则

$$\sum_{k=1}^{m}a_kb_k=a_mB_m-\sum_{k=1}^{m-1}(a_{k+1}-a_k)B_k .$$

证明 由于 $b_k=B_k-B_{k-1}$，则

$$\begin{aligned}\sum_{k=1}^{m}a_kb_k&=a_1B_1+\sum_{k=2}^{m}a_k(B_k-B_{k-1})\\&=(a_1-a_2)B_1+(a_2-a_3)B_2+\cdots+(a_{m-1}-a_m)B_{m-1}+a_mB_m\\&=a_mB_m-\sum_{k=1}^{m-1}(a_{k+1}-a_k)B_k.\end{aligned}$$

结构分析 从结构上看，Abel 变换相当于离散变量的分部积分公式. 我们知道，若记 $G(x)=\int_a^x g(t)\mathrm{d}t$，函数的分部积分公式为

$$\int_a^b f(x)g(x)\mathrm{d}x=f(x)G(x)\big|_a^b-\int_a^b G(x)\mathrm{d}f(x),$$

或

$$\int_a^b f(x)\mathrm{d}G(x)=f(x)G(x)\big|_a^b-\int_a^b G(x)\mathrm{d}f(x),$$

对照 Abel 变换，则对应关系为 $\sum\sim\int$，$a_k\sim f(x)$，$B_k\sim G(x)$，$a_{k+1}-a_k\sim\mathrm{d}f(x)$. 正如分部积分公式实现被积函数间的导数转移，Abel 变换的下述形式也表明 Abel 变换也是实现了差分转移，即

$$\sum_{k=1}^{m} a_k b_k = \sum_{k=1}^{m} a_k (B_k - B_{k-1}) = a_m B_m - \sum_{k=1}^{m-1} (a_{k+1} - a_k) B_k .$$

引理 4.2 (Abel 引理)　设

i) $\{a_i\}$ 单调;

ii) $\{B_i\}$ (i=1, 2,⋯, m)有界 M, 则

$$\left|\sum_{i=1}^{m} a_i b_i\right| \leqslant M(|a_1| + 2|a_m|) .$$

证明　利用 Abel 变换, 则

$$\begin{aligned}\left|\sum_{i=1}^{m} a_i b_i\right| &\leqslant |a_m B_m| + \sum_{k=1}^{m-1} |a_k - a_{k-1}| \cdot |B_k| \\ &\leqslant M\left[|a_m| + \sum_{k=1}^{m-1} |a_k - a_{k-1}|\right] \\ &\leqslant M(|a_m| + |a_1 - a_m|) \\ &\leqslant M(|a_1| + 2|a_m|).\end{aligned}$$

总结　Abel 引理表明, 在相应的条件下, 有限和片段可以用 $\{a_i\}$ 片段中对应的首尾项控制, 这是 Abel 引理的结构特征.

推论 4.1　若 $a_i \geqslant 0$ 且 $a_1 \geqslant a_2 \geqslant \cdots \geqslant a_m$, 则 $\left|\sum_{i=1}^{m} a_i b_i\right| \leqslant M a_1$.

从 Abel 引理的形式可以看出, 其处理的对象应该是通项为乘积形式的有限和, 很显然, 在级数理论中, 用于判断其敛散性又与有限和有关的结论是 Cauchy 收敛准则——其 Cauchy 片段是有限和, 由此, 我们用 Abel 变换分析如下形式的 Cauchy 片段: $\sum_{k=n+1}^{n+p} a_k b_k$.

若设 $\{a_k\}$ 单调, $B_{n,m} = b_{n+1} + \cdots + b_m$ 有界, 即 $|B_{n,m}| \leqslant M_{n,m}$, 由 Abel 引理, 则

$$\left|\sum_{i=n+1}^{n+p} a_i b_i\right| \leqslant M_{n,m}(|a_{n+1}| + 2|a_{n+p}|) ,$$

因而, 要使 Cauchy 片段任意小, 只需满足如下两个条件之一:

条件 1)　$\{a_n\}$ 有界当 n 充分大时, 对任意的 m, $M_{n,m}(B_{n,m})$任意小.

条件 2)　$\{B_{n,m}\}$一致有界, 即 $M_{n,m}=M$ 与 n, m 无关, 而 $\lim_{n\to+\infty} a_n = 0$.

由此, 通过满足两个不同的条件, 就得到两个不同的判别法.

定理 4.2 (Abel 判别法)　设

i) $\{a_n\}$ 单调有界;

ii) $\sum_{n=1}^{\infty} b_n$ 收敛.

则 $\sum_{n=1}^{\infty} a_n b_n$ 收敛.

定理 4.3 (Dirichlet 判别法) 设

i) $\sum_{n=1}^{\infty} b_n$ 的部分和有界;

ii) $\{a_n\}$ 单调趋于 0.

则 $\sum_{n=1}^{\infty} a_n b_n$ 收敛.

两个定理中, 关于 $\{a_n\}$ 单调性的要求是由于 Abel 引理而提出的; 另外的条件是为了满足分析中的条件 1)和条件 2).

两个判别法都是用于判断通项为乘积形式($u_n = a_n b_n$)的级数的收敛性, 对通项中涉及的两项 a_n, b_n 的符号没有任何要求.

两个判别法的关系: 从 Dirichlet 判别法可以推出 Abel 判别法, 事实上, 设 Abel 判别法的条件成立, 则由 $\{a_n\}$ 单调有界, 不妨设 $\lim_{n\to+\infty} a_n = a$, 于是

$$\sum_{n=1}^{\infty} a_n b_n = \sum_{n=1}^{\infty} (a_n - a) b_n + a \sum_{n=1}^{\infty} b_n ,$$

由 Dirichlet 判别法, 上式右端第一部分收敛, 由 Abel 判别法的条件, 第二部分也收敛, 故 $\sum_{n=1}^{\infty} a_n b_n$ 收敛.

由 Dirichlet 判别法可立即得到 Leibniz 级数的收敛性.

例 3 设 $\sum_{n=1}^{\infty} u_n$ 收敛, 证明: 1) $\sum_{n=1}^{\infty} \frac{n}{n+1} u_n$; 2) $\sum_{n=1}^{\infty} \left(1+\frac{1}{n}\right)^n u_n$ 都收敛.

结构分析 题型结构为任意项级数的敛散性判断; 通项结构为两个因子的乘积形式, 类比已知, 确定用 Abel 判别法, 对上述几个级数, 只需判断通项中剩下的因子的单调有界性, 而对离散数列的单调有界性的证明转化为连续变量的函数的单调性的证明更为简单, 因为这时可以利用函数的导数来判断单调有界性.

证明 1) 记 $f(x) = \frac{x}{1+x}$, ($x>0$), 则 $f'(x) = \frac{1}{(1+x)^2} > 0$, 故 $f(x)$ 单调递增且 $0< f(x)<1$, 由此可以得到数列 $\left\{\frac{n}{1+n}\right\}$ 的单调递增且有界, 由 Abel 判别法, $\sum_{n=1}^{\infty} \frac{n}{n+1} u_n$ 收敛.

2) 记 $g(x)=(1+x)^{\frac{1}{x}}$，$0<x<1$，则 $\ln g(x)=\frac{1}{x}\ln(1+x)$，因而，

$$\frac{g'(x)}{g(x)}=\frac{x-(1+x)\ln(1+x)}{x(1+x)},$$

记 $w(x)=x-(1+x)\ln(1+x)$，则

$$w(0)=0,\quad w'(x)=-\ln(1+x)<0,\quad x\in(0,1),$$

因而，$w(x)<0,x\in(0,1)$，故 $g'(x)<0,x\in(0,1)$，由于

$$g(0)=\lim_{x\to0}(1+x)^{\frac{1}{x}}=\mathrm{e},\quad g(1)=1,$$

故, $g(x)$在 $(0,1)$ 单调递减且有界，利用 Abel 判别法，$\sum_{n=1}^{\infty}\left(1+\frac{1}{n}\right)^n u_n$ 收敛.

总结　将离散数列连续化，利用函数的导数判断数列的单调有界性是一个非常有效的方法.

例 4　设 $\{a_n\}$ 单调趋于 0，证明级数 $\sum_{n=1}^{\infty}a_n\sin nx$，$\sum_{n=1}^{\infty}a_n\cos nx\ \ (x\neq2k\pi)$都收敛.

证明　显然，利用 Dirichlet 判别法，只需证明对应的三角级数部分和的有界性. 事实上，当 $x\neq2k\pi$ 时，由于

$$2\sin\frac{x}{2}(\sin x+\sin 2x+\cdots+\sin nx)=\cos\frac{x}{2}-\cos\frac{2n+1}{2}x,$$

故，

$$\left|\sum_{k=1}^{n}\sin kx\right|\leqslant\frac{1}{\left|\sin\frac{x}{2}\right|}.$$

类似，$\left|\sum_{k=1}^{n}\cos x\right|\leqslant\frac{1}{\left|\sin\frac{x}{2}\right|}$. 因而，二者都收敛.

总结　当级数的通项中含有 $\sin nx$ 的形式时，在研究级数的敛散性时，可以考虑三角函数的三个性质：①有界性，即 $|\sin nx|\leqslant1$；②部分和的有界性，即 $\left|\sum_{k=1}^{n}\sin kx\right|\leqslant\frac{1}{\left|\sin\frac{x}{2}\right|}$；③周期性，通常在用 Cauchy 收敛准则判断发散性时用到此性质. 如上例就用到了第二个性质. 有时要用到第一个性质.

例 5　证明 $\sum_{n=1}^{\infty}\frac{|\sin nx|}{n}$ 发散，$x\neq k\pi$.

证明　由于

$$\frac{|\sin nx|}{n} \geqslant \frac{|\sin nx|^2}{n} = \frac{1-\cos 2nx}{2n} = \frac{1}{2n} - \frac{\cos 2nx}{2n} > 0,$$

利用例 4 的结论，则 $\sum_{n=1}^{\infty}\frac{\cos 2nx}{n}$ 收敛，而 $\sum_{n=1}^{\infty}\frac{1}{n}$ 发散，因而，$\sum_{n=1}^{\infty}\frac{|\sin nx|}{n}$ 发散.

习　题　10.4

1. 讨论交错级数的收敛性.

1) $\sum_{n=1}^{\infty}(-1)^{n+1}\frac{n}{(n+1)^2}$；　2) $\sum_{n=1}^{\infty}(-1)^{n+1}\frac{\ln^k n}{n}, k>1$；

3) $\sum_{n=1}^{\infty}\sin\sqrt{n^2+1}\pi$；　4) $\sum_{n=1}^{\infty}(-1)^{n+1}\frac{n^5}{3^n}$；

5) $\sum_{n=1}^{\infty}(-1)^{n+1}\sin\frac{1}{\sqrt[n]{n}}$；　6) $\sum_{n=1}^{\infty}(-1)^{n+1}\frac{(2n-1)!!}{(2n)!!}$.

2. 讨论任意项级数的敛散性：

1) $\sum_{n=1}^{\infty}\cos n\pi\frac{\sqrt{n}}{n+1}$；　2) $\sum_{n=1}^{\infty}\sin\frac{1}{n^2}\ln\frac{2n+1}{n}$；

3) $\sum_{n=1}^{\infty}\frac{\sin n}{n+1}$；　4) $\sum_{n=1}^{\infty}\frac{1}{\ln n}\cos\frac{n\pi}{2}$.

3. 设 $u_n>0$，$\lim_{n\to+\infty} n\left(\frac{u_n}{u_{n+1}}-1\right)=r>1$，证明：$\sum_{n=1}^{\infty}(-1)^{n+1}u_n$ 收敛.

要求　1)分析 $\sum_{n=1}^{\infty}(-1)^{n+1}u_n$ 的结构，属于什么类型的级数？

2)类比已知，要判断其收敛性，需要验证什么条件？

3)根据所给的条件形式，前面教学内容中给出过相应的处理方法，类比相应的方法给出题目的证明.

10.5　绝对收敛和条件收敛

本节，我们仍然讨论任意项级数，充分利用我们已经掌握的正项级数的判别法，用于研究任意项级数的敛散性，从而引入级数理论中两个重要的概念——绝对收敛和条件收敛，并进一步给出这两类级数的重要性质.

一、绝对收敛和条件收敛

为了充分利用已经建立的正项级数的判别法来判断任意项级数的收敛性，我们引入级数的绝对收敛性和条件收敛性.

定义 5.1　设 $\sum_{n=1}^{\infty}u_n$ 是任意项级数，若正项级数 $\sum_{n=1}^{\infty}|u_n|$ 收敛，称任意项级数

$\sum_{n=1}^{\infty} u_n$ 绝对收敛. 若正项级数 $\sum_{n=1}^{\infty}|u_n|$ 发散而任意项级数 $\sum_{n=1}^{\infty} u_n$ 收敛, 称级数 $\sum_{n=1}^{\infty} u_n$ 条件收敛.

为方便, 称 $\sum_{n=1}^{\infty}|u_n|$ 为 $\sum_{n=1}^{\infty} u_n$ 的绝对级数.

利用此定义和 Cauchy 收敛准则可以得到

定理 5.1　绝对收敛的级数必收敛.

证明　设 $\sum_{n=1}^{\infty}|u_n|$ 收敛, 则由 Cauchy 收敛准则, 对任意的 $\varepsilon>0$, 存在 $N>0$, 当 $n>N$ 时, 对任意正整数 p, 成立

$$|u_{n+1}|+|u_{n+2}|+\cdots+|u_{n+p}|<\varepsilon,$$

因而,

$$|u_{n+1}+u_{n+2}+\cdots+u_{n+p}|<\varepsilon,$$

故, $\sum_{n=1}^{\infty} u_n$ 收敛.

结构分析　此定理隐藏了任意项级数的一种处理思想, 即通过考察其绝对级数, 将其转化为正项级数, 利用正项级数的判别理论, 得到任意项级数的收敛性.

定理的逆不一定成立, 如 $\sum_{n=1}^{\infty}\frac{(-1)^n}{n}$ 收敛, 但 $\sum_{n=1}^{\infty}\left|\frac{(-1)^n}{n}\right|$ 发散, 因而, 确实存在只是条件收敛的级数. 从另一角度, 反例表明, 若绝对级数发散, 原级数不一定发散, 但是, 若是用 Cauchy 判别法或 D'Alembert 判别法得到 $\sum_{n=1}^{\infty}|u_n|$ 的发散性, 由于这两个判别法是通过通项的极限不为 0 得到发散性的, 因而, 此时的原级数 $\sum_{n=1}^{\infty} u_n$ 必发散.

例 1　设 $a>0$, 判别 $\sum_{n=1}^{\infty}(-1)^n\frac{a^n}{n^p}$ 的绝对收敛性和条件收敛性.

解　先考察其绝对级数 $\sum_{n=1}^{\infty}\frac{a^n}{n^p}$. 由于

$$\lim_{n\to+\infty}\sqrt[n]{\frac{a^n}{n^p}}=a,$$

由 Cauchy 判别法可得, 当 $0<a<1$ 时, 其绝对收敛; 当 $a>1$ 时, 绝对级数 $\sum_{n=1}^{\infty}\frac{a^n}{n^p}$ 发

散, 因而, 原级数$\sum_{n=1}^{\infty}(-1)^n\frac{a^n}{n^p}$也发散.

$a=1$ 时, $\sum_{n=1}^{\infty}(-1)^n\frac{1}{n^p}$的敛散性与 p 有关: 当 $p>1$ 时, $\sum_{n=1}^{\infty}(-1)^n\frac{1}{n^p}$绝对收敛; 当 $0<p\leqslant 1$ 时, $\sum_{n=1}^{\infty}\frac{1}{n^p}$发散; 此时, $\sum_{n=1}^{\infty}(-1)^n\frac{1}{n^p}$为收敛的 Leibniz 级数, 故 $\sum_{n=1}^{\infty}(-1)^n\frac{1}{n^p}$条件收敛.

二、绝对收敛和条件收敛级数的性质

引入了绝对收敛级数和条件收敛级数, 其目的是利用绝对级数是正项级数的这一性质, 充分利用正项级数敛散性的判别法来判断任意项级数的敛散性. 很显然, 这只是引入二者的原因之一. 事实上, 引入这两类级数的更重要的原因是这两类级数具有丰富、深刻而又差别巨大的性质——这正是本小节讨论的主要内容.

为了充分利用正项级数的敛散性理论研究任意项级数, 我们首先引入正部级数和负部级数的概念, 由此建立建立起任意项级数和正项级数的联系.

给定任意项级数$\sum_{n=1}^{\infty}u_n$, 记

$$u_n^+=\max\{u_n,\ 0\}=\frac{|u_n|+u_n}{2}=\begin{cases}u_n, & u_n>0,\\ 0, & u_n\leqslant 0,\end{cases}$$

$$u_n^-=\max\{-u_n,\ 0\}=\frac{|u_n|-u_n}{2}=\begin{cases}0, & u_n\geqslant 0,\\ -u_n, & u_n<0,\end{cases}$$

称u_n^+为u_n的正部, u_n^-为u_n的负部, 对应的级数分别称为原级数的正部级数和负部级数.

我们这里定义的负部, 实际是绝对负部, 因为不管正部和负部都是非负量, 因而, 正部级数和负部级数都是正项级数.

由定义, 成立下面的关系

$$u_n=u_n^+-u_n^-,\quad |u_n|=u_n^++u_n^-.$$

这个关系式建立了任意项级数的通项和正项级数通项间的关系, 是用于研究任意项级数的基本关系式.

下面讨论相应级数间的敛散性关系.

定理 5.2 1) 若$\sum_{n=1}^{\infty}u_n$绝对收敛, 则正部级数$\sum_{n=1}^{\infty}u_n^+$和负部级数$\sum_{n=1}^{\infty}u_n^-$都收敛.

2) 若 $\sum_{n=1}^{\infty} u_n$ 条件收敛，则正部级数 $\sum_{n=1}^{\infty} u_n^+$ 和负部级数 $\sum_{n=1}^{\infty} u_n^-$ 都发散到 $+\infty$，即 $\sum_{n=1}^{\infty} u_n^+ = +\infty$，$\sum_{n=1}^{\infty} u_n^- = +\infty$.

思路分析　证明的思路是寻找三者之间的关系，上述的基本关系式是很好的线索.

证明　1) 利用它们之间的关系，则

$$0 \leqslant u_n^+ \leqslant |u_n|, \quad 0 \leqslant u_n^- \leqslant |u_n|,$$

由比较判别法，立即可得结论.

2) 反证法. 若 $\sum_{n=1}^{\infty} u_n^+$ 收敛，由于

$$\sum_{n=1}^{\infty} u_n^- = \sum_{n=1}^{\infty} u_n^+ - \sum_{n=1}^{\infty} u_n,$$

则 $\sum_{n=1}^{\infty} u_n^-$ 也收敛，因而，$\sum_{n=1}^{\infty} |u_n| = \sum_{n=1}^{\infty} u_n^+ + \sum_{n=1}^{\infty} u_n^-$ 收敛，故，$\sum_{n=1}^{\infty} u_n$ 绝对收敛.

反之，若 $\sum_{n=1}^{\infty} u_n^-$ 收敛，也有 $\sum_{n=1}^{\infty} u_n$ 绝对收敛，与条件收敛矛盾.

因而，$\sum_{n=1}^{\infty} u_n^-$，$\sum_{n=1}^{\infty} u_n^+$ 都发散，由于二者都是正项级数，故必有

$$\sum_{n=1}^{\infty} u_n^+ = +\infty, \quad \sum_{n=1}^{\infty} u_n^- = +\infty.$$

定理 5.2 反映了绝对收敛级数和条件收敛级数的结构上的差别.

为更深刻揭示二者的本质区别，引入更序级数.

定义 5.2　将级数 $\sum_{n=1}^{\infty} u_n$ 的项重新排序后得到的新级数，称为原级数的一个更序级数.

如 $u_{10} + u_3 + u_{100} + u_{59} + \cdots$ 就是级数 $\sum_{n=1}^{\infty} u_n$ 的一个更序级数.

更序过程中，级数的项和对应的符号同时更序，即项在变动的同时，相应的符号随此项一起变动.

我们的问题是：更序级数与原级数间的敛散性关系如何？

从另一个角度讲，更序级数是在原级数的加法顺序中进行了顺序上的交换，我们知道对有限加法来说，在运算上满足交换律，那么，在无限加法运算中，交换律还成立吗？下面的定理回答了这一问题.

定理 5.3 绝对收敛级数$\sum_{n=1}^{\infty}u_n$的更序级数$\sum_{n=1}^{\infty}u_n'$仍绝对收敛，且其和相同，$\sum_{n=1}^{\infty}u_n=\sum_{n=1}^{\infty}u_n'$.

思路分析 由于涉及定量关系，这是各种判别法不能解决的，只能用定义来证明. 我们采用从简单到复杂的处理方法证明这个结论.

证明 首先，设$\sum_{n=1}^{\infty}u_n$为收敛的正项级数，且记$\sum_{n=1}^{\infty}u_n=S$，$\sum_{n=1}^{\infty}u_n'$为任意一个更序级数并记$u_k'=u_{n_k}$. 又记其部分和分别为$S_n=\sum_{k=1}^{n}u_k$，$S_k'=\sum_{i=1}^{k}u_i'$，下面，我们比较二者部分和间的关系.

对任意的 k，取$n>\max\{n_1,n_2,\cdots,n_k\}$，由于$\sum_{n=1}^{\infty}u_n$为正项级数，则

$$S_k'=u_1'+\cdots+u_k'=u_{n_1}+\cdots+u_{n_k}\leqslant S_n\leqslant S,$$

由 k 的任意性，并注意到$\sum_{n=1}^{\infty}u_n'$也是正项级数，因而，$\sum_{n=1}^{\infty}u_n'$收敛且成立$\sum_{n=1}^{\infty}u_n'=S'\leqslant S$.

另一方面，$\sum_{n=1}^{\infty}u_n$也可视为$\sum_{n=1}^{\infty}u_n'$的更序级数，故同样可以证明

$$\sum_{n=1}^{\infty}u_n=S\leqslant\sum_{n=1}^{\infty}u_n'=S',$$

故$\sum_{n=1}^{\infty}u_n=\sum_{n=1}^{\infty}u_n'$.

其次，设$\sum_{n=1}^{\infty}u_n$为任意的绝对收敛级数(希望将其转化为前述讨论过的正项级数，于是，就提示我们考虑其正部级数和负部级数.)，仍设$\sum_{n=1}^{\infty}u_n'$为其任意一个更序级数，引入二者的正部级数和负部级数：$\sum_{n=1}^{\infty}u_n^+$，$\sum_{n=1}^{\infty}u_n^-$，$\sum_{n=1}^{\infty}u_n'^+$，$\sum_{n=1}^{\infty}u_n'^-$，则由定义，$\sum_{n=1}^{\infty}u_n'^+$为$\sum_{n=1}^{\infty}u_n^+$的更序级数，$\sum_{n=1}^{\infty}u_n'^-$为$\sum_{n=1}^{\infty}u_n^-$的更序级数，且都是正项级数. 由$\sum_{n=1}^{\infty}u_n$的绝对收敛性可知，$\sum_{n=1}^{\infty}u_n^+$，$\sum_{n=1}^{\infty}u_n^-$收敛，因而，由前述的证明可知$\sum_{n=1}^{\infty}u_n'^+$，

$\sum_{n=1}^{\infty} u_n'^-$ 收敛且

$$\sum_{n=1}^{\infty} u_n'^+ = \sum_{n=1}^{\infty} u_n^+ , \quad \sum_{n=1}^{\infty} u_n'^- = \sum_{n=1}^{\infty} u_n^- ,$$

故,

$$\sum_{n=1}^{\infty} u_n' = \sum_{n=1}^{\infty} u_n'^+ - \sum_{n=1}^{\infty} u_n'^- = \sum_{n=1}^{\infty} u_n^+ - \sum_{n=1}^{\infty} u_n^- = \sum_{n=1}^{\infty} u_n ,$$

显然, $\sum_{n=1}^{\infty} | u_n' | = \sum_{n=1}^{\infty} u_n'^+ + \sum_{n=1}^{\infty} u_n'^-$ 也收敛.

此定理深刻揭示了绝对收敛级数的结构特征. 此结论对条件收敛的级数不一定成立. 这就是我们将要揭示的条件收敛级数的重要性质.

定理 5.4 (Riemann 定理) 设 $\sum_{n=1}^{\infty} u_n$ 条件收敛, 则对任意的实数 S(S 可以为 $\pm\infty$), 总存在 $\sum_{n=1}^{\infty} u_n$ 的一个更序级数 $\sum_{n=1}^{\infty} u_n'$, 使得 $\sum_{n=1}^{\infty} u_n' = S$.

结构分析 对条件收敛级数而言, 我们已经掌握的主要结论就是定理 5.2, 因此, 证明的主要思路是根据 $\sum_{n=1}^{\infty} u_n^+ = +\infty$, $\sum_{n=1}^{\infty} u_n^- = +\infty$, 挑选所需要的项, 由此构造所需要的级数.

证明 设 $S>0$ 为有限数, 由于 $\sum_{n=1}^{\infty} u_n$ 条件收敛, 故 $\sum_{n=1}^{\infty} u_n^+ = +\infty$, $\sum_{n=1}^{\infty} u_n^- = +\infty$, 下面构造所需的级数.

依次从 $\sum_{n=1}^{\infty} u_n^+$ 中取出 n_1 项, 使得

$$u_1^+ + \cdots + u_{n_1-1}^+ \leqslant S, \quad u_1^+ + \cdots + u_{n_1}^+ > S ,$$

依次再从 $\sum_{n=1}^{\infty} u_n^-$ 中取出 m_1 项, 使得

$$u_1^+ + \cdots + u_{n_1}^+ - u_1^- - \cdots - u_{m_1-1}^- \geqslant S ,$$

$$u_1^+ + \cdots + u_{n_1}^+ - u_1^- - \cdots - u_{m_1}^- < S ,$$

依次再添加正项和负项, 保持上述性质成立, 就得到一个更序级数 $\sum_{n=1}^{\infty} u_n'$, 下面证明 $\sum_{n=1}^{\infty} u_n' = S$.

记$S'_n=\sum_{k=1}^{n}u'_k$，则由上述构造过程可得，当$k>n_1$，存在n_k,m_k，使得

$$S-u_{m_k}^- \leqslant S'_k \leqslant S+u_{n_k}^+ .$$

事实上，由上述性质得

$$0\leqslant S'_i \leqslant S,\quad i=1,2,\cdots,n_1-1,$$

因而，

$$S<S'_{n_1}=S'_{n_1-1}+u_{n_1}^+ \leqslant S+u_{n_1}^+ ;$$

添加负项时，即当$k=n_1+1,\cdots,n_1+m_1-1$时，

$$S\leqslant S'_k \leqslant S'_{n_1}<S+u_{n_1}^+,$$

而

$$S-u_{m_1}^- \leqslant S'_{n_1+m_1-1}-u_{m_1}^- = S'_{n_1+m_1}<S'_{n_1}<S+u_{n_1}^+,$$

因而，$k=n_1+1,\cdots,n_1+m_1$时总有

$$S-u_{m_1}^- \leqslant S'_k \leqslant S+u_{n_1}^+,$$

当k增大时，成立类似的不等式. 由此得

$$\lim_{n\to+\infty}S'_n=S,$$

即$\sum_{n=1}^{\infty}u'_n=S$.

总结 上述两个定理表明：对有限加法满足的无条件交换律，在无限加法中并不成立，此时需要一定的条件，这是有限和和无限和的重大区别.

例 2 对条件收敛的级数$\sum_{n=1}^{\infty}(-1)^{n+1}\frac{1}{n}$，构造两个收敛于不同和的更序级数.

解 设$\sum_{n=1}^{\infty}(-1)^{n+1}\frac{1}{n}$的部分和为$S_n$，其和为 S，按下述结构构造更序级数：按原级数的顺序，从中抽取一个正项，后接两个负项，记此更序级数为$\sum_{n=1}^{\infty}u_n$，其部分和为S'_n，我们考察数列$\{S'_n\}$的三个特殊子列，则

$$\begin{aligned}S'_{3n}&=\sum_{k=1}^{n}\left(\frac{1}{2k-1}-\frac{1}{4k-2}-\frac{1}{4k}\right)\\&=\sum_{k=1}^{n}\left(\frac{1}{4k-2}-\frac{1}{4k}\right)\\&=\frac{1}{2}\sum_{k=1}^{n}\left(\frac{1}{2k-1}-\frac{1}{2k}\right)\end{aligned}$$

$$=\frac{1}{2}S_{2n},$$

因而,

$$\lim_{n\to+\infty}S'_{3n}=\frac{1}{2}\lim_{n\to+\infty}S_{2n}=\frac{1}{2}S,$$

由于

$$S'_{3n-1}=S'_{3n}+\frac{1}{4n},$$

$$S'_{3n+1}=S'_{3n}+\frac{1}{2n+1},$$

故,

$$\lim_{n\to+\infty}S'_{3n}=\lim_{n\to+\infty}S'_{3n-1}=\lim_{n\to+\infty}S'_{3n+1}=\frac{1}{2}S,$$

因而,

$$\lim_{n\to+\infty}S'_{n}=\frac{1}{2}S,$$

因此, 更序级数 $\sum_{n=1}^{\infty}u_n=\frac{1}{2}S$.

类似, 若按原级数的顺序, 抽取两个正项后接一个负项, 则我们构造另一个更序级数, 则此更序级数的和为 $\frac{3}{2}S$, 即

$$1+\frac{1}{3}-\frac{1}{2}+\frac{1}{5}+\frac{1}{7}-\frac{1}{4}+\frac{1}{9}+\cdots=\frac{3S}{2}.$$

事实上, 由于

$$1-\frac{1}{2}+\frac{1}{3}-\frac{1}{4}+\cdots=S,$$

两端乘以 $\frac{1}{2}$, 则

$$\frac{1}{2}-\frac{1}{4}+\frac{1}{6}-\frac{1}{8}+\cdots=\frac{S}{2},$$

将上式左端, 从第一项始, 隔项插入 0, 结论不变, 即

$$0+\frac{1}{2}+0-\frac{1}{4}+0+\frac{1}{6}+0-\frac{1}{8}+\cdots=\frac{S}{2},$$

将其和第一式相加,

$$1+0+\frac{1}{3}-\frac{1}{2}+\frac{1}{5}+0+\frac{1}{7}-\frac{1}{4}+\frac{1}{9}+0\cdots=\frac{3S}{2},$$

去掉左端的 0, 则

$$1+\frac{1}{3}-\frac{1}{2}+\frac{1}{5}+\frac{1}{7}-\frac{1}{4}+\frac{1}{9}+\cdots=\frac{3S}{2},$$

由此, 得到了一个不同和的更序级数.

三、级数的乘积

本小节简单介绍级数的乘法运算.

我们知道, 级数是将有限和的运算推广到无限和, 研究运算性质的变化, 同样, 级数的乘积就是将有限和的乘积运算推广到无限和的乘积运算上, 研究运算性质的变化.

给定两个收敛的级数 $\sum_{n=1}^{\infty}u_n$ 和 $\sum_{n=1}^{\infty}v_n$, 它们的乘积由如下的项构成:

$$\begin{matrix} u_1v_1 & u_1v_2 & u_1v_3 & u_1v_4 & \cdots & u_1v_k & \cdots \\ u_2v_1 & u_2v_2 & u_2v_3 & u_2v_4 & \cdots & u_2v_k & \cdots \\ u_3v_1 & u_3v_2 & u_3v_3 & u_3v_4 & \cdots & u_3v_k & \cdots \\ u_4v_1 & u_4v_2 & u_4v_3 & u_4v_4 & \cdots & u_4v_k & \cdots \end{matrix}$$

将所有这些项加起来, 就是两个级数的乘积, 显然, 它们的乘积仍是一个级数, 称为乘积级数. 但是, 由于级数的运算一般不满足交换律和结合律, 因此, 乘积级数中, 项如何排列, 通项的结构是什么? 这是必须首先解决的问题.

一般来说, 这些项的排列方式有很多种, 最常用的有对角线排列和正方形排列, 对角线排列是

$$\begin{matrix} u_1v_1 & u_1v_2 & u_1v_3 & u_1v_4 & \cdots & u_1v_k & \cdots \\ \swarrow & \swarrow & \swarrow & \swarrow & \cdots & \swarrow & \cdots \\ u_2v_1 & u_2v_2 & u_2v_3 & u_2v_4 & \cdots & u_2v_k & \cdots \\ \swarrow & \swarrow & \swarrow & \swarrow & \cdots & \swarrow & \cdots\swarrow \\ u_3v_1 & u_3v_2 & u_3v_3 & u_3v_4 & \cdots & u_3v_k & \cdots \\ \swarrow & \swarrow & \swarrow & \swarrow & \cdots & \swarrow & \cdots\swarrow \\ u_4v_1 & u_4v_2 & u_4v_3 & u_4v_4 & \cdots & u_4v_k & \cdots \end{matrix}$$

此时, 乘积级数的通项为

$$w_n=u_nv_1+u_{n-1}v_2+\cdots+u_1v_n,$$

称级数 $\sum_{n=1}^{\infty}w_n$ 为 $\sum_{n=1}^{\infty}u_n$ 和 $\sum_{n=1}^{\infty}v_n$ 的 Cauchy 乘积.

正方形排列的乘积的通项为

$$r_n = u_1v_n + u_2v_n + \cdots + u_nv_n + u_nv_{n-1} + \cdots + u_nv_1,$$

级数$\sum_{n=1}^{\infty} r_n$就是级数$\sum_{n=1}^{\infty} u_n$，$\sum_{n=1}^{\infty} u_n$按正方形排列的乘积.

我们不加证明地给出两个结论, 有兴趣的话, 证明过程可以参看其他教材.

定理 5.5 若$\sum_{n=1}^{\infty} u_n$，$\sum_{n=1}^{\infty} v_n$收敛, 则$\sum_{n=1}^{\infty} r_n$收敛, 且

$$\sum_{n=1}^{\infty} r_n = \sum_{n=1}^{\infty} u_n \cdot \sum_{n=1}^{\infty} v_n .$$

定理 5.6 若$\sum_{n=1}^{\infty} u_n$，$\sum_{n=1}^{\infty} v_n$绝对收敛, 则将乘积项u_iv_j按任意方式排列得到的乘积级数也绝对收敛, 且其和等于$\sum_{n=1}^{\infty} u_n \cdot \sum_{n=1}^{\infty} v_n$.

习题 10.5

1. 讨论级数的绝对收敛性和条件收敛性:

1) $\sum_{n=2}^{\infty}(-1)^n \frac{1}{n\ln n}$； 2) $\sum_{n=1}^{\infty}\frac{\cos\frac{n\pi}{2}}{n^p}, p>0$；

3) $\sum_{n=1}^{\infty}(-1)^{n+1} \frac{n-1}{(n+1)n^p}, p>0$； 4) $\sum_{n=1}^{\infty}\frac{\cos n}{\ln n}$.

2. 设$\sum_{n=1}^{\infty} u_n$绝对收敛，证明$\sum_{n=1}^{\infty} u_n(u_1+\cdots+u_n)$也绝对收敛.

10.6 无穷乘积

本节, 我们将研究无限和的级数理论的思想用于研究无限积, 将有限积运算推广到无限积, 从而引入无穷乘积的概念.

一、基本概念

定义 6.1 给定数列$\{p_n\}$($p_n \neq 0$), 称无穷多个数p_n的连乘积$p_1p_2\cdots p_n\cdots$为无穷乘积, 记为$\prod_{n=1}^{\infty} p_n$，p_n称为通项，$P_n = \prod_{k=1}^{n} p_k$为部分积数列.

定义 6.2 若$\{P_n\}$收敛于有限数$p \neq 0$，称无穷乘积$\prod_{n=1}^{\infty} p_n$收敛于p,记为$\prod_{n=1}^{\infty} p_n = p$.

定义 6.3　如果$\{P_n\}$发散或$\lim\limits_{n\to+\infty} P_n=0$，称$\prod\limits_{n=1}^{\infty} p_n$发散.

二、收敛的无穷乘积的必要条件

定理 6.1　如果无穷乘积$\prod\limits_{n=1}^{\infty} p_n$收敛, 则

1) $\lim\limits_{n\to+\infty} p_n=1$;　　　　2) 余积$\lim\limits_{n\to+\infty}\prod\limits_{k=n+1}^{\infty} p_n=1$.

证明　设$\prod\limits_{n=1}^{\infty} p_n=p$，则

$$\lim_{n\to+\infty} p_n=\lim_{n\to+\infty}\frac{P_n}{P_{n-1}}=\frac{p}{p}=1,$$

$$\lim_{n\to+\infty}\prod_{k=n+1}^{\infty} p_k=\lim_{n\to+\infty}\frac{\prod\limits_{k=1}^{\infty} p_k}{\prod\limits_{k=1}^{n} p_k}=\frac{p}{p}=1.$$

注　定理 6.1 给出了无穷乘积收敛的必要条件, 因此, 若$\prod\limits_{n=1}^{\infty} p_n$收敛, 记$p_n=1+a_n$，则$\lim\limits_{n\to+\infty} a_n=0$.

例 1　考虑无穷乘积$\prod\limits_{n=1}^{\infty} p_n$的收敛性, 其中

1) $p_n=1-\dfrac{1}{(2n)^2}$;　　　　2) $p_n=\cos\dfrac{x}{2^n}$.

解　1) 考察部分积

$$P_n=\prod_{k=1}^{n}\left[1-\frac{1}{(2n)^2}\right]=\frac{[(2n-1)!!]^2}{[(2n)!!]^2}(2n+1),$$

为考察其收敛性, 考虑积分$I_n=\int_0^{\pi/2}\sin^n x\mathrm{d}x$，则

$$I_{2n}=\frac{(2n-1)!!}{(2n)!!}\frac{\pi}{2},\quad I_{2n+1}=\frac{(2n)!!}{(2n+1)!!},$$

故,

$$\frac{\pi}{2}P_n=\frac{I_{2n}}{I_{2n+1}},$$

由定义, 显然$I_{2n+1}<I_{2n}<I_{2n-1}$，因此

$$1<\frac{I_{2n}}{I_{2n+1}}<\frac{I_{2n-1}}{I_{2n+1}}=\frac{2n+1}{2n},$$

所以, $\lim\limits_{n\to+\infty}\dfrac{I_{2n}}{I_{2n+1}}=1$, 因而,

$$\lim_{n\to+\infty}P_n=\lim_{n\to+\infty}\left(\frac{2}{\pi}\frac{I_{2n}}{I_{2n+1}}\right)=\frac{2}{\pi},$$

故,

$$\prod_{n=1}^{\infty}\left[1-\frac{1}{(2n)^2}\right]=\frac{2}{\pi}.$$

注 由此可得 Wallice 公式

$$\frac{\pi}{2}=\frac{2}{1}\frac{2}{3}\frac{4}{3}\frac{4}{5}\frac{6}{5}\frac{6}{7}\cdots\frac{2n}{2n-1}\frac{2n}{2n+1}\cdots,$$

2) 利用倍角公式

$$\begin{aligned}\sin x&=2\sin\frac{x}{2}\cos\frac{x}{2}=2^2\sin\frac{x}{2^2}\cos\frac{x}{2^2}\cos\frac{x}{2}\\&=\cdots\\&=2^n\sin\frac{x}{2^n}\cos\frac{x}{2^n}\cos\frac{x}{2^{n-1}}\cdots\cos\frac{x}{2},\end{aligned}$$

当 $0<x<\pi$ 时,

$$\prod_{k=1}^{n}p_k=\prod_{k=1}^{n}\cos\frac{x}{2^k}=\frac{\sin x}{2^n\sin\dfrac{x}{2^n}}\to\frac{\sin x}{x},$$

故,

$$\prod_{n=1}^{\infty}\cos\frac{x}{2^n}=\frac{\sin x}{x}.$$

注 令 $x=\dfrac{\pi}{2}$, 得到 Viete 公式

$$\frac{2}{\pi}=\cos\frac{\pi}{4}\cos\frac{\pi}{8}\cdots\cos\frac{\pi}{2^n}\cdots.$$

三、收敛性的判断

通过建立无穷乘积与无穷级数间的关系, 利用级数收敛性的判别法判断无穷乘积的收敛性.

由于 $\prod\limits_{n=1}^{\infty}p_n$ 收敛的必要条件是 $\lim\limits_{n\to+\infty}p_n=1$, 故不妨设 $p_n>0$.

定理 6.2 $\prod\limits_{n=1}^{\infty}p_n$ 收敛的充要条件是 $\sum\limits_{n=1}^{\infty}\ln p_n$ 收敛.

证明 记 $P_n=\prod\limits_{k=1}^{n}p_k$，$S_n=\sum\limits_{k=1}^{n}\ln p_k$，则 $P_n=\mathrm{e}^{S_n}$，故 $\{P_n\}$ 收敛于非 0 的实数等价于 $\{S_n\}$ 收敛，因此，定理得证.

特别，$\{P_n\}$ 收敛于 0，即 $\prod\limits_{n=1}^{\infty}p_n$ 发散于 0 等价与 $\{S_n\}$ 发散到 $-\infty$.

定理 6.3 设对所有的 n，$a_n>0$ (或 $a_n<0$)，则 $\prod\limits_{n=1}^{\infty}(1+a_n)$ 收敛的充要条件是 $\sum\limits_{n=1}^{\infty}a_n$ 收敛.

证明 $\prod\limits_{n=1}^{\infty}(1+a_n)$ 和 $\sum\limits_{n=1}^{\infty}a_n$ 收敛的必要条件都是 $\lim\limits_{n\to+\infty}a_n=0$，因此，只考虑 $\lim\limits_{n\to+\infty}a_n=0$ 的情形.

由于 $\prod\limits_{n=1}^{\infty}(1+a_n)$ 收敛等价于 $\sum\limits_{n=1}^{\infty}\ln(1+a_n)$ 收敛，而当 $\lim\limits_{n\to+\infty}a_n=0$ 时，$\lim\limits_{n\to+\infty}\dfrac{\ln(1+a_n)}{a_n}=1$，故 $\sum\limits_{n=1}^{\infty}\ln(1+a_n)$ 与 $\sum\limits_{n=1}^{\infty}a_n$ 同时敛散.

定理 6.4 设 $\sum\limits_{n=1}^{\infty}a_n$ 收敛，则 $\prod\limits_{n=1}^{\infty}(1+a_n)$ 收敛的充要条件是 $\sum\limits_{n=1}^{\infty}a_n^2$ 收敛.

证明 设 $\prod\limits_{n=1}^{\infty}(1+a_n)$ 收敛，则 $\sum\limits_{n=1}^{\infty}\ln(1+a_n)$ 收敛，因而 $\sum\limits_{n=1}^{\infty}(a_n-\ln(1+a_n))$ 收敛. 由条件 $\sum\limits_{n=1}^{\infty}a_n$ 收敛，则 $\lim\limits_{n\to+\infty}a_n=0$ 且 $\ln(1+a_n)\leqslant a_n$，故

$$\lim_{n\to+\infty}\frac{a_n-\ln(1+a_n)}{a_n^2}=\frac{1}{2},$$

所以，$\sum\limits_{n=1}^{\infty}a_n^2$ 收敛.

反之，若 $\sum\limits_{n=1}^{\infty}{a_n}^2$ 收敛，由于仍成立

$$\lim_{n\to+\infty}\frac{a_n-\ln(1+a_n)}{a_n^2}=\frac{1}{2},$$

故，$\sum\limits_{n=1}^{\infty}(a_n-\ln(1+a_n))$ 收敛，因而 $\sum\limits_{n=1}^{\infty}\ln(1+a_n)$ 收敛，所以 $\prod\limits_{n=1}^{\infty}(1+a_n)$ 收敛.

定理 6.5 设 $a_n\geqslant-1$，则下述三个命题等价.

1) $\prod\limits_{n=1}^{\infty}(1+a_n)$ 绝对收敛；

2) $\prod_{n=1}^{\infty}(1+|a_n|)$ 收敛；

3) $\sum_{n=1}^{\infty}a_n$ 绝对收敛.

证明 由于它们的必要条件都是 $\lim_{n\to+\infty}a_n=0$，而在条件 $\lim_{n\to+\infty}a_n=0$ 下成立

$$\lim_{n\to+\infty}\frac{|\ln(1+a_n)|}{|a_n|}=1,\quad \lim_{n\to+\infty}\frac{\ln(1+|a_n|)}{|a_n|}=1,$$

故等价性成立.

例 2 证明 Stirling 公式：$n!\sim\sqrt{2\pi}n^{n+\frac{1}{2}}\mathrm{e}^{-n}$.

证明 记 $b_n=\dfrac{n!\mathrm{e}^n}{n^{n+\frac{1}{2}}}$，则

$$\begin{aligned}\frac{b_n}{b_{n-1}}&=\mathrm{e}\left(1-\frac{1}{n}\right)^{n-\frac{1}{2}}=\mathrm{e}\cdot\mathrm{e}^{\ln\left(1-\frac{1}{n}\right)^{n-\frac{1}{2}}}\\&=\mathrm{e}^{1+\left(n-\frac{1}{2}\right)\ln\left(1-\frac{1}{n}\right)}=\mathrm{e}^{-\frac{1}{12n^2}+o\left(\frac{1}{n^2}\right)}\\&=1-\frac{1}{12n^2}+o\left(\frac{1}{n^2}\right),\end{aligned}$$

令 $1+a_n=\dfrac{b_n}{b_{n-1}}$，则 $\sum_{n=1}^{\infty}a_n$ 是收敛的定号级数，因而，$\prod_{n=1}^{\infty}(1+a_n)=\prod_{n=1}^{\infty}\dfrac{b_n}{b_{n-1}}$ 收敛于非 0 的实数，因此

$$\lim_{n\to+\infty}b_n=b_1\lim_{n\to+\infty}\prod_{k=2}^{n}\frac{b_k}{b_{k-1}}=A\neq0,$$

由必要条件和 Wallice 公式

$$A=\lim_{n\to+\infty}b_n=\lim_{n\to+\infty}b_n\lim_{n\to+\infty}\frac{b_n}{b_{2n}}=\lim_{n\to+\infty}\frac{b_n^{\ 2}}{b_{2n}}=\lim_{n\to+\infty}\frac{(2n)!!}{(2n-1)!!}\sqrt{\frac{2}{n}}=\sqrt{2\pi},$$

即 $\lim_{n\to+\infty}\dfrac{n!\mathrm{e}^n}{n^{n+\frac{1}{2}}}=\sqrt{2\pi}$，定理得证.

注 由 Stirling 公式可以得到 $\lim_{n\to+\infty}\dfrac{n}{\sqrt[n]{n!}}=\mathrm{e}$.

习 题 10.6

讨论无穷乘积的敛散性.

1) $\prod_{n=3}^{\infty}\dfrac{n^2-4}{n^2-1}$；

2) $\prod_{n=2}^{\infty}\sqrt{\dfrac{n+1}{n-1}}$.

第 11 章　函数项级数

本章将数项级数理论进一步推广，引入函数项级数$\sum_{n=1}^{\infty}u_n(x)$. 类比数项级数，要解决的主要问题是：对什么样的$x$，$\sum_{n=1}^{\infty}u_n(x)$有意义，在有意义的条件下，对应的和函数$f(x)=\sum_{n=1}^{\infty}u_n(x)$具有什么样的分析性质以及如何计算和函数.

11.1　函数项级数及其一致收敛性

一、定义

类比数项级数，可以类似引入函数项级数的定义.

给定实数集合X，$u_n(x)$ $(n=1,2,3,\cdots)$是定义在X上的函数.

定义 1.1　称无穷个函数的和

$$u_1(x)+u_2(x)+\cdots+u_n(x)+\cdots$$

为函数项级数，记为$\sum_{n=1}^{\infty}u_n(x)$，其中，$u_n(x)$称为通项，$S_n(x)=\sum_{k=1}^{n}u_k(x)$为部分和函数，也称$\{S_n(x)\}$为$\sum_{n=1}^{\infty}u_n(x)$的部分和函数列.

从定义看，函数项级数是一个无穷个函数的无限和，类似于数项级数，必须讨论无限和是否有意义的问题，显然，这和x点的位置有关，为此，先引入函数项级数的点收敛性.

定义 1.2　设$x_0\in X$，若数项级数$\sum_{n=1}^{\infty}u_n(x_0)$收敛，称$\sum_{n=1}^{\infty}u_n(x)$在$x_0$点收敛. 否则，称$\sum_{n=1}^{\infty}u_n(x)$在$x_0$点发散.

显然，$\sum_{n=1}^{\infty}u_n(x)$在$x_0$点收敛，等价于函数列$\{S_n(x)\}$在$x_0$点收敛，即数列$\{S_n(x_0)\}$收敛.

定义给出了函数项级数在一点的收敛性，也称点收敛性，进一步可以将点收敛性推广到区间或集合收敛性.

定义 1.3　若对 $\forall x\in X$，都有 $\sum_{n=1}^{\infty}u_n(x)$ 收敛，则称 $\sum_{n=1}^{\infty}u_n(x)$ 在 X 上收敛.

此时，$\forall x\in X$，$\sum_{n=1}^{\infty}u_n(x)$ 都有意义，记 $S(x)=\sum_{n=1}^{\infty}u_n(x)$，则 $S(x)$ 是定义在集合 X 上的函数，称 $S(x)$ 为 $\sum_{n=1}^{\infty}u_n(x)$ 的和函数.

$\sum_{n=1}^{\infty}u_n(x)$ 在 X 上收敛是局部概念，等价于 $\sum_{n=1}^{\infty}u_n(x)$ 在 X 中每一点都收敛.

$\sum_{n=1}^{\infty}u_n(x)$ 在 X 上收敛，等价于函数列 $\{S_n(x)\}$ 在 X 上收敛. 显然，在收敛的条件下，有

$$S(x)=\sum_{n=1}^{\infty}u_n(x)=\lim_{n\to\infty}S_n(x),\quad \forall x\in X.$$

例 1　讨论下列函数项级数在 $X=(-1,1)$ 上的收敛性，并在收敛的条件下求其和函数.

1) $\sum_{n=0}^{\infty}x^n$；　　2) $\sum_{n=0}^{\infty}(-1)^n x^n$.

解　1) 任取 $x_0\in(-1,1)$，考察数项级数 $\sum_{n=0}^{\infty}x_0^n$.

由于 $\sqrt[n]{|x_0|^n}=|x_0|<1$，由根式判别法可知，$\sum_{n=0}^{\infty}x_0^n$ 绝对收敛，因而 $\sum_{n=0}^{\infty}x_0^n$ 收敛，由 $x_0\in(-1,1)$ 的任意性，则 $\sum_{n=0}^{\infty}x^n$ 在 $(-1,1)$ 收敛.

利用等比数列的求和公式，有

$$S_n(x)=\sum_{k=0}^{n}x^k=\frac{1-x^n}{1-x},\quad x\in(-1,1),$$

因而，

$$S(x)=\lim_{n\to\infty}S_n(x)=\frac{1}{1-x},\quad x\in(-1,1),$$

即

$$\sum_{n=0}^{\infty}x^n=\frac{1}{1-x},\quad x\in(-1,1).$$

2) 类似可以证明：

$$\sum_{n=0}^{\infty}(-1)^n x^n=\frac{1}{1+x},\quad x\in(-1,1).$$

总结　1) 通过例 1 可知，借助于数项级数的收敛性，可以研究函数项级数的收敛性.

2) 例 1 的两个由等比的求和公式建立的函数项级数的和函数公式是函数项级数求和函数的基本公式,要记住这两个公式，当然，当首项不同时，和函数会不同，如

$$\sum_{n=1}^{\infty}x^n=\frac{x}{1-x},\quad x\in(-1,1),$$

$$\sum_{n=1}^{\infty}(-1)^{n+1}x^n=\frac{x}{1+x},\quad x\in(-1,1).$$

与函数项级数相类似的研究对象是函数列，函数项级数与函数列可以相互转化，事实上，给定函数项级数 $\sum_{n=1}^{\infty}u_n(x)$，得到对应的部分和函数列 $\{S_n(x)\}$，而 $\sum_{n=1}^{\infty}u_n(x)$ 的敛散性也等价于 $\{S_n(x)\}$ 的敛散性. 反之，给定一个函数列 $\{S_n(x)\}$，令 $u_n(x)=S_n(x)-S_{n-1}(x)\ (S_0=0)$，得函数项级数 $\sum_{n=1}^{\infty}u_n(x)$，使得 $\sum_{n=1}^{\infty}u_n(x)$ 的部分和正是 $S_n(x)$，二者的敛散性也等价. 因此，可以将 $\sum_{n=1}^{\infty}u_n(x)$ 视为与 $\{S_n(x)\}$ 等价的研究对象，因而，在后续的研究中，只以其中的一个为例引入相关的理论，相应的理论可以平行推广到另一个研究对象上.

下面，我们继续以函数项级数为例引入相关理论.

我们将函数项级数与数项级数进行简单的对比，可以发现：二者的形式上的区别在于通项结构上，数项级数的通项是仅与位置变量有关的数，而函数项级数的通项是与位置变量有关的函数，正是这些简单的区别，却决定了函数项级数的研究内容要比数项级数的内容更加丰富，即除了研究“点”收敛之外，还要在收敛的条件下，研究其和函数的分析性质与高等运算(如极限、微分、积分等)或者研究对每个通项函数 $u_n(x)$ 都成立的分析性质，对和函数是否也成立，或者说，对有限和成立的分析运算性质能否推广到对无限和运算也成立，即函数的性质(如连续性、可微性等)能否由有限过渡到无限，如：已知成立有限和的函数极限的运算性质(对应各项都存在)

$$\lim_{x\to x_0}[u_1(x)+\cdots+u_n(x)]=\lim_{x\to x_0}u_1(x)+\cdots+\lim_{x\to x_0}u_n(x),$$

这个性质能否过渡到对无限和的函数运算也成立，即成立

$$\lim_{x\to x_0}\sum_{n=1}^{\infty}u_n(x)=\sum_{n=1}^{\infty}\lim_{x\to x_0}u_n(x),$$

这实际是两种运算——求和和求极限的换序运算问题.

再如对有限和成立的微分和积分运算性质

$$\frac{\mathrm{d}}{\mathrm{d}x}[u_1(x)+\cdots+u_n(x)]=\frac{\mathrm{d}u_1(x)}{\mathrm{d}x}+\cdots+\frac{\mathrm{d}u_n(x)}{\mathrm{d}x},$$

$$\int_a^b[u_1(x)+\cdots+u_n(x)]\mathrm{d}x=\int_a^b u_1(x)\mathrm{d}x+\cdots+\int_a^b u_n(x)\mathrm{d}x,$$

能否过渡到对无限和的运算也成立，还是两种运算的换序性问题. 当然，这样的定量分析性质包括了定性分析性质，即在收敛的情况下，和函数是否一定继承每个 $u_n(x)$ 相应的性质，如每个 $u_n(x)\in C[0,1]$，是否成立 $S(x)\in C[0,1]$？

有例子表明，不加任何条件，上述提到的问题的答案都是否定的，如，令 $u_1(x)=x$，$u_n(x)=x^n-x^{n-1}$，则 $\sum_{n=1}^{\infty}u_n(x)$ 在 $[0,1]$ 收敛，且 $S_n(x)=x^n$，故

$$S(x)=\lim S_n(x)=\begin{cases}0, & x\in[0,1),\\ 1, & x=1,\end{cases}$$

显然，对所有 n，都有 $u_n(x)\in C[0,1]$，但 $S(x)\notin C[0,1]$.

当然，否定的结论不是我们希望的结论，因此，为使得 $\sum_{n=1}^{\infty}u_n(x)$ 保持更好的性质，必须引入更好的收敛性. 事实上，从 $\sum_{n=1}^{\infty}u_n(x)$ 的点收敛的定义也可以看出其局限性，设 $\sum_{n=1}^{\infty}u_n(x)$ 在集合 X 上收敛，则对任意的 $x\in X$，$\sum_{n=1}^{\infty}u_n(x)$ 和 $\{S_n(x)\}$ 在 x 点收敛，由 Cauchy 收敛准则,对 $\forall\varepsilon>0,\exists N=N(x,\varepsilon)$，使得当 $n>N$ 时，

$$|S_{n+p}(x)-S_n(x)|<\varepsilon,\ \forall p,$$

或

$$|u_{n+1}(x)+u_{n+2}(x)+\cdots+u_{n+p}(x)|<\varepsilon,\ \forall p,$$

显然，对不同的 $x\in X$，$N(x,\varepsilon)$ 也不同. 正是由于在收敛的条件下，$N(x,\varepsilon)$ 强烈依赖于 x，显示了强烈的局部性质，使得每个 $u_n(x)$ 的性质很难延伸到和函数上，也使得一些运算很难推广，要解决这些问题，关键是能否找到一个公共的 N，使得上式对所有 x 都成立？为此，我们引入一致收敛性.

二、一致收敛性

定义 1.4　设 $\sum_{n=1}^{\infty}u_n(x)$ 在 X 上有定义，如果对 $\forall\varepsilon>0$，存在 $N(\varepsilon)>0$，当

$n>N$ 时,

$$|u_{n+1}(x)+\cdots+u_{n+p}(x)|<\varepsilon,\ 对\ \forall p,\ \forall x\in X\ 成立,$$

则称 $\sum_{n=1}^{\infty}u_n(x)$ 在 X 上一致收敛.

也可用部分和函数列 $\{S_n(x)\}$ 引入等价的定义.

定义 1.5　给定函数列 $\{S_n(x)\}$, 若对 $\forall\varepsilon>0$, 存在 $N(\varepsilon)>0$, 当 $n>N$ 时,

$$|S_{n+p}(x)-S_n(x)|<\varepsilon,\ 对\ \forall p,\ \forall x\in X\ 成立,$$

则称 $\{S_n(x)\}$ 在 X 上一致收敛.

如果知道和函数, 还可利用和函数定义一致收敛性.

定义 1.6　设 $\sum_{n=1}^{\infty}u_n(x)$ ($\{S_n(x)\}$)在 X 上收敛于 $S(x)$, 若对 $\forall\varepsilon>0$, 存在 $N(\varepsilon)>0$, 当 $n>N$ 时,

$$\left|\sum_{k=1}^{n}u_k(x)-S(x)\right|<\varepsilon\quad (|S_n(x)-S(x)|<\varepsilon),\quad 对\ \forall x\in X\ 成立,$$

则称 $\sum_{n=1}^{\infty}u_n(x)$ ($\{S_n(x)\}$)在 X 上一致收敛于 $S(x)$, 记为

$$\sum_{n=1}^{\infty}u_n(x)\Rightarrow S(x)\,(S_n(x)\Rightarrow S(x)),\quad x\in X,$$

或记为 $\sum_{n=1}^{\infty}u_n(x)\overset{X}{\Rightarrow}S(x)\,(S_n(x)\overset{X}{\Rightarrow}S(x))$.

自行挖掘函数项级数的点收敛和一致收敛性的属性.

一致收敛的几何意义: $S_n(x)\Rightarrow S(x)$ 等价于当 $n>N$ 时, 函数曲线 $S_n(x)$ 都落在曲线 $S(x)-\varepsilon$ 和 $S(x)+\varepsilon$ 之间.

例 2　证明: $S_n(x)=\dfrac{x}{1+n^2x^2}$ 在 $X=(-\infty,+\infty)$ 一致收敛.

证明　1) 计算和函数 $S(x)$. 任取 $x_0\in X$, 则

$$S_n(x_0)=\frac{x_0}{1+n^2x_0^2}\to 0,$$

由 $x_0\in X$ 的任意性, 则 $S(x)=0$, $x\in X$.

2) 判断及验证. 由于

$$|S_n(x)-S(x)|=\frac{|x_0|}{1+n^2x_0^2}=\frac{1}{2n}\cdot\frac{2n|x_0|}{1+n^2x_0^2}\leqslant\frac{1}{2n},$$

故, 对 $\forall\varepsilon>0$, 取 $N(\varepsilon)=\left[\dfrac{1}{2\varepsilon}\right]+1$, 当 $n>N$ 时,

$$|S_n(x)-S(x)|<\varepsilon\text{，对 }\forall x\in X\text{ 成立,}$$

因而，$S_n(x)\Rightarrow S(x)$，$x\in X$.

总结例 2 的证明过程，在讨论一致收敛性时，应先计算极限函数，再用类似于数列极限证明的放大法，对 $|S_n(x)-S(x)|$ 进行放大处理，寻找一个与 x 无关且单调递减收敛于 0 的界 $G(n)$,即如下估计：

$$|S_n(x)-S(x)|<\cdots\leqslant G(n),$$

由此证明一致收敛性.

上述证明思想也是定量分析思想，即需要先计算出和函数，再证明函数项级数(函数列)一致收敛于此和函数.

将上述证明思想抽取出来，得到如下判别法：

推论 1.1　设存在数列 $\{a_n\}$: $a_n\to 0$, 使得 $|S_n(x)-S(x)|\leqslant a_n$ ，$x\in X$, 则在 X 上 $S_n(x)\Rightarrow S(x)$.

抽象总结　推论 1.1 将一致收敛性的证明转化为数列 $\{a_n\}$ 的确界，从结构看，相当于对函数 $|S_n(x)-S(x)|$ 进行估计，寻求其上界，因而，可以利用确界理论给出数列 $\{a_n\}$ 的定量计算方法.

定理 1.1　设 $\{S_n(x)\}$ 在 X 上点收敛于 $S(x)$, 记

$$\|S_n(x)-S(x)\|=\sup_{x\in X}|S_n(x)-S(x)|,$$

则 $S_n(x)\overset{X}{\Rightarrow}S(x)$ 当且仅当 $\lim\limits_{n\to\infty}\|S_n(x)-S(x)\|=0$.

证明　充分性　设 $\lim\limits_{n\to\infty}\|S_n(x)-S(x)\|=0$,则 $\forall\varepsilon>0$, $\exists N$, 当 $n>N$ 时,

$$\|S_n(x)-S(x)\|<\varepsilon .$$

又,

$$|S_n(x)-S(x)|\leqslant\|S_n(x)-S(x)\|,\quad x\in X,$$

故 $n>N$ 时，$\forall x\in X$, 都有

$$|S_n(x)-S(x)|<\varepsilon,$$

故，$S_n(x)\Rightarrow S(x)$ ，$x\in X$.

必要性　设 $S_n(x)\overset{X}{\Rightarrow}S(x)$, 则对 $\forall\varepsilon>0$, 存在 $N(\varepsilon)$ ，当 $n>N$ 时,

$$|S_n(x)-S(x)|\leqslant\frac{\varepsilon}{2},\quad\forall x\in X,$$

故，$\sup\limits_{x\in X}|S_n(x)-S(x)|\leqslant\dfrac{\varepsilon}{2}<\varepsilon$ ，因而,

$$\lim_{n\to\infty}\|S_n(x)-S(x)\|=0 .$$

抽象总结 1) 对任意的 n, $\|S_n(x)-S(x)\|$ 是一个与 x 无关的量.

2) 定理 1.1 所体现的证明一致收敛的思想是将一致收敛的判断转化为最值(确界)的计算和数列的极限的计算, 而最值的计算可利用导数法来完成, 因而, 对一个具体的函数列, 可以借助于微分学理论完成一致收敛性的判断.

3) 由于定理 1.1 是充要条件, 因此, 这是一个非常好的判别工具.

再次回到我们的研究目标. 我们要研究和函数的分析性质, 由于函数的分析性质如连续性、可微性等都是局部性质, 函数项级数(函数列)的一致收敛性是整体概念, 因此, 用一致收敛性这个整体概念研究局部性质有些过于苛刻, 为此, 再引入一个较弱的概念.

定义 1.7 设 X 为一区间, 若对 $\forall[a,b]\subset X$, 都成立 $S_n(x)\overset{[a,b]}{\Rightarrow}S(x)$, 称 $\{S_n(x)\}$ 在 X 上内闭一致收敛于 $S(x)$.

信息挖掘 分析以前学习过的函数的局部分析性质的证明思想可知, 内闭一致收敛性和相应的证明思想是一致的(自行对比分析).

例 3 判断 $S_n(x)=\dfrac{nx}{1+n^2x^2}$ 在 $(0,+\infty)$ 的一致收敛及内闭一致收敛性.

解 显然 $S(x)=0$.

用定理 1. 1 判断. 由于 $S_n(x)-S(x)=\dfrac{nx}{1+n^2x^2}$, 下面用导数法求其最大值.

对固定的 n, 则

$$S_n{}'(x)=\frac{n(1+n^2x^2)-nx\cdot 2n^2x}{(1+n^2x^2)^2}=\frac{n(1-n^2x^2)}{(1+n^2x^2)^2},$$

故, $S_n(x)$ 在 $x_n=\dfrac{1}{n}$ 处达到最大值, 因而,

$$\|S_n(x)-S(x)\|=\|S_n(x)\|=S_n(x_n)=\frac{1}{2}\neq 0,$$

故, $S_n(x)$ 在 $(0,+\infty)$ 非一致收敛于 $S(x)$.

考察内闭一致收敛性. 任取 $[a,b]\subset(0,+\infty)$, 由于

$$S_n{}'(x)=\frac{n(1-n^2x^2)}{(1+n^2x^2)^2},$$

因而, 当 $n>\dfrac{1}{a}$ 时, $S_n{}'(x)<0$, $\forall x\in[a,b]$, 因此, 此时

$$\|S_n(x)-S(x)\|=\|S_n(x)\|=|S_n(a)|=\frac{na}{1+n^2a^2}\to 0,$$

故，$S_n(x) \overset{[a,b]}{\Rightarrow} 0$，因而，$S_n(x)$ 在 $(0,+\infty)$ 上内闭一致收敛于 0.

总结　分析总结上述证明过程，由于 $S_n(x)$ 在 $x_n = \dfrac{1}{n}$ 处达到最大值，且

$$\| S_n(x) - S(x) \| = \| S_n(x) \| = S_n(x_n) = \frac{1}{2} \neq 0,$$

而 $x_n = \dfrac{1}{n} \to 0$，所以，$x_0 = 0$ 是坏点，破坏了一致收敛性；当挖去这个坏点后，就得到了内闭一致收敛性. 由此确定一种研究非一致收敛性的线索——寻找坏点，研究坏点附近的性质.

一致收敛性远强于点收敛性. 正是如此，才保证一致收敛条件下和函数能继承好的性质，也能保证函数性质由有限到无限的过渡，因此，研究函数项级数(函数列)的一致收敛性是重要的研究内容，下面，我们建立一致收敛性的判别法则.

三、一致收敛的判别法则

我们以函数项级数为例，给出一致收敛性的判别法.

给定 X 上的函数项级数 $\sum\limits_{n=1}^{\infty} u_n(x)$.

先从最简单的结构，利用数项级数的敛散性理论建立类似的比较判别法.

定理 1.2(Weierstrass 判别法)　若存在 $N > 0$，当 $n > N$ 时，

$$|u_n(x)| \leqslant a_n, \quad \forall x \in X,$$

且正项级数 $\sum\limits_{n=1}^{\infty} a_n$ 收敛，则 $\sum\limits_{n=1}^{\infty} u_n(x)$ 在 X 上一致收敛.

证明　由于 $\sum\limits_{n=1}^{\infty} a_n$ 收敛，由 Cauchy 收敛准则，对任意的 $\varepsilon > 0$，存在 N，当 $n>N$ 时，对任意的正整数 p，成立

$$0 < a_{n+1} + \cdots + a_{n+p} < \varepsilon,$$

因而，当 $n>N$ 时，

$$|u_{n+1}(x) + \cdots + u_{n+p}(x)| < \varepsilon, \text{ 对 } \forall x \in X,$$

故，$\sum\limits_{n=1}^{\infty} u_n(x)$ 在 X 上一致收敛.

Weierstrass 判别法也是比较判别法，其作用对象是具有简单结构的函数项级数.

对通项具有两个因子乘积结构的一般的函数项级数，类似数项级数，还可以引入如下的判别法.

定理 1.3(Abel 判别法) 设$\sum_{n=1}^{\infty}u_n(x)$在$X$上一致收敛，$v_n(x)$满足

1) 对$\forall x\in X$，$\{v_n(x)\}$关于n单调;

2) $\{v_n(x)\}$在X上一致有界.

则$\sum_{n=1}^{\infty}u_n(x)v_n(x)$在$X$上一致收敛.

结构分析 证明思想类似数项级数的 Abel 判别法，即利用 Abel 变换和 Abel 引理，考察其 Cauchy 片段，利用 Cauchy 收敛准则证明一致收敛性.

证明 由条件 2)，存在常数M，使得

$$|v_n(x)|\leqslant M,\quad \forall n,\quad \forall x\in X.$$

由于$\sum u_n(x)$一致收敛，故$\forall\varepsilon>0$，$\exists N$，当$n>N$时，

$$|u_{n+1}(x)+\cdots+u_{n+p}(x)|<\frac{\varepsilon}{3M},\quad \forall p\in\mathbf{N}^+,$$

又，$\{v_n(x)\}$关于n单调，故对任意$x\in X$，由 Abel 引理

$$|u_{n+1}(x)v_{n+1}(x)+\cdots+u_{n+p}(x)v_{n+p}(x)|<\frac{\varepsilon}{3M}(|v_{n+1}(x)|+2|v_{n+p}(x)|)<\varepsilon,$$

故，$\sum_{n=1}^{\infty}u_n(x)v_n(x)$在$X$上一致收敛.

定理 1.4(Dirichlet 判别法) 设$\sum_{n=1}^{\infty}u_n(x)$的部分和在$X$上一致有界，$v_n(x)$满足

1) 对$\forall x\in X$，$\{v_n(x)\}$关于n单调;

2) 函数列$\{v_n(x)\}$在X上一致收敛于 0.

则$\sum_{n=1}^{\infty}u_n(x)v_n(x)$在$X$上一致收敛.

与 Abel 定理的证明类似，略去其证明.

例 4 若$\sum_{n=1}^{\infty}a_n$收敛，证明$\sum_{n=1}^{\infty}a_nx^n$在$[0,1]$上一致收敛.

证明 因为$\sum_{n=1}^{\infty}a_n$在$[0,1]$上一致收敛，由 Abel 判别法即得.

注 例 4 不能用 Weierstrass 判别法，因为$\sum_{n=1}^{\infty}|a_n|$不一定收敛.

例 5 设$\{a_n\}$单调趋于 0，证明：$\sum_{n=1}^{\infty}a_n\sin nx$在$(0,2\pi)$上内闭一致收敛.

简析 再次注意其结构特点，含有因子 sinnx，需要考虑其性质的应用.

证明 对任意$\delta\in(0,\pi)$，考虑$[\delta,2\pi-\delta]\subset(0,2\pi)$，由于$\{a_n\}$单调一致收敛于

0, 且成立如下的部分和有界性:

$$\left|\sum_{k=1}^{n}\sin kx\right| \leqslant \frac{1}{\sin\frac{x}{2}} \leqslant \frac{1}{\sin\frac{\delta}{2}}, \quad x\in[\delta, 2\pi-\delta],$$

因此, 由 Dirichlet 判别法, 结论成立.

上述几个结论是数项级数理论的相应推广, 体现了二者间的共性, 当然, 数项级数中还有几个结论没有推广过来, 可以考虑为什么? 另一方面, 函数项级数必然与数项级数结构不同, 形成了二者结构上的差异(数与函数的差异), 利用这些差异可以建立特殊的判别法. 由此, 引入一个利用函数分析性质判断一致收敛性的 Dini 定理.

定理 1.5 (Dini 定理)　设 $S_n(x)\stackrel{[a,b]}{\rightarrow}S(x)$, 对任意的 n, $S_n(x)\in C[a,b]$ 且 $S(x)\in C[a,b]$, 又设 $\forall x\in[a,b]$, $\{S_n(x)\}$ 关于 n 单调, 则 $S_n(x)\stackrel{[a,b]}{\Rightarrow}S(x)$.

结构分析　定理中的条件有两个, 从条件 $S_n(x)\stackrel{[a,b]}{\rightarrow}S(x)$ 出发, 可以得到的结论是: 对 $\forall x\in[a,b]$, $\forall\varepsilon>0$, 存在 $N(x,\varepsilon)$, 使得 $n>N(x,\varepsilon)$ 时,

$$|S_n(x)-S(x)|<\varepsilon,$$

由于连续性是局部性条件, 利用连续性可以将上式推广到 x 的某个邻域 $U(x)$ 成立, 而一致收敛性的结论要求将上式推广到对某个 N, 对所有的 $x\in[a,b]$ 都成立, 这就必须克服两个局部性条件的限制: $N(x,\varepsilon)$ 和 $U(x)$, 一般从局部到整体性质的推广可以利用有限覆盖定理, 但是, 由于有两个局部性条件的限制, 使得利用有限覆盖定理进行推广难度较大; 我们知道, 对这类问题还有一个有效的处理方法, 就是反证法, 使得假设要证明的结论整体不成立, 利用条件得到在某个点或其附近也不成立, 由此得到矛盾, 下面, 我们利用反证法证明结论(自行用有限覆盖定理进行分析证明, 分析难点是什么? 如何解决?).

证明　反证法. 设 $\{S_n(x)\}$ 不一致收敛于 $S(x)$, 则存在 $\varepsilon_0>0$, n_k 及 $x_{n_k}\in[a,b]$ 使得

$$|S_{n_k}(x_{n_k})-S(x_{n_k})|\geqslant\varepsilon_0, \tag{1}$$

利用上面的分析, 我们希望确定一个点, 使得在此点附近产生矛盾, 为此, 我们利用 Weierstrass 判别法, 则 $\{x_{n_k}\}$ 有收敛子列, 不妨设 $x_{n_k}\to x_0\in[a,b]$.

至此, 获得一个固定点, 这个点就是矛盾的集中点.

下面, 分析在 x_0 点附近的性质, 由于 $S_n(x_0)\to S(x_0)$, 则对 $\frac{\varepsilon_0}{4}$, 存在 N, 使得

$$|S_N(x_0)-S(x_0)|<\frac{\varepsilon_0}{4},$$

利用连续性，将此点的性质推广，由于 $S_N(x),S(x)\in C[a,b]$ 且 $x_{n_k}\to x_0$，故存在 $k_0>0$，当 $k>k_0$ 时，有

$$|S_N(x_{n_k})-S_N(x_0)|<\frac{\varepsilon_0}{8},\quad |S(x_{n_k})-S(x_0)|<\frac{\varepsilon_0}{8},$$

故，

$$\begin{aligned}|S_N(x_{n_k})-S(x_{n_k})|&<|S_N(x_{n_k})-S_N(x_0)|+|S(x_{n_k})-S(x_0)|\\&\quad+|S_N(x_0)-S(x_0)|<\frac{\varepsilon_0}{2},\end{aligned}\tag{2}$$

这就得到了在 x_0 点附近成立的一个性质，比较(1)式和(2)式，为得到矛盾性的结论，只需将仅对 N 成立的(2)式推广到对所有充分大的 n 都成立即可，为此，必须利用剩下的条件——单调性条件.

又,对固定的 x，$\{S_n(x)\}$ 关于 n 单调，因而，当 $n>k$ 时，

$$|S_n(x)-S(x)|<|S_k(x)-S(x)|,\tag{3}$$

事实上，若 $\{S_n(x)\}$ 关于 n 单调增加，则 $S_n(x)\leqslant S(x)$,且 $n>k$ 时，$S_n(x)\geqslant S_k(x)$，因而，

$$|S_n(x)-S(x)|=S(x)-S_n(x)\leqslant S(x)-S_k(x)=|S_k(x)-S(x)|;$$

而当 $\{S_n(x)\}$ 关于 n 单调减，此时 $S_n(x)\geqslant S(x)$，且 $n>k$ 时 $S_n(x)\leqslant S_k(x)$，则

$$|S_n(x)-S(x)|=S_n(x)-S(x)\leqslant S_k(x)-S(x)=|S_k(x)-S(x)|.$$

故,$n>k$ 时总成立

$$|S_n(x)-S(x)|\leqslant|S_k(x)-S(x)|,$$

因而，当 k 充分大，使得 $n_k>N$ 时，由(3)式和(2)式得

$$|S_{n_k}(x_{n_k})-S(x_{n_k})|<|S_N(x_{n_k})-S(x_{n_k})|<\frac{\varepsilon_0}{2},$$

这与(1)式矛盾. 故,$S_n(x)\overset{[a,b]}{\rightrightarrows}S(x)$.

注 定理 1.5 中闭区间的闭性条件不可去.

将定理 1.5 推广至函数项级数，可得相应的 Dini 定理.

定理 1.6 设 $\sum_{n=1}^{\infty}u_n(x)=S(x)$，$x\in[a,b]$，如果

1) $u_n\in C[a,b]$ $(n=1,2,\cdots)$，$S(x)\in C[a,b]$；

2) 对每个固定 $x\in[a,b]$，$\sum_{n=1}^{\infty}u_n(x)$ 是同号级数.

则 $\sum_{n=1}^{\infty}u_n(x)$ 在 $[a,b]$ 一致收敛于 $S(x)$.

结构分析　Dini 定理是一个非常好用的定理, 它将一致收敛性的判断转化为函数的连续性和单调性的判断, 而函数的连续性和单调性是函数微分学理论中最简单最基本的问题, 很容易解决.

例 6　设 $S_n(x)=\dfrac{1-x}{1+x^2}x^n$, 证明: $\{S_n(x)\}$ 在$[0,1]$上一致收敛.

证明　容易计算,

$$S(x)=\lim_{n\to+\infty}S_n(x)=0,\ \ x\in[0,1].$$

由于对任意的 n, $S_n(x)\in C[0,1]$ 且 $S(x)\in C[0,1]$; 而对于任意给定的 $x\in[0,1]$, $\{S_n(x)\}$ 关于 n 单调非增, 由 Dini 定理, $\{S_n(x)\}$ 在$[0,1]$上一致收敛.

四、一致收敛的必要条件及非一致收敛性

由于并不是所有的函数项级数(函数列)都一致收敛, 因此, 研究函数列的非一致收敛性很有必要, 下面给出一些判断非一致收敛性的结论.

定理 1.7　设 $S_n(x)\overset{X}{\to}S(x)$, 则 $S_n(x)\overset{X}{\rightrightarrows}S(x)$ 的充要条件是 $\forall x_n\in X$, 都有

$$\lim_{n\to\infty}(S_n(x_n)-S(x_n))=0.$$

证明　必要性　设 $S_n(x)\rightrightarrows S(x)$, 则对 $\forall\varepsilon>0$, $\exists N>0$, 当 $n>N$ 时,

$$|S_n(x)-S(x)|<\varepsilon,\ \ \forall x\in X,$$

因而,

$$|S_n(x_n)-S(x_n)|<\varepsilon,$$

故, $\lim\limits_{n\to\infty}(S_n(x_n)-S(x_n))=0$.

充分性　反证法. 设 $S_n(x)$ 不一致收敛于 $S(x)$, 则存在 $\varepsilon_0>0$, 使得对任意的正整数 N, 都存在 $n_N>N$, $x_{n_N}\in X$, 使得

$$|S_{n_N}(x_{n_N})-S(x_{n_N})|>\varepsilon_0.$$

取 $N=1$, 则 $\exists n_1$, $x_{n_1}\in X$, 使得 $|S_{n_1}(x_{n_1})-S(x_{n_1})|>\varepsilon_0$;

取 $N=n_1$, 则 $\exists n_2$, $x_{n_2}\in X$, 使得 $|S_{n_2}(x_{n_2})-S(x_{n_2})|>\varepsilon_0$; 如此下去, 构造 $\{x_{n_k}\}$, 使得

$$|S_{n_k}(x_{n_k})-S(x_{n_k})|>\varepsilon_0.$$

因此, 对任意满足 $\{x_{n_k}\}\subset\{x_n\}$ 的点列 $\{x_n\}\in X$, 都有 $(S_n(x_n)-S(x_n))$ 不收敛于 0, 与条件矛盾.

定理 1.7 的作用体现在下面推论中, 主要用于非一致收敛性的判断.

推论 1.2 若存在 $x_n \in X$，使得 $\{S_n(x_n)-S(x_n)\}$ 不收敛于 0，则 $\{S_n(x)\}$ 在 X 上不一致收敛于 $S(x)$.

结构分析 这个推论将非一致收敛性的判断转化为数列的某种收敛性的验证，体现了化繁为简的思想，当然，关键问题是满足某种敛散性要求的点列的构造，解决方法通常是先确定坏点的位置，在坏点附近构造对应的点列，这里，所谓的坏点就是破坏一致收敛性的点，可以根据一致收敛性的性质进行判断.

例 7 判断 $S_n(x)=x^n$ 在 $[0,1)$ 上的一致收敛性.

思路简析 很明显，若扩大到区间 $[0,1]$ 上，和函数为 $S(x)=\begin{cases}0, & x\in[0,1),\\ 1, & x=1,\end{cases}$ 显然，$S(x)$ 在 $x=1$ 点不连续，因此，$x=1$ 为坏点，构造的点列必须满足 $x_n \to 1$.

解 显然 $S(x)=0$，取 $x_n=\left(1-\dfrac{1}{n}\right)\in[0,1)$，则

$$S_n(x_n)-S(x_n)=\left(1-\frac{1}{n}\right)^n \to \frac{1}{\mathrm{e}} \neq 0,$$

故 $S_n(x)$ 在 $[0,1)$ 上不一致收敛.

相应的结论可以推广到函数项级数，如类似成立：若 $\sum\limits_{n=1}^{\infty}u_n(x)$ 在 X 上收敛，则 $\sum\limits_{n=1}^{\infty}u_n(x)$ 在 X 上一致收敛的充要条件是 $\forall\{x_n\}\subset X$，有数项级数 $\sum\limits_{n=1}^{\infty}u_n(x_n)$ 收敛(或者 $\lim\limits_{n\to\infty}r_n(x_n)=0$)，其中 $r_n(x)=\sum\limits_{k=n+1}^{\infty}u_k(x)$.

应用于非一致收敛性的判断时，类似数项级数，还成立函数项级数一致收敛的必要条件.

定理 1.8 若 $\sum\limits_{n=1}^{\infty}u_n(x)$ 在 X 上一致收敛，则 $u_n(x)\overset{X}{\rightrightarrows}0$.

只需用 Cauchy 收敛准则即可. 事实上，由于 $\sum\limits_{n=1}^{\infty}u_n(x)$ 一致收敛，则 $\forall\varepsilon>0$，$\exists N$，当 $n>N$ 时，

$$|u_{n+1}(x)+\cdots+u_{n+p}(x)|<\varepsilon,$$

取 $p=1$，在 X 上 $|u_{n+1}(x)|<\varepsilon$，故 $u_n(x)\rightrightarrows 0$.

注 定理 1.8 与数项级数收敛的必要条件类似，常用于判别非一致收敛性.

还可以借助端点的发散性判断非一致收敛性.

定理 1.9　设对任意n，$u_n(x)$在$x=c$处左连续，又$\sum\limits_{n=1}^{\infty}u_n(c)$发散，则$\forall\delta>0$，$\sum\limits_{n=1}^{\infty}u_n(c)$在$(c-\delta,c)$上必不一致收敛.

证明　反证法　设存在$\delta>0$，使得$\sum\limits_{n=1}^{\infty}u_n(x)$在$(c-\delta,c)$上一致收敛，则由 Cauchy 收敛准则：对任意的 $\varepsilon>0$，存在$N>0$，使得

$$|u_{n+1}(x)+\cdots+u_{n+p}(x)|<\varepsilon,\quad \forall x\in(c-\delta,c),\quad \forall p,$$

令$x\to c$，则

$$|u_{n+1}(c)+\cdots+u_{n+p}(c)|<\varepsilon,\quad \forall p$$

再次用 Cauchy 收敛准则，$\sum\limits_{n=1}^{\infty}u_n(c)$收敛，矛盾.

与此定理相似的结论：

定理 1.10　设对任意的n，$u_n(x)$在$x=c$处右连续，$\sum\limits_{n=1}^{\infty}u_n(c)$发散，则对任意的$\delta>0$，$\sum\limits_{n=1}^{\infty}u_n(x)$在$(c,c+\delta)$上必不一致收敛.

结构特征　定理 1.9 和定理 1.10 是利用函数项级数在端点对应的数项级数的发散性得到非一致收敛性，是一个非常好用的判断非一致收敛性的工具.

例 8　判断$\sum\limits_{n=1}^{\infty}n\mathrm{e}^{-nx}$在$(0,+\infty)$上的一致收敛性.

思路分析　显然，对任意$x_0>0$，$\sum n\mathrm{e}^{-nx_0}$收敛，利用根式法可知$\sqrt[n]{n\mathrm{e}^{-nx}}\to\mathrm{e}^{-x}$，只有当$x>\delta>0$时，才有$\mathrm{e}^{-x}<\mathrm{e}^{-\delta}<1$，才能得证一致收敛. 因而，$x=0$附近有可能破坏一致收敛性，事实上，由于$\sum\limits_{n=1}^{\infty}n\mathrm{e}^{-nx}|_{x=0}=\sum\limits_{n=1}^{\infty}n$发散，自然可以得到结论.

解　法一　显然，$x=0$时，$\sum\limits_{n=1}^{\infty}n\mathrm{e}^{-nx}|_{x=0}=\sum\limits_{n=1}^{\infty}n$发散，因而由定理 1.10 可得非一致收敛.

法二　取$x_n=\dfrac{1}{n}$，则$n\mathrm{e}^{-nx_n}=n\mathrm{e}^{-1}$，故，$\{n\mathrm{e}^{-nx}\}$在$(0,+\infty)$上非一致收敛于0，因而，$\sum\limits_{n=1}^{\infty}n\mathrm{e}^{-nx}$在$(0,+\infty)$上非一致收敛.

例 9　证明：$\sum\limits_{n=1}^{\infty}\dfrac{1}{(1+x^2)^n}$在$(0,+\infty)$上非一致收敛.

解　法一　当 $x=0$ 时，$\sum_{n=1}^{\infty}\frac{1}{(1+x^2)^n}=\sum_{n=1}^{\infty}1$ 发散,故,$\sum_{n=1}^{\infty}\frac{1}{(1+x^2)^n}$ 在 $(0,+\infty)$ 上非一致收敛($x=0$ 为坏点).

法二　取 $x_n=\frac{1}{\sqrt{n}}$，则 $\frac{1}{(1+{x_n}^2)^n}=\frac{1}{\left(1+\frac{1}{n}\right)^n}\to\frac{1}{\mathrm{e}}$，故 $\left\{\frac{1}{(1+{x_n}^2)^n}\right\}$ 在 $(0,+\infty)$ 上非一致收敛于 0，因而，$\sum_{n=1}^{\infty}\frac{1}{(1+x^2)^n}$ 在 $(0,+\infty)$ 上非一致收敛.

习　题　11.1

1. 研究下列函数项级数的点收敛性.

1) $\sum_{n=1}^{\infty}(1-x^2)x^n$；　　2) $\sum_{n=1}^{\infty}\frac{(-1)^{n+1}}{(1+x^2)^n}$；

3) $\sum_{n=1}^{\infty}\frac{1+(1+x)^n}{1+(n-x)^2}$；　　4) $\sum_{n=1}^{\infty}n^2\mathrm{e}^{-nx}$.

2. 研究下列函数列 $\{S_n(x)\}$ 的点收敛性.

1) $S_n(x)=\mathrm{e}^{\frac{x^2}{n}}$；　　2) $S_n(x)=\begin{cases} n\sin nx, & 0\leqslant x\leqslant\frac{1}{n},\\ 1, & \frac{1}{n}<x\leqslant 1.\end{cases}$

3. 讨论函数项级数在给定区间上的一致收敛性.

1) $\sum_{n=1}^{\infty}\frac{1}{\sin nx+n^2}$，$-\infty<x+\infty$；

2) $\sum_{n=1}^{\infty}\frac{x^2}{1+n^3x^4}$，$0\leqslant x<+\infty$；

3) $\sum_{n=1}^{\infty}\frac{\ln(1+x)}{n^2+x^2}$，$0\leqslant x<+\infty$；

4) $\sum_{n=1}^{\infty}\frac{\cos nx}{n}$，i)$0<\delta\leqslant x\leqslant 2\pi-\delta,\delta\in(0,\pi)$；ii)$0<x<2\pi$；

5) $\sum_{n=1}^{\infty}\ln\left(1+\frac{1}{n^2}\right)\left(1+\frac{x}{n}\right)^n$，$0\leqslant x<+\infty$；

6) $\sum_{n=1}^{\infty}\arctan\frac{x}{n^3+x^2}$，$-\infty<x<+\infty$；

7) $\sum_{n=1}^{\infty}\sin\frac{1}{n^x}$，i)$0<\delta<x<1$；ii)$0<x<1$；

8) $\sum_{n=1}^{\infty}(1+x^2)\mathrm{e}^{-nx}$，$0\leqslant x<+\infty$；

9) $\sum_{n=1}^{\infty}2^n\ln\left(1+\frac{1}{3^nx}\right)$，i)$0<\delta<x<1$；ii)$0<x<1$；

10) $\sum_{n=1}^{\infty}\tan\left(1+\frac{x}{n^2}\right)$, i)$0\leqslant x\leqslant 1$; ii)$0\leqslant x<+\infty$.

4. 讨论下列函数列在给定区间上的一致收敛性：

1) $S_n(x)=2n^2xe^{-n^2x^2}$, i)$0<\delta<x<1$; ii)$0<x<1$;

2) $S_n(x)=\frac{x^n}{1+x^n}$, i)$0\leqslant x\leqslant\frac{1}{2}$; ii)$1<x<+\infty$;

3) $S_n(x)=(\cos x)^n$, $0<x<1$;

4) $S_n(x)=x^k e^{-nx}$, $k\geqslant 0$, $0<x<+\infty$.

5. 设$\sum_{n=1}^{\infty}u_n(x)$在$(a,b)$内一致收敛，在端点 $x=a$, b 收敛，证明：$\sum_{n=1}^{\infty}u_n(x)$在区间$[a,b]$上一致收敛.

6. 设$\sum_{n=1}^{\infty}u_n(x)$在$(a,b)$内一致收敛，对任意 n，$u_n(x)\in C[a,b]$，证明：$\sum_{n=1}^{\infty}u_n(x)$在区间$[a,b]$上一致收敛.

7. 设$\sum_{n=1}^{\infty}u_n(x)$在 $x=a$, b 点收敛，对任意的 n，$u_n(x)$在$[a,b]$上单调，证明：$\sum_{n=1}^{\infty}u_n(x)$在$[a,b]$上一致收敛.

8. 证明：$\sum_{n=1}^{\infty}(-1)^{n+1}\frac{e^{x^2}+n}{n^2}$在$[a,b]$上一致收敛但非绝对收敛. 举例说明绝对收敛的函数项级数不一定一致收敛.

9. 设$\{S_n(x)\}$在$[a,b]$上等度连续，即对任意的$\varepsilon>0$，存在$\delta>0$，使得当 x、$y\in[a,b]$ 且 $|x-y|<\delta$ 时，成立

$$|S_n(x)-S_n(y)|<\varepsilon,\quad \forall n,$$

又设$\{S_n(x)\}$在$[a,b]$上逐点收敛，证明$\{S_n(x)\}$在$[a,b]$上一致收敛.

10. 利用 Cauchy 收敛准则证明：$\sum_{n=1}^{\infty}\frac{\cos nx}{n}$在$(0,1)$内非一致收敛.

11.2　和函数的性质

函数项级数的一致收敛性判别法只是研究函数项级数的理论工具，和函数的性质是函数项级数的研究内容之一；本节开始研究和函数的分析性质，如和函数的连续、可微等性质，并由此讨论关于和函数的一些运算. 需要指明的是，下面定理中的闭区间$[a, b]$都可以用任意的区间代替.

一、分析性质

定理 2.1 (连续性定理)　若 1) $S_n(x)\overset{[a,b]}{\Rightarrow}S(x)$, 2) $S_n(x)\in C[a,b]$, $(n=1,2,\cdots)$, 则$S(x)\in C[a,b]$.

结构分析 根据定义，要证$S(x)\in C[a,b]$，只需证明对任意$x_0\in[a,b]$，$\varepsilon>0$，存在$\delta(\varepsilon,x_0)>0$，使得

$$|S(x)-S(x_0)|<\varepsilon,\quad x\in U(x_0,\delta)\cap[a,b].$$

因此，证明的关键是对上式左端的估计. 而我们知道的条件，一是一致收敛性，由此知道了$|S_n(x)-S(x)|$，$x\in[a,b]$，二是连续性，由此知道了对某个n的估计式$|S_n(x)-S_n(x_0)|<\varepsilon$ ($|x-x_0|<\delta(\varepsilon,x_0,n)$)；类比已知和要证明结论的结构，确定用定义证明的思路，利用插项方法估计$|S(x)-S(x_0)|$，实现利用已知的项对未知项的控制，但是，必须要解决估计过程中，利用连续性所产生$\delta(\varepsilon,x_0,n)$与$n$的依赖关系，因此，必须将任意的$n$固定，即固定下标实现化不定为确定，这是证明中的技术要求.

证明 由于$S_n(x)\overset{[a,b]}{\Rightarrow}S(x)$，则$\forall\varepsilon>0$，存在$N(\varepsilon)$，当$n>N$时，有

$$|S_n(x)-S(x)|<\varepsilon,\quad \forall x\in[a,b].$$

特别，取$n_0=N+1$，则

$$|S_{n_0}(x)-S(x)|<\varepsilon,\quad \forall x\in[a,b];$$

任取$x_0\in[a,b]$，又$\lim\limits_{x\to x_0}S_{n_0}(x)=S_{n_0}(x_0)$，存在$\delta(n_0,\varepsilon)=\delta(\varepsilon)$，使得

$$|S_{n_0}(x)-S_{n_0}(x_0)|<\varepsilon,\quad x\in\bigcup(x_0,\delta)\cap[a,b],$$

因而，当$x\in\bigcup(x_0,\delta)\cap[a,b]$时，

$$|S(x)-S(x_0)|\leqslant|S(x)-S_{n_0}(x)|+|S_{n_0}(x_0)-S(x_0)|+|S_{n_0}(x)-S_{n_0}(x_0)|\leqslant 3\varepsilon,$$

利用$x_0\in[a,b]$的任意性，则$S(x)\in C[a,b]$.

抽象总结 1) 定理 2.1 的结论是定性的，用定量的方式可以表示为

$$\lim_{x\to x_0}\lim_{n\to\infty}S_n(x)=\lim_{x\to x_0}S(x)=S(x_0)=\lim_{n\to\infty}S_n(x_0)=\lim_{n\to\infty}\lim_{x\to x_0}S_n(x),$$

即两种极限运算可换序:

$$\lim_{x\to x_0}\lim_{n\to\infty}S_n(x)=\lim_{n\to\infty}\lim_{x\to x_0}S_n(x),$$

因此，一致收敛性保证了上述两种运算的可换序.

2) 可以用上述定理证明非一致收敛性，即下述的推论.

推论 2.1 设$S_n(x)\overset{[a,b]}{\to}S(x)$，$S_n(x)\in C[a,b]$，若$S(x)\notin C[a,b]$，则$\{S_n(x)\}$非一致收敛于$S(x)$.

例如，用推论 2.1 可以证明：$S_n(x)=x^n$在[0,1]上非一致收敛，因为其和函数$S(x)=\begin{cases}0, & 0\leqslant x<1,\\ 1, & x=1\end{cases}$在[0,1]上不连续.

定理 2.2 (可积性定理)　设 $S_n(x)\overset{[a,b]}{\Rightarrow}S(x)$ 且 $S_n(x)\in C[a,b]$，则

$$\lim_{n\to\infty}\int_a^b S_n(x)\,\mathrm{d}x=\int_a^b\lim_{n\to\infty}S_n(x)\,\mathrm{d}x=\int_a^b S(x)\,\mathrm{d}x,$$

即极限与积分可换序.

简析　题型是极限的验证, 直接用定义证明.

证明　由于 $S_n(x)\overset{[a,b]}{\Rightarrow}S(x)$，　$\forall\varepsilon>0$，$\exists N>0$，当 $n>N$ 时,

$$|S_n(x)-S(x)|<\frac{\varepsilon}{b-a},\quad \forall x\in[a,b],$$

故, 当 $n>N$ 时,

$$\left|\int_a^b S_n(x)\mathrm{d}x-\int_a^b S(x)\mathrm{d}x\right|\leqslant\int_a^b|S_n(x)-S(x)|\,\mathrm{d}x\leqslant\varepsilon,$$

因而,

$$\lim_{n\to\infty}\int_a^b S_n(x)\,\mathrm{d}x=\int_a^b\lim_{n\to\infty}S_n(x)\,\mathrm{d}x=\int_a^b S(x)\,\mathrm{d}x.$$

从证明过程中可知, 连续性的条件只是为了保证 $S(x)$ 的连续可积性, 因而, $S_n(x)\in C[a,b]$ 可减弱为 $S_n(x)\in R[a,b]$，$S(x)\in R[a,b]$.

定理 2.3 (可微性定理)　假设 $\{S_n(x)\}$ 满足：$S_n(x)\in C^1[a,b]$，$S_n(x)\to S(x)$，$x\in[a,b]$；且 $S_n'(x)\overset{[a,b]}{\Rightarrow}\sigma(x)$，则 $S'(x)=\sigma(x)$，$x\in[a,b]$ 且 $S_n(x)\overset{[a,b]}{\Rightarrow}S(x)$，此外还成立

$$\frac{\mathrm{d}}{\mathrm{d}x}S(x)=\frac{\mathrm{d}}{\mathrm{d}x}\lim_{n\to\infty}S_n(x)=\sigma(x)=\lim_{n\to\infty}S_n'(x)=\lim_{n\to\infty}\frac{\mathrm{d}}{\mathrm{d}x}S_n(x),$$

即微分与极限运算可换序.

结构分析　我们知道积分和微分存在着量的关系, 而且我们已经知道了积分运算的相应结论, 因此, 证明的思路就是将微分关系转化为积分关系, 借用定理 2.2 完成证明, 即

$$S'(x)=\sigma(x)\text{ 等价于 }\int_a^x\sigma(t)\,\mathrm{d}t=\int_a^x S'(t)\,\mathrm{d}t=S(x)-S(a),$$

可以充分利用已知的积分换序定理证明结论.

证明　由于 $S_n'(x)\overset{[a,b]}{\Rightarrow}\sigma(x)$，由定理 2.2, 对 $x\in[a,b]$，则

$$\begin{aligned}\int_a^x\sigma(t)\,\mathrm{d}t&=\int_a^x\lim_{n\to\infty}S_n'(t)\,\mathrm{d}t=\lim_{n\to\infty}\int_a^x S_n'(t)\,\mathrm{d}t\\&=\lim_{n\to\infty}(S_n(x)-S_n(a))=S(x)-S(a),\end{aligned}$$

由定理 2.1 得$\sigma(x)\in C[a,b]$，故$\int_a^x \sigma(t)\,\mathrm{d}t\in C^1[a,b]$，因而，也有$S(x)\in C^1[a,b]$，对上式两端微分，则$S'(x)=\sigma(x)$，$x\in[a,b]$.

再次利用微积分关系式，对$x\in[a,b]$，则

$$S_n(x)=\int_a^x S_n'(t)\,\mathrm{d}t+S_n(a),\quad S(x)=\int_a^x S'(t)\,\mathrm{d}t+S(a),$$

故，

$$\begin{aligned}S_n(x)-S(x)&=\int_a^x S_n'(t)\,\mathrm{d}t+S_n(a)-\int_a^x \sigma(t)\,\mathrm{d}t-S(a)\\&=\int_a^x (S_n'(t)-\sigma(t))\,\mathrm{d}t+(S_n(a)-S(a)),\end{aligned}$$

故，$S_n'(x)\overset{[a,b]}{\rightrightarrows}\sigma(x)$.

上述关于分析性质的定理，可类似推广到函数项级数. 下面通过例子说明上述定理的应用.

二、应用

例 1 证明：1) $f(x)=\sum_{n=1}^{\infty}\frac{\sin nx}{n}\in C(0,2\pi)$；

2) $f(x)=\sum_{n=1}^{\infty}\frac{\sin nx}{n^2}\in C^1(0,2\pi)$.

结构分析 题型是开区间上和函数的连续性证明，研究对象是由函数项级数确定的函数，由此，确定用和函数性质的相关理论进行研究，这就需要验证对应的一致收敛性；但是，简单分析可以发现，$\sum\frac{\sin nx}{n}$在$(0,2\pi)$是点收敛而不是一致收敛；进一步分析结构特征，注意到连续性是局部性质，类比已知理论，可以将其转化为内闭性质讨论以充分利用闭区间上的好性质、好方法，这是局部概念特有的性质，也是处理局部性质的常用思想. 由此确定了方法，只需验证对应的内闭一致收敛性成立.

证明 1) 任取$x_0\in(0,2\pi)$，则存在$\delta>0$，使得$x_0\in(\delta,2\pi-\delta)$，类似前例，$\sum\frac{\sin nx}{n}$在$[\delta,2\pi-\delta]$一致收敛. 由定理 2.1，$f(x)\in C[\delta,2\pi-\delta]$，故，$f(x)$在$x_0$点连续，由于$x_0\in(0,2\pi)$的任意性，因而，$f(x)\in C(0,2\pi)$.

2) 考察其导数级数$\sum_{n=1}^{\infty}\frac{\cos nx}{n}$，对任意的$\delta\in(0,\pi)$，则$\sum_{n=1}^{\infty}\frac{\cos nx}{n}$在$[\delta,2\pi-\delta]$

上一致收敛，因此，由定理 2.3，$f'(x)=\sum_{n=1}^{\infty}\frac{\cos nx}{n}$ 且 $f(x)\in C^1[\delta,2\pi-\delta]$，由 δ 的任意性，则 $f(x)=\sum_{n=1}^{\infty}\frac{\sin nx}{n^2}\in C^1(0,2\pi)$.

例 2　证明：当 $x\in(-1,1)$ 时，

$$\sum_{n=1}^{\infty}\frac{(-1)^{n-1}}{n}x^n=x-\frac{1}{2}x^2+\frac{1}{3}x^3-\cdots=\ln(1+x).$$

证明　考察级数 $\sum_{n=1}^{\infty}(-1)^{n-1}x^{n-1}$. 则

$$S_n(x)=\sum_{k=1}^{n}(-1)^{k-1}x^{k-1}=1-x+x^2+\cdots+(-1)^{n-1}x^{n-1}$$
$$=\frac{1-(-x)^n}{1+x},\quad x\in(-1,1),$$

因而,

$$S_n(x)\to S(x)=\frac{1}{1+x},\quad x\in(-1,1),$$

即

$$S(x)=\sum_{n=1}^{\infty}(-1)^{n-1}x^{n-1}=\frac{1}{1+x},\quad x\in(-1,1).$$

对 $\forall\delta>0$，$\sum(1-\delta)^{n-1}$ 收敛，由 Weierstrass 判别法得，$\sum(-1)^{n-1}x^{n-1}$ 在 $[-1+\delta,1-\delta]$ 上一致收敛，因而，由定理 2.2，则

$$\sum_{n=1}^{\infty}\int_0^x(-1)^{n-1}t^{n-1}\,\mathrm{d}t=\int_0^x\frac{\mathrm{d}t}{1+t},\quad x\in[-1+\delta,1-\delta],$$

即

$$\sum_{n=1}^{\infty}\frac{(-1)^{n-1}}{n}x^n=\ln(1+x),\quad x\in[-1+\delta,1-\delta],$$

由 $\delta>0$ 的任意性，则

$$\sum_{n=1}^{\infty}\frac{(-1)^{n-1}}{n}x^n=\ln(1+x),\quad x\in(-1,1).$$

抽象总结　这类题目从形式看是计算函数项级数的和函数，处理这类题目的方法是利用已知的函数项级数及其和函数，通过求积或求导计算新的函数项级数的和函数，而已知的函数项级数就是两个基本的求和公式

$$S(x)=\sum_{n=1}^{\infty}(-1)^{n-1}x^{n-1}=\frac{1}{1+x},\quad x\in(-1,1),$$

和

$$S(x)=\sum_{n=0}^{\infty}x^n=\frac{1}{1-x},\qquad x\in(-1,1).$$

例 3 证明：$\sum_{n=1}^{\infty}nx^n=\frac{x}{(1-x)^2}$,$\forall x\in(-1,1)$.

证明 易证$\sum_{n=0}^{\infty}x^n$在$(-1,1)$内点收敛于$S(x)=\frac{1}{1-x}$且在$(-1,1)$内内闭一致收敛，而$\sum_{n=1}^{\infty}nx^{n-1}$在$(-1,1)$内内闭一致收敛于$\sigma(x)$，则由定理 2. 3，得，$\sigma(x)=S'(x)=\frac{1}{(1-x)^2}$，故，有

$$\sum_{n=1}^{\infty}nx^n=x\sum_{n=1}^{\infty}nx^{n-1}=\frac{x}{(1-x)^2},\qquad \forall x\in(-1,1).$$

习 题 11.2

1. 证明：$\sum_{n=1}^{\infty}\arctan\frac{x}{n^2}$在$(-\infty,+\infty)$内非一致收敛，但是可以逐项求积和逐项求导，即成立对任意的实数 a,b,

$$\int_a^b\sum_{n=1}^{\infty}\arctan\frac{x}{n^2}\mathrm{d}x=\sum_{n=1}^{\infty}\int_a^b\arctan\frac{x}{n^2}\mathrm{d}x$$

及对任意的 x, 成立

$$\frac{\mathrm{d}}{\mathrm{d}x}\sum_{n=1}^{\infty}\arctan\frac{x}{n^2}=\sum_{n=1}^{\infty}\frac{\mathrm{d}}{\mathrm{d}x}\arctan\frac{x}{n^2}.$$

2. 证明：由$\sum_{n=1}^{\infty}\left(\frac{1}{n}-\frac{1}{n+x^k}\right)$在任何有限的区间都能确定一个连续函数.

3. 证明：$S(x)=\sum_{n=1}^{\infty}\frac{\sin nx}{n^x}$在$(1,+\infty)$内具有连续的导数.

4. 设$S(x)=\sum_{n=1}^{\infty}\frac{x^n}{2^n}\cos n(1-x)$，计算$\lim\limits_{x\to1}S(x)$.

5. 设$S(x)=\sum_{n=1}^{\infty}\frac{\cos nx}{n\sqrt{n}}$, 1) 计算$\int_0^{\pi}S(x)\mathrm{d}x$; 2) 计算$S'(x)$, $x\in(0,2\pi)$.

6. 给出命题 设对任意的 n, $S_n(x)\in C[a,b]$ 且 $\{S_n(x)\}$ 在区间$[a,b]$上一致收敛于 $S(x)$，则 $\{\mathrm{e}^{S_n(x)}\}$ 在区间$[a,b]$上一致收敛于 $\mathrm{e}^{S(x)}$.

结构分析 从定量角度看，从已知条件中相对于已知$|S_n(x)-S(x)|$，从要证明的结论中，相对于研究$|\mathrm{e}^{S_n(x)}-\mathrm{e}^{S(x)}|$，从结构看，能抽象出其结构特点是什么？根据结构特点，建立二者联系的理论工具是什么？如何从后者中分离出前者？要证明命题，还需要解决什么问题？如何解决？给出命题的证明.

11.3 幂 级 数

本节利用函数项级数的理论研究最为简单的一类函数项级数——幂级数，由于幂级数结构简单，具有良好的性质，在工程技术领域应用非常广泛，因而，从理论上对幂级数进行研究很有意义，本节，我们利用函数项级数理论，研究幂级数的收敛性及其相关性质，体现了从简单到复杂，从特殊到一般再到特殊的研究思想.

一、定义

我们引入最简单的函数项级数——幂级数.

定义 3.1　设 $\{a_n\}$ 为给定的数列，称函数项级数 $\sum_{n=0}^{\infty} a_n(x-x_0)^n$ 为幂级数.

结构分析　从结构形式看，幂级数的通项具有幂函数结构，幂级数是有限次多项式函数的推广，多项式函数是函数中结构最简单的一类函数，具有特殊的性质，更便于研究，因而，幂级数也是一类最简单的函数项级数，也必定具有一系列好的性质，这是我们研究幂级数的原因之一. 另一方面，我们已经学习过与幂级数结构相近的函数理论——Taylor 展开理论，也是基于幂函数结构简单，便于运算等原因，我们将函数进行有限展开，得到函数的 Taylor 展开式，从而对函数进行近似研究；比较二者的结构形式可以看出，幂级数是 Taylor 展开式从有限到无限的推广，因此，可以猜想，引入幂级数理论也是利用化繁为简的思想，实现对复杂函数的更进一步的较为精确的研究.

在定义中，若取 $x_0=0$，我们得到更简单形式的幂级数 $\sum_{n=0}^{\infty} a_n x^n$. 由于对一般的幂级数 $\sum_{n=0}^{\infty} a_n(x-x_0)^n$，都可以通过作变换 $t=x-x_0$ 将其转化为幂级数 $\sum_{n=0}^{\infty} a_n t^n$. 另一方面，从形式上看，由于幂级数 $\sum_{n=0}^{\infty} a_n x^n$ 中，关于 x 的幂次按标准顺序逐次出现，把这种类型的幂级数称为标准幂级数.

本节，我们就以标准幂级数 $\sum_{n=0}^{\infty} a_n x^n$ 为例引入相关内容.

二、收敛性质

幂级数是特殊的函数项级数，其结构简单特殊，因而具有特殊的收敛特性. 下面研究这些性质.

定理 3.1 (Abel 定理)　1) 设$\sum_{n=0}^{\infty}a_nx^n$在$x_0\neq 0$点收敛, 则对任意的$x:|x|<|x_0|$, $\sum_{n=0}^{\infty}a_nx^n$必绝对收敛.

2) 设$\sum_{n=0}^{\infty}a_nx^n$在$x_0$点发散, 则对任意的$x:|x|>|x_0|$, $\sum_{n=0}^{\infty}a_nx^n$必发散.

思路分析　证明的关键是建立已知级数$\sum_{n=0}^{\infty}a_nx_0^n$与要讨论级数$\sum_{n=0}^{\infty}a_nx^n$之间的关系, 可以采用形式统一法.

证明　1) 对任意的$x:|x|<|x_0|$, 记$r=\left|\frac{x}{x_0}\right|$, 则$0\leqslant r<1$, 显然,

$$|a_nx^n|=|a_nx_0^n|\cdot\left|\frac{x}{x_0}\right|^n=|a_nx_0^n|\cdot r^n,$$

因为$\sum_{n=0}^{\infty}a_nx_0^n$收敛, 故, $\lim_{n\to+\infty}a_nx_0^n=0$, 因而$n$充分大时, $|a_nx_0^n|<1$, 此时

$$|a_nx^n|\leqslant r^n,$$

由比较判别法得, $\sum_{n=0}^{\infty}a_nx^n$绝对收敛.

2) 类比结论 1), 此结论用反证法证明.

设存在$x_1:|x_1|>|x_0|$, 使得$\sum_{n=0}^{\infty}a_nx_1^n$收敛, 则利用结论 1), $\sum_{n=0}^{\infty}a_nx_0^n$绝对收敛, 与条件矛盾, 故, 结论 2)成立.

注　结论 1)中, 不要求$\sum_{n=0}^{\infty}a_nx^n$在$x_0$点绝对收敛.

抽象总结　分析结构, 定理 3.1 反映了幂级数的收敛特征——收敛点基本对称的分布特性, 即收敛点“几乎”关于原点对称分布(对称区间的端点处, 敛散性不确定,如$\sum_{n=0}^{\infty}(-1)^n\frac{x^n}{n}$, 当$|x|<1$时收敛, 当$x=1$时收敛, $x=-1$时发散). 因而, 可以设想: 应该存在R, 使得$|x|<R$时, $\sum_{n=0}^{\infty}a_nx^n$ (绝对)收敛, 而$|x|>R$时, $\sum_{n=0}^{\infty}a_nx^n$发散.

事实上, 这样的R是存在的. 为方便, 我们引入如下定义.

定义 3.2　若存在正实数R, 使得当$|x|<R$时$\sum_{n=0}^{\infty}a_nx^n$收敛; 当$|x|>R$时$\sum_{n=0}^{\infty}a_nx^n$发散, 称$R$为$\sum_{n=0}^{\infty}a_nx^n$的收敛半径, 相应的$(-R,R)$称为收敛区间.

特别，当 $R=0$ 时，$\sum_{n=0}^{\infty}a_nx^n$ 仅在 $x=0$ 点收敛；当 $R=+\infty$ 时，$\sum_{n=0}^{\infty}a_nx^n$ 在整个实数轴上收敛；

由于 $\sum_{n=0}^{\infty}a_nx^n$ 在点 $x=\pm R$ 处的收敛性具不确定性，我们引入收敛域的定义.

定义 3.3　称 $(-R,R)\cup\{$收敛的端点$\}$为 $\sum_{n=0}^{\infty}a_nx^n$ 的收敛域，即收敛域是所有收敛点的集合.

如利用数项级数理论可以验证：$\sum_{n=0}^{\infty}(-1)^n\frac{x^n}{n}$ 的收敛域为 $(-1,1]$；$\sum_{n=0}^{\infty}\frac{x^n}{n^2}$ 的收敛域为 $[-1,1]$；$\sum_{n=0}^{\infty}x^n$ 的收敛域为 $(-1,1)$；三者的收敛区间都是 $(-1,1)$.

通过上述定义可知，确定幂级数 $\sum_{n=0}^{\infty}a_nx^n$ 的收敛性，只需确定收敛半径及端点的收敛性，因此，关键是确定 R. 那么，如何确定 R？我们从分析使得 $\sum_{n=0}^{\infty}a_nx^n$ 收敛的点 x 的结构入手. 由于幂级数通项的 n 幂次的结构形式，我们用根式判别法判断级数的敛散性，对 $\forall x$，由于

$$\lim_{n\to\infty}\sqrt[n]{|a_nx^n|}=|x|\lim_{n\to\infty}\sqrt[n]{|a_n|},$$

因此，若存在极限 $\lim_{n\to\infty}\sqrt[n]{|a_n|}=r$，则当 $|x|\cdot r<1$，即 $|x|<\frac{1}{r}$ 时，$\sum_{n=0}^{\infty}a_nx^n$ 绝对收敛；当 $|x|\cdot r>1$，即 $|x|>\frac{1}{r}$ 时，$\sum_{n=0}^{\infty}a_nx^n$ 发散. 因此，必有

$$R=\frac{1}{r}=\frac{1}{\lim_{n\to\infty}\sqrt[n]{|a_n|}}.$$

定理 3.2　若 $r=\lim_{n\to+\infty}\sqrt[n]{|a_n|}$ 存在，则 $R=\frac{1}{r}$ 是 $\sum_{n=0}^{\infty}a_nx^n$ 的收敛半径；特别，当 $r=0$ 时，$R=+\infty$；当 $r=+\infty$ 时，$R=0$.

注　当 $R=0$ 时，$\sum_{n=0}^{\infty}a_nx^n$ 只在 $x=0$ 点收敛，如 $\sum_{n=0}^{\infty}n!x^n$；

当 $R=+\infty$ 时，$\sum_{n=0}^{\infty}a_nx^n$ 在整个实数轴上收敛，如 $\sum_{n=0}^{\infty}\frac{x^n}{n^n}$.

注　当 $\lim_{n\to\infty}\sqrt[n]{|a_n|}$ 不存在，由于 $\overline{\lim_{n\to+\infty}}\sqrt[n]{|a_n|}$ 一定存在，此时，可用 $\overline{\lim_{n\to+\infty}}\sqrt[n]{|a_n|}$ 代替 $\lim_{n\to\infty}\sqrt[n]{|a_n|}$，此时结论仍然成立.

同样可以利用比值法导出收敛半径.

定理 3.3 若存在极限 $r=\lim\limits_{n\to+\infty}\dfrac{|a_{n+1}|}{|a_n|}$，则 $R=\dfrac{1}{r}$ 为 $\sum\limits_{n=0}^{\infty}a_n x^n$ 的收敛半径.

同样可以用上极限代替定理 3.3 中的极限，即当 $\lim\limits_{n\to+\infty}\dfrac{|a_{n+1}|}{|a_n|}$ 不存在时，可取

$$r=\overline{\lim_{n\to+\infty}}\frac{|a_{n+1}|}{|a_n|}.$$

例 1 计算下列幂级数的收敛半径、收敛域及和函数：

1) $\sum\limits_{n=0}^{\infty}x^n$； 2) $\sum\limits_{n=0}^{\infty}(-1)^n x^n$.

解 显然，二者的收敛半径都是 1，即 $R=1$，收敛域都是 $(-1,1)$.

1) 利用等比数列的求和公式，则其部分和函数为

$$S_n(x)=\sum_{k=0}^{n}x^k=\frac{1-x^n}{1-x},\quad x\in(-1,1),$$

故，其和函数为

$$S(x)=\lim_{n\to+\infty}S_n(x)=\frac{1}{1-x},\quad x\in(-1,1).$$

2) 类似，其部分和为

$$S_n(x)=\sum_{k=0}^{n}x^k=\frac{1-(-x)^n}{1+x},\quad x\in(-1,1),$$

因而，其和函数为

$$S(x)=\lim_{n\to+\infty}S_n(x)=\frac{1}{1+x},\quad x\in(-1,1).$$

总结 我们再次利用幂级数理论导出了函数项级数求和的两个基本公式，这两个结果将是后面计算幂级数的和函数的基本结论，我们把这两个幂级数称为基本幂级数，上述公式称为基本求和公式.

例 2 计算下列幂级数的收敛半径和收敛域：

1) $\sum\limits_{n=1}^{\infty}\dfrac{x^n}{n}$； 2) $\sum\limits_{n=1}^{\infty}\dfrac{(x-1)^n}{n^2}$； 3) $\sum\limits_{n=1}^{\infty}n(x+1)^n$.

解 1) 由于 $\lim\sqrt[n]{\dfrac{1}{n}}=1$，故 $R=1$.

当 $x=1$ 时，$\sum\limits_{n=1}^{\infty}\dfrac{x^n}{n}\Big|_{x=1}=\sum\limits_{n=1}^{\infty}\dfrac{1}{n}$ 发散；当 $x=-1$ 时，$\sum\limits_{n=1}^{\infty}\dfrac{x^n}{n}\Big|_{x=1}=\sum\limits_{n=1}^{\infty}\dfrac{(-1)^n}{n}$ 收敛，故其收敛域为 $[-1,1)$.

2) 令 $t=x-1$，考虑 $\sum_{n=1}^{\infty}\frac{t^n}{n^2}$，由于 $\lim\left(\frac{1}{n^2}\right)^{\frac{1}{n}}=1$，故 $R_t=1$.

由于 $\sum_{n=1}^{\infty}\frac{(-1)^n}{n^2}$，$\sum_{n=1}^{\infty}\frac{1}{n^2}$ 都收敛，故，$\sum_{n=1}^{\infty}\frac{t^n}{n^2}$ 的收敛域为 $[-1,1]$，即 $-1\leqslant t\leqslant 1$ 时，$\sum_{n=1}^{\infty}\frac{t^n}{n^2}$ 收敛，因而 $-1\leqslant x-1\leqslant 1$，即 $0\leqslant x\leqslant 2$ 时，$\sum_{n=1}^{\infty}\frac{(x-1)^n}{n^2}$ 收敛，因而，$\sum_{n=1}^{\infty}\frac{(x-1)^n}{n^2}$ 的收敛半径为1，收敛域为 $[0,2]$.

3) 令 $t=x+1$，考虑 $\sum_{n=0}^{\infty}nt^n$，其收敛半径 $R_t=1$，收敛域为 $(-1,1)$，因而原级数的收敛半径为1，收敛域为 $-1<x+1<1$，即 $x\in(-2,0)$.

从例 1 可以看出，幂级数在端点 $x=\pm R$ 处有不同的敛散性.

例 3　计算下列幂级数的收敛半径和收敛域：

1) $\sum_{n=0}^{\infty}n^n x^n$；　　　　2) $\sum_{n=1}^{\infty}\frac{x^n}{n!}$.

解　1)由于 $\lim_{n\to+\infty}(n^n)^{\frac{1}{n}}=+\infty$，故 $R=0$，因而，$\sum_{n=0}^{\infty}n^n x^n$ 的收敛域为 $\{0\}$，即只有 $x=0$ 才是收敛点.

2) 采用比值法，由于 $\lim_{n\to+\infty}\frac{n!}{(n+1)!}=\lim_{n\to+\infty}\frac{1}{n+1}=0$，故 $R=+\infty$，故，$\sum_{n=1}^{\infty}\frac{x^n}{n!}$ 的收敛域为 $(-\infty,+\infty)$.

对于非标准的隔项幂级数，有时可以利用变换化为标准幂级数，对不能用变换化为标准幂级数的，须用前述的收敛半径的计算思想来进行计算.

例 4　考察 $\sum_{n=0}^{\infty}2^n x^{2n}$ 的收敛半径与收敛域.

解　法一　记 $t=x^2$，考察幂级数 $\sum_{n=0}^{\infty}2^n t^n$. 易计算其收敛半径为 $R_t=\frac{1}{2}$，因而，当 $|t|<\frac{1}{2}$ 时，$\sum_{n=0}^{\infty}2^n t^n$ 收敛，故，当 $x^2<\frac{1}{2}$，即 $-\frac{1}{\sqrt{2}}<x<\frac{1}{\sqrt{2}}$ 时，$\sum_{n=0}^{\infty}2^n x^{2n}$ 收敛. $x=\pm\frac{1}{\sqrt{2}}$ 时，$\sum_{n=0}^{\infty}2^n x^{2n}$ 都发散，因而其收敛域为 $\left(-\frac{1}{\sqrt{2}},\frac{1}{\sqrt{2}}\right)$.

法二　记 $u_n=2^n|x|^{2n}$，则

$$\lim_{n\to\infty}u_n^{\frac{1}{n}}=2|x|^2,$$

故,当 $|x|<\frac{1}{\sqrt{2}}$ 时，$\lim_{n\to\infty}u_n^{\frac{1}{n}}<1$，此时级数绝对收敛，当 $|x|>\frac{1}{\sqrt{2}}$ 时，$\lim_{n\to\infty}u_n^{\frac{1}{n}}>1$，此时

级数发散. 因而, 其收敛半径为 $R=\frac{1}{\sqrt{2}}$, 当 $x=\pm\frac{1}{\sqrt{2}}$ 时, 幂级数都发散, 因而其收敛域为 $\left(-\frac{1}{\sqrt{2}},\frac{1}{\sqrt{2}}\right)$.

例 5 考察 $\sum_{n=0}^{\infty}\frac{x^{n^2}}{2^n}$ 的收敛半径与收敛域.

简析 此时, 不能通过变换化为标准幂级数, 需采用收敛半径的计算思想来进行.

解 记 $u_n=\frac{|x|^{n^2}}{2^n}$, 则

$$\lim_{n\to\infty}u_n^{\frac{1}{n}}=\lim_{n\to+\infty}\frac{|x|^n}{2},$$

故, 当 $|x|<1$ 时, $\lim\limits_{n\to\infty}u_n^{\frac{1}{n}}=0$, 此时级数绝对收敛; 当 $|x|>1$ 时, $\lim\limits_{n\to\infty}u_n^{\frac{1}{n}}=+\infty$, 此时级数发散; 故 $R=1$, 显然 $x=\pm1$ 时, $\sum_{n=0}^{\infty}\frac{x^{n^2}}{2^n}$ 也收敛, 故, 其收敛域为 $[-1,1]$.

上述通过收敛半径讨论了幂级数的收敛与绝对收敛性, 下面进一步讨论一致收敛性.

定理 3.4 (Abel 第二定理) 设 $\sum_{n=0}^{\infty}a_nx^n$ 的收敛半径为 R, 则 $\sum_{n=0}^{\infty}a_nx^n$ 在 $(-R,R)$ 上内闭一致收敛; 又若 $\sum_{n=0}^{\infty}a_nR^n$ 收敛, 则在 $(-R,R]$ 上内闭一致收敛; 若 $\sum_{n=0}^{\infty}a_n(-R)^n$ 收敛, 则在 $[-R,R)$ 上内闭一致收敛; 若 $\sum_{n=0}^{\infty}a_nR^n$, $\sum_{n=0}^{\infty}a_n(-R)^n$ 都收敛, 则在 $[-R,R]$ 内一致收敛.

证明 任取 $[a,b]\subset(-R,R)$, 存在 $\delta>0$, 使得 $[a,b]\subset[-R+\delta,R-\delta]\subset(-R,R)$, 由于 $|R-\delta|<R$, 则 $\sum_{n=0}^{\infty}a_n(R-\delta)^n$ 绝对收敛.

又 $x\in[a,b]$ 时, $|a_nx^n|\leqslant|a_n||R-\delta|^n$, 由 Weierstrass 判别法, $\sum_{n=0}^{\infty}a_nx^n$ 在 $[a,b]$ 一致收敛, 因而, 其在 $(-R,R)$ 上内闭一致收敛.

若 $\sum_{n=0}^{\infty}a_nR^n$ 收敛, 视为函数项级数是一致收敛的, 由于

$$\sum_{n=0}^{\infty}a_nx^n=\sum_{n=0}^{\infty}a_nR^n\cdot\frac{x^n}{R^n},$$

因此, $\forall x\in[0,R]$, 由于 $0\leqslant\dfrac{x}{R}<1$, 故 $\dfrac{x^n}{R^n}$ 关于 n 单调且 $\left|\dfrac{x^n}{R^n}\right|\leqslant 1$ 一致有界, 故, 由 Abel 判别法: $\sum\limits_{n=0}^{\infty}a_nx^n$ 在 $[0,R]$ 上一致收敛.

当 $[b,0]\subset(-R,0]$ 时, 由定理 3. 2, $\sum\limits_{n=0}^{\infty}a_nb^n$ 绝对收敛, 且

$$|a_nx^n|\leqslant|a_nb^n|,\quad \forall x\in[b,0],$$

因而, $\sum\limits_{n=0}^{\infty}a_nx^n$ 在 $[b,0]$ 上一致收敛.

因此, 对任意的 $[a,b]\subset(-R,R]$, $\sum\limits_{n=0}^{\infty}a_nx^n$ 在 $[a,b]$ 上一致收敛.

后两种情形类似证明.

抽象总结　将上述结论可以总结为: 设 $\sum\limits_{n=0}^{\infty}a_nx^n$ 的收敛半径为 R, 则

1) 在 $(-R,R)$ 内每点都绝对收敛;
2) 在收敛的端点仅是收敛(不一定绝对收敛);
3) 在 $(-R,R)$ 内内闭一致收敛, 且一致收敛性可延至收敛的端点.

这些结论体现了幂级数具有较好的收敛性和一致收敛性.

三、幂级数的性质

很容易将函数项级数一致收敛的性质推广到幂级数.

设 $\sum\limits_{n=0}^{\infty}a_nx^n$ 的收敛半径为 R, 并记

$$S(x)=\sum_{n=0}^{\infty}a_nx^n,\quad x\in(-R,R).$$

定理 3.5(连续性定理)　对幂级数成立结论,

1) $S(x)\in C(-R,R)$;
2) 又若 $\sum\limits_{n=0}^{\infty}a_nR^n$ 收敛, 则 $S(x)\in C(-R,R]$;
3) 若 $\sum\limits_{n=0}^{\infty}a_n(-R)^n$ 收敛, 则 $S(x)\in C[-R,R)$;
4) 若 $\sum\limits_{n=0}^{\infty}a_nR^n$ 和 $\sum\limits_{n=0}^{\infty}a_n(-R)^n$ 收敛, 则 $S(x)\in C[-R,R]$.

即和函数连续到收敛的端点.

定理 3.6(逐项求积定理)　对 $\forall x\in(-R,R)$, 则

$$\int_0^x S(t)\mathrm{d}t = \int_0^x \sum_{n=0}^{\infty} a_n t^n \mathrm{d}t = \sum_{n=0}^{\infty} \frac{1}{n+1} a_n x^{n+1} .$$

定理 3.7(逐项求导定理)　对 $\forall x \in (-R,R)$，则 $S(x) \in C^1(-R,R)$ 且

$$S'(x) = \frac{\mathrm{d}}{\mathrm{d}x} \sum_{n=0}^{\infty} a_n x^n = \sum_{n=1}^{\infty} a_n n x^{n-1} ,$$

进一步还有 $S(x) \in C^{\infty}(-R,R)$.

总结　上述定理表明：幂级数逐项求导和求积后仍是幂级数且收敛半径不变，但在 $x = \pm R$ 处，收敛性可能会改变，这是幂级数具有的又一类好性质，定量表示为

$$S(x) = \sum_{n=0}^{\infty} a_n x^n ,\quad x \in (-R,R) ,$$

$$\int_0^x S(t)\mathrm{d}t = \sum_{n=0}^{\infty} \frac{1}{n+1} a_n x^{n+1} ,\quad x \in (-R,R) ,$$

$$S'(x) = \sum_{n=1}^{\infty} a_n n x^{n-1} ,\quad x \in (-R,R) ,$$

对比三者结构的变化，逐项求积后在原幂级数的系数前出现因子 $\frac{1}{n+1}$，逐项求导后在原幂级数的系数前出现因子 n，因此，在后续处理问题时，若研究的幂级数中有 $\frac{1}{n+1}$ 结构的因子时，可以将其视为某个幂级数的逐项求积，或通过逐项求导可以消去此因子；若研究的幂级数中有 n 结构的因子时，可以将其视为某个幂级数的逐项求导，或通过逐项求积可以消去此因子，这为我们对幂级数的研究提供了线索和思路.

根据上述性质并结合上述的分析，我们可以进行幂级数的和函数的计算. 计算的基本方法是利用逐项求导或求积定理，将要计算的幂级数转化为基本幂级数，利用基本和函数公式得到求导或求积后的函数，再经过反向的函数运算即求积或求导得到要计算的函数.

例 6　计算下述幂级数的和函数：

1) $\sum_{n=1}^{\infty} \frac{1}{n+1} x^n$；　　　　2) $\sum_{n=1}^{\infty} \frac{x^{n+1}}{n(n+1)}$.

结构分析　类比基本幂级数，1)中多出因子 $\frac{1}{n+1}$，2)中多出 $\frac{1}{n(n+1)}$，为将其转化为基本幂级数，需要通过逐次求导消去多出的因子，这是整体的处理思路；还需要根据结构进行细节上的技术处理，主要解决求导时能消去相应的因子；当

然, 在求导过程中注意首项的变化, 这涉及和函数的计算.

解　1) 易计算 $\sum_{n=1}^{\infty}\frac{1}{n+1}x^n$ 的收敛域为 $[-1,1)$, 因此, 可以定义

$$f(x)=\sum_{n=1}^{\infty}\frac{1}{n+1}x^n, x\in[-1,1).$$

记 $g(x)=\sum_{n=1}^{\infty}\frac{x^{n+1}}{n+1}$, 由于 $\sum_{n=1}^{\infty}\frac{x^{n+1}}{n+1}$ 的收敛半径为 1, 收敛域为 $[-1,1)$, 所以 $g(x)$ 在 $(-1,1)$ 有定义.

利用逐项求导定理, 则

$$g'(x)=\sum_{n=1}^{\infty}x^n=\frac{x}{1-x},\quad x\in(-1,1),$$

两端求积分, 则

$$g(x)=g(0)+\int_0^x\frac{t}{1-t}\mathrm{d}t=-\ln(1-x)-x,\quad x\in(-1,1),$$

故,

$$f(x)=\frac{1}{x}g(x)=-\frac{1}{x}\ln(1-x)-1,\quad x\in(-1,0)\cup(0,1),$$

由于 $f(x)\in C[-1,1)$, 因而,

$$\sum_{n=1}^{\infty}\frac{1}{n+1}x^n=\begin{cases}-\frac{1}{x}\ln(1-x)-1, & x\in[-1,0)\cup(0,1),\\ 0, & x=0.\end{cases}$$

2) 记 $f(x)=\sum_{n=1}^{\infty}\frac{x^{n+1}}{n(n+1)}$, 此级数的收敛域为 $[-1,1]$, 则 $f(x)$ 在 $[-1,1]$ 有定义. 利用逐项求导定理, 则

$$f'(x)=\sum_{n=1}^{\infty}\frac{x^n}{n},\quad x\in(-1,1),$$

再次求导, 利用已知公式, 则

$$f''(x)=\sum_{n=1}^{\infty}x^{n-1}=\frac{1}{1-x},\quad x\in(-1,1),$$

由于 $f'(0)=0$, 利用积分理论, 则

$$f'(x)=\int_0^x f''(t)\mathrm{d}t=-\ln(1-x),\quad x\in(-1,1),$$

同样, 再求积, 则

$$f(x)=\int_0^x f'(t)\mathrm{d}t=(1-x)\ln(1-x)+x,\quad x\in(-1,1),$$

利用连续性定理, 故

$$\sum_{n=1}^{\infty}\frac{x^{n+1}}{n(n+1)}=(1-x)\ln(1-x)+x,\quad x\in[-1,1].$$

例 6 也可以从已知结论 $\sum_{n=1}^{\infty}x^{n-1}=\frac{1}{1-x}$, $x\in(-1,1)$, 通过逐项求积来完成.

抽象总结　上述两个例子采用了两种不同的处理方法, 自行进行总结.

例 7　证明: $1-\frac{1}{2}+\frac{1}{3}-\frac{1}{4}+\cdots+(-1)^{n+1}\frac{1}{n}+\cdots=\ln 2$.

简析　这是数项级数的求和, 即非等差也非等比结构, 数项级数理论不能解决; 函数项级数或幂级数理论给出数项级数求和的新方法, 即将数项级数视为函数项级数在某点处的函数值, 先计算和函数, 再计算对应的函数值; 关键问题是构造幂级数, 通常是直接构造法.

证明　考虑幂级数 $\sum_{n=0}^{\infty}(-1)^n\frac{1}{n+1}x^{n+1}$, 易知其收敛半径 $R=1$, 收敛域为 $(-1,1]$.

易知

$$\sum_{n=0}^{\infty}(-1)^n x^n=1-x+x^2+\cdots+(-1)^{n+1}x^n+\cdots=\frac{1}{1+x},\qquad x\in(-1,1),$$

利用逐项求积定理, 则

$$x-\frac{1}{2}x^2+\frac{1}{3}x^3+\cdots+(-1)^n\frac{1}{n+1}x^{n+1}+\cdots=\ln(1+x),\quad x\in(-1,1),$$

进一步利用连续性定理, 则

$$x-\frac{1}{2}x^2+\frac{1}{3}x^3+\cdots+(-1)^n\frac{1}{n+1}x^{n+1}+\cdots=\ln(1+x),\quad x\in(-1,1],$$

取 $x=1$ 即得结论.

例 8　求 $\sum_{n=1}^{\infty}\frac{2n-1}{2^n}$.

解　法一　考虑级数

$$\sum_{n=1}^{\infty}x^{2n-1}=x+x^3+x^5+\cdots,$$

易知

$$\sum_{n=1}^{\infty}x^{2n-1}=\frac{x}{1-x^2},\quad x\in(-1,1),$$

逐项求导得

$$\sum_{n=1}^{\infty}(2n-1)x^{2(n-1)}=\frac{1+x^2}{(1-x^2)^2},\quad x\in(-1,1),$$

因此, 两边同乘 x^2, 得

$$\sum_{n=1}^{\infty}(2n-1)x^{2n}=\frac{x^2(1+x^2)}{(1-x^2)^2},\quad x\in(-1,1),$$

取 $x=\frac{1}{\sqrt{2}}$, 则 $\sum_{n=1}^{\infty}\frac{2n-1}{2^n}=3$.

法二　由于 $\sum_{n=1}^{\infty}\frac{2n-1}{2^n}=\sum_{n=1}^{\infty}n\frac{1}{2^{n-1}}-\sum_{n=1}^{\infty}\left(\frac{1}{2}\right)^n$. 故考虑级数 $\sum_{n=1}^{\infty}x^n$, $\sum_{n=1}^{\infty}nx^{n-1}$, 易知

$$S(x)=\sum_{n=1}^{\infty}x^n=\frac{x}{1-x},\quad x\in(-1,1),$$

且由逐项求导定理得

$$\sum_{n=1}^{\infty}nx^{n-1}=\sum_{n=1}^{\infty}\frac{\mathrm{d}}{\mathrm{d}x}x^n=\frac{\mathrm{d}}{\mathrm{d}x}\sum_{n=1}^{\infty}x^n=\frac{\mathrm{d}}{\mathrm{d}x}S(x)=\frac{1}{(1-x)^2},\quad x\in(-1,1),$$

取 $x=\frac{1}{2}$, 则

$$\sum_{n=1}^{\infty}\left(\frac{1}{2}\right)^n=S\left(\frac{1}{2}\right)=1,$$

$$\sum_{n=1}^{\infty}n\frac{1}{2^{n-1}}=\left.\frac{1}{(1-x)^2}\right|_{x=\frac{1}{2}}=4$$

故, $\sum_{n=1}^{\infty}\frac{2n-1}{2^n}=3$.

总结　对这类数项级数求和, 由于通项中含有 n 幂次形式, 因而, 计算的思想是将其转化为幂级数在某点处的函数值, 因此, 先计算一个幂级数, 再求函数值.

习　题　11.3

1. 确定下列幂级数的收敛域:

1) $\sum_{n=1}^{\infty}\frac{x^n}{n}$;　　2) $\sum_{n=2}^{\infty}\frac{x^n}{n\ln^2 n}$;

3) $\sum_{n=1}^{\infty}\left[\left(1+\frac{1}{n}\right)^n(x+1)\right]^n$;　　4) $\sum_{n=1}^{\infty}\frac{1+(-1)^{n+1}}{n}x^n$;

5) $\sum_{n=1}^{\infty}\frac{x^{n^2}}{n^2}$；　　6) $\sum_{n=1}^{\infty}\frac{4-(-2)^n}{n}x^n$；

7) $\sum_{n=1}^{\infty}\frac{\sum_{k=1}^{n}\frac{1}{k}}{n!}x^n$；　　8) $\sum_{n=1}^{\infty}\left(\frac{1}{n}+\frac{2^n}{n^2}\right)(x-1)^n$.

2. 设$\sum_{n=1}^{\infty}a_nx^n$和$\sum_{n=1}^{\infty}b_nx^n$的收敛半径分别为$R_1$和$R_2$，证明：

1) $\sum_{n=1}^{\infty}(a_n+b_n)x^n$的收敛半径不小于$\min\{R_1,R_2\}$；

2) $\sum_{n=1}^{\infty}a_nb_nx^n$的收敛半径不小于$R_1R_2$；

举例说明 1)和 2)中的“严格大于”的情况也可以发生.

3. 设$\sum_{n=1}^{\infty}a_nx^n$的收敛半径为 $R>0$，且$a_n\geqslant 0$，证明：不论$\sum_{n=1}^{\infty}a_nR^n$是否收敛，都有$\lim_{x\to R^-}\sum_{n=1}^{\infty}a_nx^n=\sum_{n=1}^{\infty}a_nR^n$.

4. 设$\sum_{n=0}^{\infty}a_nx^n$的收敛半径为 R，$\sum_{n=0}^{\infty}\frac{a_n}{n+1}R^{n+1}$收敛，证明：

$$\int_0^R\sum_{n=0}^{\infty}a_nx^n\mathrm{d}x=\sum_{n=0}^{\infty}\frac{a_n}{n+1}R^{n+1}.$$

5. 设$\sum_{n=1}^{\infty}a_nx^n$的收敛半径为 1，且$a_n>0$，又设$\lim_{x\to 1^-}\sum_{n=1}^{\infty}a_nx^n=s$，证明：$\sum_{n=1}^{\infty}a_n=s$.

6. 计算 1) $\int_0^1\mathrm{e}^{x^2}\mathrm{d}x$；　　2) $\int_0^1\frac{\ln x}{1-x^2}\mathrm{d}x$.

7. 求幂级数的和函数：

1) $\sum_{n=1}^{\infty}n(n+1)x^n$；　　2) $\sum_{n=0}^{\infty}\frac{x^{2n+1}}{2n+1}$.

8. 求数项级数的和：

1) $\sum_{n=1}^{\infty}(-1)^n\frac{n^2}{2^n}$；　　2) $\sum_{n=1}^{\infty}\frac{1}{n2^n}$.

9. 给出命题：设$f(x)=\sum_{n=1}^{\infty}\frac{x^n}{n^2}$，则成立

$$f(x)+f(1-x)+\ln x\ln(1-x)=\frac{\pi^2}{6},\quad 0<x<1.$$

分析　所成立的结论的类型是什么？证明这类结论常用的方法是什么？根据所给函数$f(x)$的结构特点和你所给出的方法，需要用到哪些理论？给出命题的证明.

11.4　函数的幂级数

11.3 的研究表明：幂级数具有很好的性质，由此可以带来很多的应用优势，如

数值模拟和计算. 事实上, 许多应用领域对函数的模拟和计算, 都是将函数近似之后进行的. 所谓近似, 实际就是找一个替代物, 这个替代物形式简单, 易于研究(性质), 便于计算. 而幂级数正具有这方面的特征. 那么, 函数能否用幂级数来代替? 或者说能否展开成幂级数? 若能, 要求的条件是什么, 如何展开? 这就是本节的研究内容.

我们已经学过类似的函数展开理论, 即 Taylor 展开, 因此, 先从 Taylor 展开说起.

我们知道, 如果 $f(x)$ 在 x_0 的某邻域 $U(x_0)$ 内有 $n+1$ 阶连续导数, 则

$$f(x)=f(x_0)+f'(x_0)(x-x_0)+\cdots+\frac{f^{(n)}(x_0)}{n!}(x-x_0)^n+R_n(x), \quad x\in U(x_0),$$

其中 $R_n(x)$ 为余项.

观察上述展开式, 我们得到如下信息: ① $f(x)$ 满足 $f\in C^{n+1}$, ②展开式是有限展开的形式, ③与幂级数相比: 二者形式相近, 只存在有限与无限之分.

因此, 要从 Taylor 展开式进一步展开成幂级数, 只需将上述展开过程无限进行下去, 这就要求: ① $f\in C^{\infty}$, ②能无限展开. 但仅考虑上述两个方面还不够, 因为在有限 Taylor 展开过程中, 不必考虑收敛性问题, 因为有限和总是有意义的, 一旦将有限过程转化为无限过程, 必须考虑最重要的问题: 收敛性问题; 换句话, 设 $f(x)$ 满足 C^{∞} 条件, 也能将 Taylor 展开无限进行下去, 那么无限展开后得到的级数是否收敛? 是否收敛于 $f(x)$ 呢? 先看一个例子, 如

$$f(x)=\begin{cases} e^{-\frac{1}{x^2}}, & x\neq 0,\\ 0, & x=0,\end{cases}$$

则 $f\in C^{\infty}$ 且 $f^{(n)}(0)=0$, 因此, 在 $x_0=0$ 点无限展开成通项为 0 级数, 显然这样的展开只能保证在 $x=0$ 点等于 $f(0)$, 即在 $x\neq 0$ 点展开式与 $f(x)$ 不相等. 因此, 不加任何条件时, 结论并不成立.

那么, 什么条件下, 展开式为 $f(x)$ 本身? 通过 Taylor 展开, 明显地可以获得下述结论.

定理 4.1 设 $f(x)$ 在 $U(x_0)$ 具任意阶导数, 则 $f(x)$ 在 $U(x_0)$ 展开成幂级数

$$f(x)=\sum_{n=0}^{\infty}\frac{f^{(n)}(x_0)}{n!}(x-x_0)^n, \quad x\in U(x_0),$$

当且仅当 $\lim\limits_{n\to+\infty}R_n(x)=0$, $x\in U(x_0)$.

证明 充分性 由于 $f\in C^{\infty}$, 故, $f(x)$ 可进行 Taylor 展开

$$f(x)=f(x_0)+f'(x_0)(x-x_0)+\cdots+\frac{f^{(n)}(x_0)}{n!}(x-x_0)^n+R_n(x),$$

由于 $\lim\limits_{n\to\infty}R_n(x)=0$，$\forall x\in U(x_0)$，因此

$$\lim_{n\to+\infty}\sum_{k=0}^{n}\frac{f^{(k)}(x_0)}{k!}(x-x_0)^k=\lim_{n\to+\infty}(f(x)-R_n(x))=f(x),$$

利用级数的收敛性, 则

$$f(x)=\sum_{n=0}^{\infty}\frac{f^{(n)}(x_0)}{n!}(x-x_0)^n\text{，}\ \forall x\in U(x_0).$$

必要性　设 $f(x)=\sum\limits_{n=0}^{\infty}\frac{f^{(n)}(x_0)}{n!}(x-x_0)^n$，记 $S_n(x)$ 为其部分和, 利用 Taylor 展开, 则

$$\lim_{n\to+\infty}R_n(x)=\lim_{n\to+\infty}(f(x)-S_n(x))=0.$$

定理 4.1 给出了将函数展开成幂级数的条件, 由于幂级数是利用 Taylor 展开得到的, 也称 Taylor 级数.

从定理 4.1 中可知, 要研究 $f(x)$ 是否可展成幂级数形式, 关键是条件 $\lim\limits_{n\to+\infty}R_n(x)=0$ 是否成立. 因此, 为以后验证这一条件的方便, 给出另一余项形式.

定理 4.2　设 $f(x)$ 在 $U(x_0)$ 内有任意阶导数, 则有 Taylor 展开

$$f(x)=f(x_0)+f'(x_0)(x-x_0)+\cdots+\frac{f^{(n)}(x_0)}{n!}(x-x_0)^n+R_n(x),$$

其中余项 $R_n(x)=\frac{1}{n!}\int_{x_0}^{x}f^{(n+1)}(t)(x-t)^n\mathrm{d}t$.

简析　从结论形式, 要求建立积分关系: $R_n(x)=\frac{1}{n!}\int_{x_0}^{x}f^{(n+1)}(t)(x-t)^n\mathrm{d}t$，将其转化为微分关系来证明.

证明　由于

$$R_n(x)=f(x)-\left[f(x_0)+f'(x_0)(x-x_0)+\cdots+\frac{f^{(n)}(x_0)}{n!}(x-x_0)^n\right],$$

显然 $R(x_0)=0$. 逐次求导, 则

$$R_n'(x)=f'(x)-\left[f'(x_0)+\cdots+\frac{f^{(n)}(x_0)}{(n-1)!}(x-x_0)^{n-1}\right],$$

且 $R'(x_0)=0$，如此下去, 得

$$R_n^{(n)}(x)=f^{(n)}(x)-f^{(n)}(x_0) \text{ 且 } R_n^{(n)}(x_0)=0 \text{ 和 } R_n^{(n+1)}(x)=f^{(n+1)}(x).$$

将上述微分关系逐次转化为积分关系，利用分部积分公式，则

$$\begin{aligned}
R_n(x)&=R_n(x)-R_n(x_0)=\int_{x_0}^{x}R_n'(t)\mathrm{d}t\\
&=\int_{x_0}^{x}R_n'(t)(-(x-t))'\mathrm{d}t\\
&=-R_n'(t)(x-t)\Big|_{x_0}^{x}+\int_{x_0}^{x}R_n''(t)(x-t)\mathrm{d}t\\
&=\int_{x_0}^{x}R_n''(t)(x-t)\mathrm{d}t\\
&=-\frac{1}{2}\int_{x_0}^{x}R_n''(t)[(x-t)^2]'\mathrm{d}t=\frac{1}{2}\int_{x_0}^{x}R'''(t)(x-t)^2\mathrm{d}t\\
&=-\frac{1}{3!}\int_{x_0}^{x}R'''(t)[(x-t)^3]'\mathrm{d}t\\
&=\frac{1}{3!}\int_{x_0}^{x}R^{(4)}(t)(x-t)^3\mathrm{d}t\\
&=\cdots=\frac{1}{n!}\int_{x_0}^{x}R^{(n+1)}(t)(x-t)^n\mathrm{d}t=\frac{1}{n!}\int_{x_0}^{x}f^{(n+1)}(t)(x-t)^n\mathrm{d}t,
\end{aligned}$$

由此得到结论.

上述证明的思想是实现从微分关系到积分关系之转化.

余项 $R_n(x)=\dfrac{1}{n!}\displaystyle\int_{x_0}^{x}f^{(n+1)}(t)(x-t)^n\mathrm{d}t$ 称为 Lagrange 积分型余项.

对此余项应用积分第一中值定理，则

$$R_n(x)=\frac{f^{(n+1)}(\xi)}{n!}\int_{x_0}^{x}(x-t)^n\mathrm{d}t=\frac{f^{(n+1)}(\xi)}{(n+1)!}(x-x_0)^{n+1},$$

这就是 Lagrange 微分型余项.

将 $f^{(n+1)}(t)(x-t)^n$ 作为整体，应用积分第一中值定理

$$R_n(x)=\frac{f^{(n+1)}(\xi)(x-\xi)^n}{n!}(x-x_0),$$

其中 ξ 在 x_0 与 x 之间，因而存在 $\theta\in(0,1)$，使得 $\xi=x_0+\theta(x-x_0)$，故

$$R_n(x)=\frac{f^{(n+1)}(x_0+\theta(x-x_0))}{n!}(1-\theta)^n(x-x_0)^{n+1},$$

称为 Cauchy 型余项.

当 $x_0=0$ 时，$f(x)$ 展开的 Taylor 幂级数也称为 Maclaurin 幂级数,即

$$f(x) \sim \sum_{n=0}^{\infty} \frac{f^{(n)}(0)}{n!} x^n = f(0) + f'(0)x + \cdots + \frac{f^{(n)}(0)}{n!} x^n + \cdots.$$

至此，我们得到了 $R_n(x)$ 有如下形式：

$$R_n(x) = \frac{1}{n!} \int_0^x f^{(n+1)}(t)(x-t)^n \mathrm{d}t,$$

$$R_n(x) = \frac{f^{(n+1)}(\xi)}{(n+1)!} x^{n+1},$$

$$R_n(x) = \frac{f^{(n+1)}(\theta x)}{n!} (1-\theta)^n x^{n+1},$$

因此，在验证展开式成立条件 $\lim\limits_{n \to \infty} R_n(x) = 0$ 时，可根据具体题目选择合适的 $R_n(x)$ 形式.

例 1　将 $f(x) = \mathrm{e}^x$ 展开成 Maclaurin 幂级数.

解　由于 $f^{(n)}(x) = \mathrm{e}^x$，$f^{(n)}(0) = 1$，又

$$R_n(x) = \frac{\mathrm{e}^{\xi}}{(n+1)!} x^{n+1}, \quad \xi \in (0, x),$$

显然 $|R_n(x)| \leqslant \dfrac{\mathrm{e}^{|x|}}{(n+1)!} |x|^{n+1}$，因而，对任意的 x，

$$\lim_{n \to \infty} R_n(x) = 0,$$

故，

$$f(x) = \mathrm{e}^x = 1 + x + \frac{x^2}{2!} + \cdots + \frac{x^n}{n!} + \cdots, \quad \forall x \in R.$$

例 2　将 $f(x) = \sin x$ 展成 Maclaurin 幂级数.

解　由于 $f^{(n)}(x) = \sin\left(\dfrac{n\pi}{2} + x\right)$，故

$$f^{(n)}(0) = \begin{cases} 0, & n = 4k, \\ 1, & n = 4k+1, \\ 0, & n = 4k+2, \\ -1, & n = 4k+3, \end{cases}$$

又 $R_n(x) = \dfrac{1}{(n+1)!} \sin\left(\dfrac{(n+1)\pi}{2} + \xi\right) x^{n+1}$，故对任意的 x 成立 $\lim\limits_{n \to \infty} R_n(x) = 0$，因而

$$f(x) = \sin x = x - \frac{x^3}{3!} + \frac{x^5}{5!} - \frac{x^7}{7!} + \cdots, \quad x \in \mathbf{R}.$$

注　同样有 $f(x)=\cos x=1-\dfrac{x^2}{2!}+\dfrac{x^4}{4!}-\dfrac{x^6}{6!}+\cdots$，$x\in\mathbf{R}$.

例 3　在一个合适的区域上将 $f(x)=\dfrac{1}{1-x}$ 展开成 Maclaurin 级数.

解　对任意的正整数 n, 计算得

$$f^{(n)}(x)=\frac{n!}{(1-x)^{n+1}},\quad f^{(n)}(0)=n!,$$

取 Cauchy 型余项

$$R_n(x)=\frac{1}{n!}\frac{(n+1)!}{(1-\theta x)^{n+2}}(1-\theta)^n x^{n+1}=\frac{(1-\theta)^n}{(1-\theta x)^n}x^{n+1}(n+1)\frac{1}{(1-\theta x)^2},$$

其中 $\theta=\theta(x)\in(0,1)$.

假若能展开成 Maclaurin 级数, 则其级数的收敛半径为 1, 因此, 我们在区间 $(-1, 1)$上研究展开问题.

首先, 证明 $\dfrac{1}{1-\theta x}$ 有界, 事实上, 当 $x>0$ 时, $1\geqslant 1-\theta x\geqslant 1-x$, 则

$$1<\frac{1}{1-\theta x}\leqslant\frac{1}{1-x};$$

当 $-1<x<0$ 时, $1<1-\theta x<1+|x|$, 则

$$\frac{1}{1+|x|}<\frac{1}{1-\theta x}<1,$$

因而, $\dfrac{1}{1-\theta x}$ 在$(-1, 1)$上有界.

其次, 证明当 $x\in(-1,1)$ 时, 成立 $0<\dfrac{1-\theta}{1-\theta x}<1$. 事实上, 当 $x>0$ 时, 由于 $1\geqslant 1-\theta x\geqslant 1-\theta\geqslant 0$, 结论成立; 当 $-1<x<0$ 时, 则

$$0\leqslant\frac{1-\theta}{1+|x|}<\frac{1-\theta}{1-\theta x}<1-\theta\leqslant 1,$$

因而, 结论成立. 因而,

$$|R_n(x)|\leqslant|x|^{n+1}(n+1)\frac{1}{(1-\theta x)^2},\quad x\in(-1,1),$$

故, $\lim\limits_{n\to\infty}R_n(x)=0$, $x\in(-1,1)$. 因而,

$$f(x)=\frac{1}{1-x}=\sum_{n=0}^{\infty}x^n,\quad x\in(-1,1).$$

显然，$|x|\geqslant 1$时，右端级数发散.

总结 在进行函数的幂级数展开时，可以结合幂级数收敛半径的计算预先确定幂级数展开的范围，在此范围中验证收敛条件即可；即可以先假设 $f(x)$ 可以展成 Maclaurin 级数，则必有 $f(x)=\sum_{n=0}^{\infty}\frac{f^{(n)}(0)}{n!}x^n$，右端是一个幂级数，在其收敛域内才有意义，故只需在 $(-R,R)$ 内验证 $\lim_{n\to\infty}R_n(x)=0$ 即可. 因此，可根据展开式预先确定一个收敛的范围，然后验证.

也可以借助于函数项级数的一致收敛性的运算性质，利用已知函数的幂级数展开式，通过逐项求积或求导得到一些相关函数的幂级数展开式.

例 4 将 $\ln(1+x)$展开成幂级数.

解 我们已知有如下展开式：

$$\frac{1}{1+x}=\sum_{n=0}^{\infty}(-1)^n x^n,\quad x\in(-1,1),$$

右端幂级数的收敛半径为 $R=1$，收敛域为$(-1, 1)$.

利用逐项求积定理，则对任意的 $x\in(-1,1)$，

$$\ln(1+x)=\int_0^x\frac{1}{1+t}\mathrm{d}t=\int_0^x\sum_{n=0}^{\infty}(-1)^n t^n\mathrm{d}t=\sum_{n=0}^{\infty}\int_0^x(-1)^n t^n\mathrm{d}t,$$

故，$\ln(1+x)=\sum_{n=0}^{\infty}\frac{(-1)^n}{n+1}x^{n+1}$，$x\in(-1,1)$.

注意到右端幂级数在 $x=1$ 处收敛，因此，

$$\ln(1+x)=\sum_{n=0}^{\infty}\frac{(-1)^n}{n+1}x^{n+1},\quad x\in(-1,1].$$

类似 Taylor 展开，各种运算技术也可以用于函数的幂级数展开.

例 5 将 $f(x)=\frac{1}{x^2-x-1}$ 展开成幂级数.

思路简析 函数为有理式结构，通过因式分解先简化为最简结构，利用已知的函数展开进行运算.

解 由于

$$f(x)=\frac{1}{3}\left(\frac{1}{x-2}-\frac{1}{x+1}\right)=-\frac{1}{3}\left(\frac{1}{2}\frac{1}{1-\frac{x}{2}}+\frac{1}{x+1}\right),$$

利用已知的展开式，则

$$\frac{1}{1+x}=\sum_{n=0}^{\infty}(-1)^n x^n\,,\quad x\in(-1,1)\,,$$

$$\frac{1}{1-\frac{x}{2}}=\sum_{n=0}^{\infty}\left(\frac{x}{2}\right)^n,\quad x\in(-2,2)\,,$$

因此，$x\in(-1,1)$ 时，有

$$f(x)=-\frac{1}{3}\left(\sum_{n=0}^{\infty}\frac{1}{2^{n+1}}x^n+\sum_{n=0}^{\infty}(-1)^n x^n\right)=-\frac{1}{3}\sum_{n=0}^{\infty}\left[\frac{1}{2^{n+1}}+(-1)^n\right]x^n\;;$$

当 $x=\pm1$ 时，右端级数发散，因而，幂级数的收敛域为 $x\in(-1,1)$．故，

$$f(x)=-\frac{1}{3}\left(\sum_{n=0}^{\infty}\frac{1}{2^{n+1}}x^n+\sum_{n=0}^{\infty}(-1)^n x^n\right)=-\frac{1}{3}\sum_{n=0}^{\infty}\left[\frac{1}{2^{n+1}}+(-1)^n\right]x^n,\quad x\in(-1,1)\,.$$

习　题　11.4

首先给出你所掌握的已知的函数展开，充分利用你给出的结果将下列函数展开成幂级数.

1) $f(x)=\sin x\cos x$；

2) $f(x)=\sin^2 2x$；

3) $f(x)=\dfrac{1}{(1-x)^2}$；

4) $f(x)=\displaystyle\int_0^x\frac{\sin t}{t}\,\mathrm{d}t$；

5) $f(x)=\dfrac{1}{(1+x^2)(1+x^4)}$；

6) $f(x)=\displaystyle\int_0^x\frac{\ln(1+t)}{t}\,\mathrm{d}t$．

第 12 章　Fourier 级数

形如 $a_0+\sum_{n=1}^{\infty}(a_n\cos nx+b_n\sin nx)$ 的函数项级数就是所谓 Fourier 级数，由于通项是具有三角函数结构，也称其为三角级数.

函数项级数理论的产生，使人们在解决实际问题中，实现用简单的函数代替复杂的函数，以便于进行计算和性质的研究. 幂级数是实现上述目的的可以操作的技术手段. 但是，我们知道幂级数展开有很强的限制条件：函数必须是无限可微的，只在幂级数的收敛域内收敛于函数自身；更重要的是，幂函数不是周期函数，不能用于描述和研究自然界的周期现象，而周期现象是自然界最广泛存在的现象. 为此，产生了 Fourier 级数理论，将来我们将了解到，Fourier 级数的展开要求要低得多，且吻合较好(不受收敛域限制)，而且能反映周期现象. 正是这些优势特点，使得现代通信领域、信号领域、电子领域等广泛利用 Fourier 级数理论，确保了 Fourier 级数理论在现代分析理论中重要地位.

12.1　Fourier 级数

一、定义

Fourier 级数实际上是函数按正交三角函数系的展开，我们先引入三角函数系的概念.

1. 正交三角函数系

对任意的常数 c，给定 $[c,c+2\pi]$ 上的一个函数集合：

$$A=\{1,\cos x,\sin x,\cos 2x,\sin 2x,\cdots,\cos nx,\sin nx,\cdots\},$$

则可以验证：

1) 对任意的 $f(x),g(x)\in A$，$f\neq g$，都成立

$$\int_c^{c+2\pi}f(x)\cdot g(x)\mathrm{d}x=0;$$

2) 对任意的 $f(x)\in A$，都成立

$$\int_c^{c+2\pi} f^2(x)\mathrm{d}x \neq 0;$$

因此，函数集合 A 是 $[c,c+2\pi]$ 上的正交三角函数系.

2. Fourier 级数的定义

由于对任意的 c，A 都是 $[c,c+2\pi]$ 上的正交三角函数系，因此，可以在任意的区间 $[c,c+2\pi]$ 上将函数按正交三角函数系展开成 Fourier 级数，但是，通常我们选 $c=-\pi$ 或 $c=0$，将函数在 $[-\pi,\pi]$ 或 $[0,2\pi]$ 上展开，这里，我们以 $[-\pi,\pi]$ 上函数的展开为例引入相应理论.

设函数 $f(x)$ 在 $[-\pi,\pi]$ 上是可积和绝对可积的，即若 $f(x)$ 是有界函数，假设它是 Riemann 可积的，因而也绝对可积；若 $f(x)$ 是无界函数，假设它是绝对可积的，因而也可积，因此，不论何种情形，都是可积和绝对可积的.

定义 1.1　称三角级数

$$\frac{a_0}{2}+\sum_{k=1}^{\infty}(a_k\cos kx+b_k\sin kx)$$

为 $f(x)$ 的 Fourier 级数，其中

$$a_0=\frac{1}{\pi}\int_{-\pi}^{\pi} f(x)\mathrm{d}x,\quad a_n=\frac{1}{\pi}\int_{-\pi}^{\pi} f(x)\cos nx\mathrm{d}x,$$

$$b_n=\frac{1}{\pi}\int_{-\pi}^{\pi} f(x)\sin nx\mathrm{d}x,\quad n=1,2,\cdots.$$

称为 $f(x)$ 的 Fourier 级数的系数.

显然，当 $f(x)$ 可积和绝对可积时，上述系数都是有意义的，因此，可以计算出函数 $f(x)$ 的 Fourier 级数，此时也称可将 $f(x)$ 展开成 Fourier 级数，记为

$$f(x)\sim\frac{a_0}{2}+\sum_{k=1}^{\infty}(a_k\cos kx+b_k\sin kx).$$

这样，在可积和绝对可积的条件下，函数 $f(x)$ 总可以展开成 Fourier 级数，但是，展开并不是目的，展开是为了应用，为此，必须解决如下问题：

1) Fourier 级数是否收敛？

2) Fourier 级数收敛时是否收敛于 $f(x)$？

二、Fourier 级数收敛的必要条件

以下总假设 $f(x)$ 是 $(-\pi,\pi]$ 上的以 2π 为周期的可积和绝对可积函数. 由于周期性，因而 $f(-\pi)=f(\pi)$，故 $f(x)$ 只需定义在 $(-\pi,\pi]$ 上，就可以周期延拓至整个实数轴.

考虑级数的部分和，利用公式

$$\frac{1}{2}+\cos\varphi+\cos 2\varphi+\cdots+\cos n\varphi=\frac{\sin\frac{2n+1}{2}\varphi}{2\sin\frac{\varphi}{2}},$$

则 Fourier 级数的部分和为

$$\begin{aligned}S_n(x)=S_n[f(x)]&=\frac{a_0}{2}+\sum_{k=1}^{n}(a_k\cos kx+b_k\sin kx)\\&=\frac{1}{\pi}\int_{-\pi}^{\pi}f(t)\left[\frac{1}{2}+\sum_{k=1}^{n}(\cos kt\cos kx+\sin kt\sin kx)\right]\mathrm{d}t\\&=\frac{1}{\pi}\int_{-\pi}^{\pi}f(t)\left[\frac{1}{2}+\sum_{k=1}^{n}\cos k(t-x)\right]\mathrm{d}t\\&=\frac{1}{\pi}\int_{-\pi}^{\pi}f(t)\frac{\sin\frac{2n+1}{2}(t-x)}{2\sin\frac{t-x}{2}}\mathrm{d}t.\end{aligned}$$

为了通过对 $f(x)$ 提出条件用于研究 $\{S_n(x)\}$ 的收敛性，需要将上述积分的结构简化，把被积函数中复杂的结构形式转移到 $f(x)$，以便能够通过对 $f(x)$ 提条件消去复杂结构的影响，为此，研究其他因子的性质.

由于

$$\frac{\sin\frac{2n+1}{2}(t-x+2\pi)}{\sin\frac{t-x+2\pi}{2}}=\frac{\sin\frac{2n+1}{2}(t-x)}{\sin\frac{t-x}{2}},$$

因而，右端积分的被积函数是 t 的以 2π 为周期的函数，因此，利用周期函数的积分性质得

$$\begin{aligned}S_n(x)&=\frac{1}{\pi}\int_{x-\pi}^{x+\pi}f(t)\frac{\sin\frac{2n+1}{2}(t-x)}{2\sin\frac{t-x}{2}}\mathrm{d}t\\&\xlongequal{t-x=u}\frac{1}{\pi}\int_{-\pi}^{\pi}f(x+u)\frac{\sin\frac{2n+1}{2}u}{2\sin\frac{u}{2}}\mathrm{d}u,\end{aligned}$$

通过上述变换，将被积函数中除函数 $f(x)$ 外，剩下已知因子的结构简化为

$\dfrac{\sin\frac{2n+1}{2}u}{2\sin\frac{u}{2}}$，就可以利用其已知的性质继续简化. 考虑到 $u=0$ 是可能的奇点，利用广义积分的处理方法，需要分段处理，则

$$S_n(x)=\frac{1}{\pi}\left[\int_0^{\pi} f(x+u)\frac{\sin\frac{2n+1}{2}u}{2\sin\frac{u}{2}}\mathrm{d}u+\int_{-\pi}^{0} f(x+u)\frac{\sin\frac{2n+1}{2}u}{2\sin\frac{u}{2}}\mathrm{d}u\right]$$

$$=\frac{1}{\pi}\int_0^{\pi}[f(x+u)+f(x-u)]\frac{\sin\frac{2n+1}{2}u}{2\sin\frac{u}{2}}\mathrm{d}u,$$

上述积分都称为 Dirichlet 积分. 至此，将 $S_n(x)$ 简化为简单的结构形式.

我们继续讨论对固定的 x，$S_n(x)$ 的收敛性.

先研究收敛的必要条件，设 $S_n(x)$ 收敛于 S，即 $S_n(x)-S\to 0$，由于

$$S_n(x)-S=\frac{1}{\pi}\int_0^{\pi}[f(x+u)+f(x-u)]\frac{\sin\frac{2n+1}{2}u}{2\sin\frac{u}{2}}\mathrm{d}u-S,$$

用形式统一法，将 S 转化为类似的积分. 为挖掘需要的信息，可以设想，当 $f(x)\equiv 1$ 时，应有 $S_n(x)\to 1$，由此提示我们验证下面的结果，也很容易验证成立

$$\frac{2}{\pi}\int_0^{\pi}\frac{\sin\frac{2n+1}{2}u}{2\sin\frac{u}{2}}\mathrm{d}u=\frac{2}{\pi}\int_0^{\pi}\left[\frac{1}{2}+\sum_{k=1}^{n}\cos ku\right]\mathrm{d}u=1,$$

故，

$$S_n(x)-S=\frac{1}{\pi}\int_0^{\pi}[f(x+u)+f(x-u)-2S]\frac{\sin\frac{2n+1}{2}u}{2\sin\frac{u}{2}}\mathrm{d}u,$$

记 $\varphi(u)=f(x+u)+f(x-u)-2S$，则

$$S_n(x)-S=\frac{1}{\pi}\int_0^{\pi}\varphi(u)\frac{\sin\frac{2n+1}{2}u}{2\sin\frac{u}{2}}\mathrm{d}u,$$

因此，$\{S_n(x)\}$ 的收敛性问题，就转化为对什么样的 $\varphi(u)$ 成立

$$\int_0^{\pi}\varphi(u)\frac{\sin\frac{2n+1}{2}u}{2\sin\frac{u}{2}}\mathrm{d}u\to 0,$$

更进一步, 若引入$\psi(u)=\dfrac{\varphi(u)}{2\sin\frac{u}{2}}$, 上述极限就转化为极限行为

$$\int_0^{\pi}\psi(u)\sin\frac{2n+1}{2}u\mathrm{d}u\to 0,$$

为研究上述极限, 我们给出一个一般形式的结论.

引理 1.1 (Riemann 引理) 设$\psi(u)$在$[a,b]$上可积和绝对可积, 则

$$\lim_{p\to+\infty}\int_a^b\psi(u)\sin pu\mathrm{d}u=0,$$

$$\lim_{p\to+\infty}\int_a^b\psi(u)\cos pu\mathrm{d}u=0.$$

结构分析 由于所给条件非常弱, 只有可积性. 在 Riemann 可积的条件下, 由可积性得到的结论只有可积的充要条件, 可以考虑用充要条件证明结论. 在广义积分的条件下, 可以利用定义转化为 Riemann 积分的极限.

证明 只证第一式. 首先, 设$\psi(u)$在$[a,b]$上有界可积, 即$\psi(u)\in R[a,b]$.

n分割$[a,b]$, 记为

$$T: a=u_0<u_1<u_2<\cdots<u_n=b,$$

令$\Delta u_i=u_i-u_{i-1}$, $M_i=\sup\limits_{[u_{i-1},u_i]}\psi(u)$, $m_i=\inf\limits_{[u_{i-1},u_i]}\psi(u)$, $\omega_i=M_i-m_i$, 则

$$\begin{aligned}\left|\int_a^b\psi(u)\sin pu\mathrm{d}u\right|&=\left|\sum_{i=1}^n\int_{u_{i-1}}^{u_i}\psi(u)\sin pu\mathrm{d}u\right|\\&=\left|\sum_{i=1}^n\int_{u_{i-1}}^{u_i}[\psi(u)-m_i]\sin pu\mathrm{d}u+\sum_{i=1}^n\int_{u_{i-1}}^{u_i}m_i\sin pu\mathrm{d}u\right|\\&\leqslant\sum_{i=1}^n\omega_i\Delta u_i+\sum_{i=1}^n m_i\left|\int_{u_{i-1}}^{u_i}\sin pu\mathrm{d}u\right|\\&\leqslant\sum_{i=1}^n\omega_i\Delta u_i+\frac{2}{p}\sum_{i=1}^n m_i,\end{aligned}$$

故, 对任意$\varepsilon>0$, 由于$\psi(u)\in R[a,b]$, 存在分割T, 使得$\sum\limits_{i=1}^n w_i\Delta u_i<\dfrac{\varepsilon}{2}$, 对此分割$T$, 存在$p_0>0$, 使得$p>p_0$时, $\dfrac{2}{p}\sum\limits_{i=1}^n m_i<\dfrac{\varepsilon}{2}$, 故$p>p_0$时,

$$\left|\int_a^b \psi(u)\sin pu\mathrm{d}u\right| < \varepsilon ,$$

故，$\lim\limits_{p\to+\infty}\int_a^b \psi(u)\sin pu\mathrm{d}u = 0$.

其次，设 $\psi(u)$ 无界且绝对可积，不妨设 b 为其唯一的奇点，否则，只需分段处理. 由绝对可积性，对任意 $\varepsilon > 0$ ，存在 $\eta > 0$ ，使得

$$\int_{b-\eta}^b |\psi(u)|\,\mathrm{d}u < \varepsilon ,$$

而 $\psi(u)$ 在 $[a,b-\eta]$ 上是 Riemann 可积的，因而，利用上面的结论，则

$$\lim_{p\to+\infty}\int_a^{b-\eta} \psi(u)\sin pu\mathrm{d}u = 0 ,$$

因此，存在 $p_0 > 0$ ，使得 $p > p_0$ 时，

$$\left|\int_a^{b-\eta} \psi(u)\sin pu\mathrm{d}u\right| < \varepsilon ,$$

故，$p > p_0$ 时，

$$\left|\int_a^b \psi(u)\sin pu\mathrm{d}u\right| < 2\varepsilon ,$$

因而，$\lim\limits_{p\to+\infty}\int_a^b \psi(u)\sin pu\mathrm{d}u = 0$.

Riemann 引理在 $\psi(u)$ 连续可微的条件下，可以用分部积分公式证明.

Riemann 引理是讨论 Fourier 级数收敛性的基本定理，我们以此为基础，将其逐渐推广并用于讨论 $S_n(x) - S$ 收敛于零的条件. 为此，继续简化函数在奇点 u=0 处的结构，以便对 $\varphi(u)$ 提出清晰的条件.

引理 1.2　设 $\varphi(u)$ 在 $[0,\pi]$ 上可积和绝对可积，则

$$\lim_{n\to+\infty}\frac{1}{\pi}\int_0^{\pi}\varphi(u)\left(\frac{1}{2\sin\frac{u}{2}}-\frac{1}{u}\right)\sin\frac{2n+1}{2}u\mathrm{d}u = 0 .$$

证明　由于

$$\lim_{n\to+\infty}\left(\frac{1}{2\sin\frac{u}{2}}-\frac{1}{u}\right) = \lim_{n\to+\infty}\frac{u-2\sin\frac{u}{2}}{2u\sin\frac{u}{2}} = 0 ,$$

因而，$\dfrac{1}{2\sin\frac{u}{2}}-\dfrac{1}{u}$ 必在 $[0,\pi]$ 上有界连续，因此，$\varphi(u)\left(\dfrac{1}{2\sin\frac{u}{2}}-\dfrac{1}{u}\right)$ 在 $[0,\pi]$ 上也可

积和绝对可积, 故, 由 Riemann 引理即得结论.

引理 1.2 的作用是将 $\psi(u)=\dfrac{\varphi(u)}{2\sin\dfrac{u}{2}}$ 进一步简化为 $\psi(u)=\dfrac{\varphi(u)}{u}$. 下面的引理给出 $\varphi(u)$ 在奇点 $u=0$ 处的条件, 保证相应的收敛性.

引理 1.3　若 $\varphi(u)$ 在 $[0,\pi]$ 上可积且绝对可积且存在 $h\in(0,\pi)$, 使得 $\dfrac{\varphi(u)}{u}$ 在 $[0,h]$ 上可积和绝对可积, 则

$$\lim_{n\to+\infty}\frac{1}{\pi}\int_0^{\pi}\frac{\varphi(u)}{u}\sin\frac{2n+1}{2}u\mathrm{d}u=0,$$

因而

$$\lim_{n\to+\infty}\frac{1}{\pi}\int_0^{\pi}\varphi(u)\frac{\sin\dfrac{2n+1}{2}u}{\sin\dfrac{u}{2}}\mathrm{d}u=0.$$

证明　显然 $\dfrac{\varphi(u)}{u}$ 在 $[h,\pi]$ 上可积和绝对可积, 因而

$$\begin{aligned}&\lim_{n\to+\infty}\frac{1}{\pi}\int_0^{\pi}\frac{\varphi(u)}{u}\sin\frac{2n+1}{2}u\mathrm{d}u\\=&\lim_{n\to+\infty}\frac{1}{\pi}\left[\int_0^{h}\frac{\varphi(u)}{u}\sin\frac{2n+1}{2}u\mathrm{d}u+\int_h^{\pi}\frac{\varphi(u)}{u}\sin\frac{2n+1}{2}u\mathrm{d}u\right]=0;\end{aligned}$$

再由引理 1. 2 即得第二个结论.

由此可知, 是否成立 $\lim\limits_{p\to+\infty}\dfrac{1}{\pi}\int_0^{\pi}\dfrac{\varphi(u)}{u}\sin pu\mathrm{d}u=0$ 和 $\varphi(u)$ 在零点附近 ($[0,h]$) 的性质有关, 这一性质称为局部性定理.

至此, Fourier 级数的收敛性问题就转化为 $\varphi(u)=f(x+u)+f(x-u)-2S$ 是否满足引理 1. 3 的条件, 即可以得到 Dini 给出的如下充分条件.

引理 1.4　设 $f(x)$ 在 $[-\pi,\pi]$ 上可积和绝对可积, 且存在 $h>0$, 使得 $\varphi(u)=f(x+u)+f(x-u)-2S$ 满足: $\dfrac{\varphi(u)}{u}$ 在 $[0,h]$ 上可积且绝对可积, 则必有 $\lim\limits_{n\to\infty}S_n(x)=S$.

证明　这是引理 1.3 的直接推论.

由引理 1.4, 收敛性问题就转化为能否找到 S, 使得 $\dfrac{f(x+u)+f(x-u)-2S}{u}$ 在 $u\in[0,h]$ 内满足可积和绝对可积性条件, 这实际上决定于 $u\to0$ 时,

$\dfrac{f(x+u)+f(x-u)-2S}{u}$ 的极限性质.

为此，我们研究 $\dfrac{f(x+u)+f(x-u)-2S}{u}$ 在 $u=0$ 点性质.

记 $\psi(u)=\dfrac{f(x+u)+f(x-u)-2S}{u}$，若使 $\psi(u)$ 在 $u=0$ 具有所要求的性质，注意到 $\dfrac{1}{u}$ 在 $u\in[0,h]$ 上并非绝对可积，因而，必须有 $f(x+u)+f(x-u)-2S\to 0$，因此，一定成立

$$S=\lim_{u\to 0}\frac{f(x+u)+f(x-u)}{2}.$$

下面，我们给出保证上述极限存在的条件，进一步分析在此条件下是否能保证 $\psi(u)$ 所需的性质，从最简单的好函数情形开始，逐步降低条件建立相应的结论.

1) 若 $f(x)$ 具有连续的导数，则 $S=f(x)$ 且

$$\begin{aligned}\lim_{u\to 0}\psi(u)&=\lim_{u\to 0}\frac{f(x+u)+f(x-u)-2f(x)}{u}\\&=\lim_{u\to 0}[f'(x+u)-f'(x-u)]=0,\end{aligned}$$

因而 $\psi(u)\in C[0,\pi]$，故成立 $\lim\limits_{n\to+\infty}S_n(x)=S=f(x)$.

2) 当 $f(x)$ 仅可导时，上述结论仍成立，不仅如此，上述条件可以进一步减弱为存在单侧导数的情形，即如果 $f(x)$ 在 x 点有有限的两个单侧导数

$$f'_+(x)=\lim_{u\to 0^+}\frac{f(x+u)-f(x)}{u},$$

$$f'_-(x)=\lim_{u\to 0^-}\frac{f(x+u)-f(x)}{u},$$

则成立 $S_n(x)\to S=f(x)$.

事实上，此时

$$\lim_{u\to 0^+}\psi(u)=\lim_{u\to 0^+}\frac{f(x+u)+f(x-u)-2S}{u}=f'_+(x)-f'_-(x),$$

因而，仍成立 $\psi(u)\in C[0,\pi]$，故，$\lim\limits_{n\to+\infty}S_n(x)=S=f(x)$.

注意，此时

$$\lim_{u\to 0^-}\psi(u)=\lim_{u\to 0^-}\frac{f(x+u)+f(x-u)-2S}{u}=f'_-(x)-f'_+(x),$$

因而，$\lim\limits_{u\to 0}\psi(u)$ 可能不存在.

上述条件虽保证$S_n(x)\to S$，但与$f(x)$的 Fourier 级数的系数存在的条件“可积和绝对可积”相比，仍显太强，进一步降低条件.

先引入 Hölder 连续函数和 Lipschitz 函数.

定义 1.2 设$f(x)$在区间I上满足：存在$L>0$，$0<\alpha\leqslant 1$，使得对任意$x,y\in I$，成立

$$|f(x)-f(y)|\leqslant L|x-y|^{\alpha},$$

则称$f(x)$为I上α阶 Hölder 连续函数. 当$\alpha=1$时，又称$f(x)$为 Lipschitz 函数.

显然, Hölder 连续函数和 Lipschitz 函数都是一致连续函数, 但反之不一定.

Lipschitz 连续函数几乎是处处可微函数.

我们继续将可微条件减弱.

3) 设$f(x)$是 Hölder 函数, 此时, $f(x)$仍是连续函数, 且$S(x)=f(x)$，则$\psi(u)$在$[0,h]$上绝对可积; 事实上, 由于

$$|\psi(u)|\leqslant\frac{|f(x+u)-f(x)|}{u}+\frac{|f(x)-f(x-u)|}{u}\leqslant 2Lu^{\alpha-1},$$

因而, $\psi(u)$在$[0,h]$绝对可积, 故$S_n(x)\to S=f(x)$.

上述给出的$f(x)$的条件至少都是连续的, 进一步可以减弱到发生间断的情形.

4) 假设x是$f(x)$的第一类间断点, $f(x)$在点x两侧是α阶 Hölder 函数, 即存在$\delta>0$, $L>0$, 使得

$$|f(x+t)-f(x+0)|\leqslant Lt^{\alpha},\quad |f(x-t)-f(x-0)|\leqslant Lt^{\alpha},\quad t\in(0,\delta),$$

此时

$$S_n(x)\to S=\frac{f(x+0)+f(x-0)}{2}.$$

事实上, 此时仍有

$$|\psi(u)|\leqslant\frac{|f(x+u)-f(x+0)|}{u}+\frac{|f(x_0-u)-f(x-0)|}{u}\leqslant 2Lu^{\alpha-1},$$

因而, $\psi(u)$在$[0,h]$绝对可积, 故

$$S_n(x)\to S=\frac{f(x+0)+f(x-0)}{2}.$$

为了将上述分析总结为定理, 我们再引入两个定义.

定义 1.3 若函数$f(x)$在闭区间$[a,b]$上至多有有限个第一类间断点, 称$f(x)$在$[a,b]$上分段连续; 若函数$f(x)$在$[a,b]$上每一点处都存在单侧导数, $f'(x)$在$[a,b]$上至多有有限个第一类间断点, 称$f(x)$在$[a,b]$上分段可微.

注意, 上述定义中, 条件“$f'(x)$至多有有限个第一类间断点”与导函数的

Darboux 定理并不矛盾. Darboux 定理表明, 在 $f(x)$ 的可导点处, $f'(x)$ 不存在第一类间断点, 但是, $f(x)$ 的不可导点有可能是 $f'(x)$ 的第一类间断点. 如 $f(x)=|x|$, $x=0$ 为 $f(x)$ 的不可导点, 也是 $f'(x)$ 的第一类间断点.

我们总结上述分析, 可以得到如下结论.

定理 1.1 假设以 2π 为周期的函数 $f(x)$ 在 $(-\pi,\pi]$ 上是分段可微的, 则对任意的 $x\in(-\pi,\pi]$, 成立

$$S_n(x)\to S=\frac{f(x+0)+f(x-0)}{2},$$

特别, 当 x 是函数 $f(x)$ 的连续点时, 成立

$$S_n(x)\to S=f(x),$$

因而, 成立展开式:

$$\frac{f(x+0)+f(x-0)}{2}=\frac{a_0}{2}+\sum_{n=1}^{\infty}(a_n\cos nx+b_n\sin nx).$$

这就是 Fourier 级数收敛定理.

注意到可微的条件是保证 $\psi(u)$ 的可积性, 因此, 还成立下面的定理.

定理 1.2 假设以 2π 为周期的函数 $f(x)$ 在 $(-\pi,\pi]$ 上是分段连续的; 又设对任意点 x, 存在 $h>0$, 使得 $\psi(u)$ 在 $[0,h]$ 上可积和绝对可积, 则在点 x 处的 Fourier 级数成立

$$S_n(x)\to S=\frac{f(x+0)+f(x-0)}{2},$$

特别, 当 x 是函数 $f(x)$ 的连续点时, 成立

$$S_n(x)\to S=f(x),$$

因而, 成立展开式

$$\frac{f(x+0)+f(x-0)}{2}=\frac{a_0}{2}+\sum_{n=1}^{\infty}(a_n\cos nx+b_n\sin nx).$$

上述的结论是利用可微或连续条件, 保证 Fourier 级数的收敛性, 为得到更弱条件下的收敛性, 我们修改 Riemann 引理.

引理 1.5 (Dirichlet 引理) 设函数 $\varphi(u)$ 在 $[0,h]$ 单调, 则

$$\lim_{p\to\infty}\frac{1}{\pi}\int_0^h\frac{\varphi(u)-\varphi(0+)}{u}\sin pu\mathrm{d}u=0.$$

证明 不妨设 $\varphi(u)$ 单增, 由定义, 则 $\lim\limits_{u\to0+}(\varphi(u)-\varphi(0+))=0$, 因而, 对任意 $\varepsilon>0$, 存在 $\delta\in(0,h)$, 使得

$$0\leqslant\varphi(u)-\varphi(0+)<\varepsilon,\quad u\in(0,\delta).$$

因而,

$$\begin{aligned}&\int_0^h \frac{\varphi(u)-\varphi(0+)}{u}\sin pu\mathrm{d}u\\=&\int_0^{\frac{\delta}{2}} \frac{\varphi(u)-\varphi(0+)}{u}\sin pu\mathrm{d}u\\&+\int_{\frac{\delta}{2}}^h \frac{\varphi(u)-\varphi(0+)}{u}\sin pu\mathrm{d}u.\end{aligned}$$

对右端第二项，由于单调函数必可积，并利用可积的运算性质，则 $\frac{\varphi(u)-\varphi(0+)}{u}\in R\left[\frac{\delta}{2},h\right]$，故，由 Riemann 引理得

$$\lim_{p\to+\infty}\int_{\frac{\delta}{2}}^h \frac{\varphi(u)-\varphi(0+)}{u}\sin pu\mathrm{d}u=0,$$

因而存在 $p_0>0$，使得 $p>p_0$ 时，

$$\left|\int_{\frac{\delta}{2}}^h \frac{\varphi(u)-\varphi(0+)}{u}\sin pu\mathrm{d}u\right|<\varepsilon.$$

对右端第一项，由积分第二中值定理，则存在 $\xi\in\left[0,\frac{\delta}{2}\right]$，使得

$$\begin{aligned}\left|\int_0^{\frac{\delta}{2}} \frac{\varphi(u)-\varphi(0+)}{u}\sin pu\mathrm{d}u\right|&=\left|\varphi\left(\frac{\delta}{2}\right)-\varphi(0+)\right|\cdot\left|\int_\xi^{\frac{\delta}{2}}\frac{\sin pu}{u}\mathrm{d}u\right|\\&<\varepsilon\left|\int_\xi^{\frac{\delta}{2}}\frac{\sin pu}{u}\mathrm{d}u\right|\\&<\varepsilon\left|\int_{p\xi}^{\frac{\delta}{2}p}\frac{\sin u}{u}\mathrm{d}u\right|,\end{aligned}$$

又，$\int_0^{+\infty}\frac{\sin u}{u}\mathrm{d}u=\frac{\pi}{2}$，因而，对任意的 $p>0$，$\int_0^p\frac{\sin u}{u}\mathrm{d}u$ 关于 p 一致有界，设

$$\left|\int_0^p\frac{\sin u}{u}\mathrm{d}u\right|\leqslant M\text{，对任意的 }p>0,$$

故，

$$\left|\int_{p\xi}^{\frac{\delta}{2}p}\frac{\sin u}{u}\mathrm{d}u\right|\leqslant 2M,$$

故，$p>p_0$ 时，

$$\left|\int_0^h \frac{\varphi(u)-\varphi(0+)}{u}\sin pu\mathrm{d}u\right|<(1+2M)\varepsilon,$$

因而，$\lim\limits_{p\to\infty}\dfrac{1}{\pi}\int_0^h \dfrac{\varphi(u)-\varphi(0+)}{u}\sin pu\mathrm{d}u=0$.

当 $\varphi(u)$ 单调递减时，$\varphi(0+)-\varphi(u)$ 是单调递增的，因而，结论同样成立.

推论 1.1　设 $\varphi(u)$ 在 $[0,h]$ 上单调，则

$$\lim_{p\to\infty}\int_0^h \varphi(u)\frac{\sin pu}{u}\mathrm{d}u=\frac{\pi}{2}\varphi(0+).$$

证明　由于 $\int_0^{+\infty}\dfrac{\sin u}{u}\mathrm{d}u=\dfrac{\pi}{2}$，因而，由引理 1.5，则

$$\lim_{p\to\infty}\int_0^h \varphi(u)\frac{\sin pu}{u}\mathrm{d}u=\lim_{p\to\infty}\int_0^h \varphi(0+)\frac{\sin pu}{u}\mathrm{d}u=\frac{\pi}{2}\varphi(0+).$$

推论 1.2　设函数 $\varphi(u)$ 在 $[0,h]$ 单调，则

$$\lim_{p\to+\infty}\frac{1}{\pi}\int_0^h \frac{\varphi(u)-\varphi(0+)}{2\sin\frac{u}{2}}\sin pu\mathrm{d}u=0.$$

证明　由于

$$\lim_{u\to0+}\left(\frac{1}{2\sin\frac{u}{2}}-\frac{1}{u}\right)=\lim_{u\to0+}\frac{u-2\sin\frac{u}{2}}{2u\sin\frac{u}{2}}=0,$$

因而，$\dfrac{1}{2\sin\frac{u}{2}}-\dfrac{1}{u}$ 在 $[0,\pi]$ 上有界连续(重新定义 $u=0$ 处的函数值). 由于 $\varphi(u)$ 在 $[0,h]$ 单调，因而 $\varphi(u)$ 在 $[0,h]$ 上 Riemann 可积，因此，$(\varphi(u)-\varphi(0+))\left(\dfrac{1}{2\sin\frac{u}{2}}-\dfrac{1}{u}\right)$ 在 $[0,h]$ 上也 Riemann 可积，由 Riemann 引理，则

$$\lim_{p\to+\infty}\int_0^h (\varphi(u)-\varphi(0+))\left(\frac{1}{2\sin\frac{u}{2}}-\frac{1}{u}\right)\sin pu\mathrm{d}u=0,$$

故，

$$\lim_{p\to+\infty}\frac{1}{\pi}\int_0^h \frac{\varphi(u)-\varphi(0+)}{2\sin\frac{u}{2}}\sin pu\mathrm{d}u$$

$$=\lim_{p\to+\infty}\frac{1}{\pi}\int_0^h \frac{\varphi(u)-\varphi(0+)}{u}\sin pu\mathrm{d}u=0.$$

注 若 $\varphi(u)$ 为分段单调函数，上述结论仍成立.

Dirichlet引理及其推论可以推广到类似的情形：设函数 $\varphi(u)$ 在 $[-h,0]$ 单调，则

$$\lim_{p\to\infty}\frac{1}{\pi}\int_0^h\frac{\varphi(-u)-\varphi(0-)}{u}\sin pu\mathrm{d}u=0\ .$$

定理 1.3 (Dirichlet-Jordan判别法) 设 $f(x)$ 在 $[-\pi,\pi]$ 可积且绝对可积，且分段单调，则

$$S_n(x)\to S(x)=\frac{f(x+0)+f(x-0)}{2}.$$

证明 任取x，存在$h>0$，使得 $f(x+u)-f(x+0)$ 和 $f(x-u)-f(x-0)$ 在 $[0,h]$ 单调，由 Dirichlet 引理，则

$$\lim_{p\to\infty}\frac{1}{\pi}\int_0^h\frac{f(x+u)-f(x+0)}{u}\sin pu\mathrm{d}u=0\ ,$$

$$\lim_{p\to\infty}\frac{1}{\pi}\int_0^h\frac{f(x-u)-f(x-0)}{u}\sin pu\mathrm{d}u=0\ ,$$

因而，

$$\lim_{p\to\infty}\frac{1}{\pi}\int_0^h\frac{\varphi(u)}{u}\sin pu\mathrm{d}u=0\ ,$$

又，$\dfrac{\varphi(u)}{u}$ 在 $[h,\pi]$ 上 Riemann 可积的，因而，

$$\lim_{p\to\infty}\frac{1}{\pi}\int_h^\pi\frac{\varphi(u)}{u}\sin pu\mathrm{d}u=0\ ,$$

故，

$$\lim_{p\to\infty}\frac{1}{\pi}\int_0^\pi\frac{\varphi(u)}{u}\sin pu\mathrm{d}u=0\ ,$$

因而，

$$S_n(x)\to S(x)=\frac{f(x+0)+f(x-0)}{2}.$$

注 上述一系列判别法(收敛的一系列条件)都是充分条件，虽然在工程技术等实际应用领域涉及函数的 Fourier 级数时，这些条件一般都满足，但是没有一个判别其收敛的充要条件仍是件遗憾的事.

上述系列结论表明：若收敛条件满足，则在 $f(x)$ 的连续点处，其 Fourier 级数收敛于 $f(x)$ 在连续点处的函数值，而在第一类间断点处，收敛于 $f(x)$ 在此点左、右极限的平均值.

上述一系列结论表明：$f(x)$ 展成 Fourier 级数的条件要比展开成幂级数的条件低得多.

当 $f(x)$ 是定义在 $(0,2\pi]$ 上以 2π 为周期的函数时，在相同的条件下可以将函数展开成 Fourier 级数

$$f(x) \sim \frac{a_0}{2} + \sum_{k=1}^{\infty}(a_k \cos kx + b_k \sin kx),$$

其中

$$a_0 = \frac{1}{\pi}\int_0^{2\pi} f(x)\mathrm{d}x, \quad a_n = \frac{1}{\pi}\int_0^{2\pi} f(x)\cos nx\mathrm{d}x,$$

$$b_n = \frac{1}{\pi}\int_0^{2\pi} f(x)\sin nx\mathrm{d}x, \quad n = 1,2,\cdots.$$

习　题　12.1

1. 定理 1.1 的条件可以进一步减弱. 设 $f(x)$ 在 x 点是第一类间断，若在 x 点的广义单侧导数

$$f_+'(x) = \lim_{h\to 0^+}\frac{f(x+h)-f(x+0)}{h},$$

$$f_-'(x) = \lim_{h\to 0^+}\frac{f(x-h)-f(x-0)}{-h}$$

存在且有限，证明：$\lim\limits_{n\to+\infty} S_n(x) = S(x) \overset{\Delta}{=} \dfrac{f(x+0)+f(x-0)}{2}$.

2. 设 $\psi(u)\in C^1([a,b])$，用其他方法证明：

$$\lim_{p\to+\infty}\int_a^b \psi(u)\sin pu\mathrm{d}u = 0.$$

12.2　函数的 Fourier 级数展开

前面我们研究了 Fourier 级数的收敛性，本节我们对可积和绝对可积的周期函数 $f(x)$ 进行 Fourier 级数展开. 我们分以下情况讨论. ①一般展开——即对给定在一个基本区间(长度为一个周期的区间)上定义的函数，展开成 Fourier 级数. 此时，我们先讨论以 2π 为周期的函数展开，基本区间通常取 $(-\pi,\pi]$ 或 $(0,2\pi]$；然后，讨论以 $2l$ 为周期的函数的展开，基本区间通常取 $(-l,l]$ 或 $(0,2l]$；函数视为周期延拓至整个实数轴的周期函数. ②按特殊要求展开——展开成正弦级数或余弦级数，此时，函数给定在半个基本区间如 $[0,\pi]$ 或 $[-l,0]$ 上，奇延拓或偶延拓至一个基本区间后，再周期延拓至整个实数轴成为周期函数.

不论是何种形式的展开，都要求先确定一个周期长度的区间，然后将函数视为周期函数，从基本区间上延拓至整个实数轴. 因此，通常只给出基本区间上函数的表达式，然后根据题意和要求，将函数视为某种周期延拓，进一步计算其相

应的 Fourier 级数.

一、以 2π 为周期的函数的展开

给定一个以 2π 为周期的函数, 将其展开为 Fourier 级数.

此时, 形式上只给出函数在一个基本周期区间上的定义, 基本周期区间通常是半开半闭的区间, 如 $(-\pi,\pi]$ 或 $[-\pi,\pi)$, 然后将其视为周期延拓. 而作为 Fourier 级数的计算非常简单, 只需计算定积分求出相应的 Fourier 级数的系数即可.

例 1 将 $f(x)=\begin{cases}1, & x\in(-\pi,0],\\ 0, & x\in(0,\pi]\end{cases}$ 展开成 Fourier 级数.

简析 题目是一般的 Fourier 级数展开; 函数定义在基本区间 $(-\pi,\pi]$ 上, 可将其视为以 2π 为周期的函数, 直接计算 Fourier 系数即可.

解 直接计算得

$$a_0=\frac{1}{\pi}\int_{-\pi}^{\pi}f(x)\mathrm{d}x=1,$$

$$a_n=\frac{1}{\pi}\int_{-\pi}^{\pi}f(x)\cos nx\mathrm{d}x=\frac{1}{\pi}\int_{-\pi}^{0}\cos nx\mathrm{d}x=0,$$

$$b_n=\frac{1}{\pi}\int_{-\pi}^{\pi}f(x)\sin nx\mathrm{d}x=\frac{1}{\pi}\int_{-\pi}^{0}\sin nx\mathrm{d}x=\frac{(-1)^n-1}{n\pi},$$

故,

$$f(x)\sim\frac{1}{2}+\frac{1}{\pi}\sum\frac{(-1)^n-1}{n}\sin nx=\begin{cases}1, & x\in(-\pi,0),\\ \frac{1}{2}, & x=0,\pm\pi,\\ 0, & x\in(0,\pi).\end{cases}$$

注意计算结果的表达方式, “～”表示展开的含义, “=”表示展开后的 Fourier 级数收敛的极限, 即其和函数.

从展开结果看, 是将方形波表示为一系列正弦波的叠加(图 12-1).

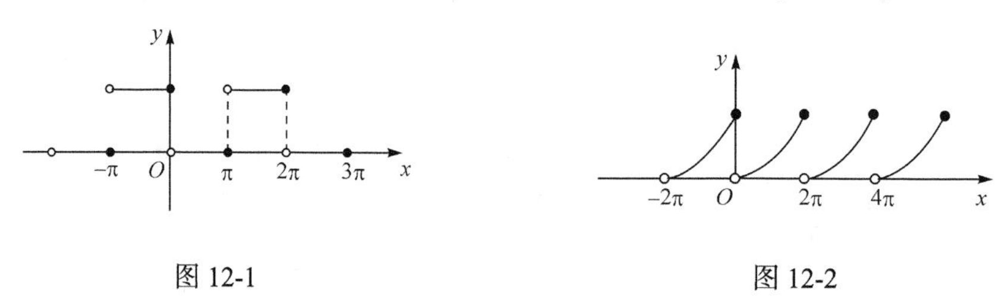

图 12-1　　图 12-2

例 2 将 $f(x)=x^2$ 在 $(0,2\pi]$ 上展开成 Fourier 级数.

解 将函数视为定义在一个基本区间上的周期函数, 利用公式, 则

$$a_0 = \frac{1}{\pi}\int_0^{2\pi} f(x)\mathrm{d}x = \frac{8}{3}\pi^2,$$

$$a_n = \frac{1}{\pi}\int_0^{2\pi} f(x)\cos nx\mathrm{d}x = \frac{4}{n^2},$$

$$b_n = \frac{1}{\pi}\int_0^{2\pi} f(x)\sin nx\mathrm{d}x = -\frac{4\pi}{n},$$

故,

$$f(x) \sim \frac{4}{3}\pi^2 + 4\sum_{n=1}^{\infty}\left(\frac{\cos nx}{n^2} - \frac{\pi\sin nx}{n}\right) = \begin{cases} x^2, & x \in (0, 2\pi), \\ 2\pi^2, & x = 0, 2\pi. \end{cases}$$

由于周期性的要求, 基本区间通常是半开半闭的形式, 以满足周期延拓后, 函数在基本区间的两个端点处函数值相等(图 12-2).

二、以 $2l$ 为周期的函数的展开

设 $f(x)$ 的周期为 $2l$，已知它在 $(-l,l]$ 的表达式, 计算其 Fourier 级数. 为此, 我们利用变量代换, 将其转化为以 2π 为周期的函数进行展开.

作变换 $x = \frac{l}{\pi}t$，则 $F(t) = f\left(\frac{l}{\pi}t\right) = f(x)$ 就是以 2π 为周期的函数, 故

$$F(t) \sim \frac{a_0}{2} + \sum_{n=1}^{\infty}(a_n\cos nt + b_n\sin nt),$$

其中,

$$a_n = \frac{1}{\pi}\int_{-\pi}^{\pi} F(t)\cos nt\mathrm{d}t = \frac{1}{l}\int_{-l}^{l} f(x)\cos\frac{n\pi}{l}x\mathrm{d}x, \quad n=0, 1, 2, \cdots,$$

$$b_n = \frac{1}{l}\int_{-l}^{l} f(x)\sin\frac{n\pi}{l}x\mathrm{d}x, \quad n=1, 2, \cdots,$$

因此,

$$f(x) \sim \frac{a_0}{2} + \sum_{n=1}^{\infty}\left(a_n\cos\frac{n\pi}{l}x + b_n\sin\frac{n\pi}{l}x\right).$$

例 3　将 $f(x) = \begin{cases} 1+x, & -1 < x \leqslant 0, \\ 1-x, & 0 < x \leqslant 1 \end{cases}$ 展开成 Fourier 级数.

思路分析　题目是一般的 Fourier 级数展开, 由于没有特殊的展开要求, 且给定的区间具有对称性, 因而, 可以将函数视为定义在一个基本区间、以 $2(l=1)$为周期的函数, 将其进行相应的展开即可.

解　计算得

$$a_0=\int_{-1}^{1}f(x)\mathrm{d}x=1,$$

$$\begin{aligned}a_n&=\int_{-1}^{1}f(x)\cos n\pi x\mathrm{d}x\\&=\int_{-1}^{0}(1+x)\cos n\pi x\mathrm{d}x+\int_{0}^{1}(1-x)\cos n\pi x\mathrm{d}x\\&=2\int_{0}^{1}(1-x)\cos n\pi x\mathrm{d}x\\&=\frac{2((-1)^n-1)}{n^2\pi^2},\end{aligned}$$

$$\begin{aligned}b_n&=\int_{-1}^{1}f(x)\sin n\pi x\mathrm{d}x\\&=\int_{-1}^{0}(1+x)\sin n\pi x\mathrm{d}x+\int_{0}^{1}(1-x)\sin n\pi x\mathrm{d}x\\&=2\int_{0}^{1}x\sin n\pi x\mathrm{d}x\\&=\frac{2(-1)^{n+1}}{n\pi},\end{aligned}$$

由于函数是连续的, 故,

$$f(x)\sim 1+\sum_{n=1}^{\infty}\left(\frac{2((-1)^n-1)}{n^2\pi^2}\cos nx+\frac{2(-1)^{n+1}}{n\pi}\sin nx\right)=f(x),\quad x\in(-1,1].$$

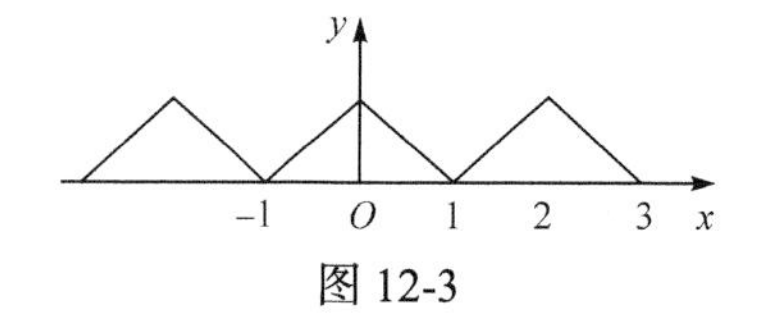

图 12-3

图形如图 12-3 所示.

注　展开结果表明, 将一系列锯齿波转化为正弦波和余弦波的叠加.

三、正弦级数和余弦级数的展开

对有些函数, 展开成 Fourier 级数时只含有正弦项, 即 $a_n=0$, 还有些函数展开后只含有余弦项, 即 $b_n=0$; 另一方面, 在某些情况下, 要求我们将函数 $f(x)$ 只展开成正弦或余弦级数, 此时, 我们称对函数 $f(x)$ 进行正弦展开或余弦展开.

很容易利用积分的性质, 得到正弦或余弦展开的条件.

我们以定义在 $(-\pi,\pi]$ 上以 2π 为周期的函数为例.

1) 当 $f(x)$ 为奇函数时, 利用定积分的性质, 则

$$a_n=0,\ n=0,1,2,\cdots,$$

$$b_n=\frac{2}{\pi}\int_{0}^{\pi}f(x)\sin nx\mathrm{d}x,\quad n=1,2,\cdots,$$

因而，$f(x)$ 的 Fourier 级数为

$$f(x) \sim \sum_{n=1}^{\infty} b_n \sin nx .$$

2) 当 $f(x)$ 为偶函数时，则

$$b_n = 0, \quad n=1, 2, \cdots,$$

$$a_n = \frac{2}{\pi}\int_0^{\pi} f(x)\cos nx\mathrm{d}x, \quad n=0, 1, 2, \cdots,$$

因而，$f(x)$ 的 Fourier 级数为

$$f(x) \sim \frac{a_0}{2} + \sum_{n=1}^{\infty} a_n \cos nx .$$

例 4 将 $f(x) = x$，$x \in (-\pi, \pi]$ 展开成 Fourier 级数.

简析 一般的 Fourier 级数展开，直接代入公式计算即可.

解 由于 $f(x) = x$ 是奇函数，因而，

$$a_n = 0, \quad n=0, 1, 2, \cdots,$$

$$b_n = \frac{2}{\pi}\int_0^{\pi} x\sin nx\mathrm{d}x = \frac{2(-1)^{n+1}}{n}, \quad n=1, 2, \cdots,$$

因而，$f(x)$ 的 Fourier 级数为

$$f(x) \sim \sum_{n=1}^{\infty} \frac{2(-1)^{n+1}}{n}\sin nx = \begin{cases} x, & x \in (-\pi, \pi), \\ 0, & x = \pm\pi. \end{cases}$$

四、半个周期上的函数的展开

有时需要按要求将 $f(x)$ 展开成正弦或余弦级数，此时通常给出 $f(x)$ 在半个周期区间上的表达式，因此，应将 $f(x)$ 作奇延拓或偶延拓至一个周期区间上，然后再展开成 Fourier 级数. 但是，在具体的计算过程中，并不需要进行延拓，只需将其视为已经按要求延拓后的函数直接计算即可.

注意，对定义在半个周期区间的函数作偶延拓时，由于函数的偶性(函数图像关于 y 轴对称)，半个区间的形式可以是任意的,如函数 $f(x)$ 可以定义在 $[0,\pi]$，此时将 $f(x)$ 作延拓：

$$\tilde{f}(x) = \begin{cases} f(x), & x \in [0, \pi], \\ f(-x), & x \in [-\pi, 0), \end{cases}$$

则 $\tilde{f}(x)$ 就是定义在 $[-\pi,\pi]$ 上的偶函数，周期延拓后在端点 $x = \pm\pi$ 处是连续的，且自然满足周期性 $f(\pi) = f(-\pi)$. 若 $f(x)$ 定义在 $[0,\pi)$，此时将 $f(x)$ 作延拓：

$$\tilde{f}(x) = \begin{cases} f(x), & x \in [0, \pi), \\ f(-x), & x \in (-\pi, 0), \end{cases}$$

则 $\tilde{f}(x)$ 就是定义在 $(-\pi,\pi)$ 上的偶函数，可以任意补充 $\tilde{f}(x)$ 在 $x=\pm\pi$ 处的函数值. 当对函数作奇延拓时，由于奇函数具有性质(函数图像关于原点对称)：$f(0)=0$，且不一定成立 $f(-\pi)=f(\pi)$，因此，可以如下进行奇延拓：

1) 若 $f(0)=0$，则

$$\tilde{f}(x)=\begin{cases} f(x), & x\in[0,\pi), \\ -f(-x), & x\in(-\pi,0); \end{cases}$$

2) 若 $f(0)\neq 0$，则

$$\tilde{f}(x)=\begin{cases} f(x), & x\in(0,\pi), \\ 0, & x=0, \\ -f(-x), & x\in(-\pi,0). \end{cases}$$

如果需要可以补充函数在 $x=\pm\pi$ 处的函数值. 当然，在实际计算 Fourier 级数时，不需要详细的延拓过程，通常对延拓进行默认，只需代入公式直接计算即可.

例 5　将 $f(x)=x$ 在 $[0,\pi)$ 上展开成余弦级数.

简析　题目要求进行余弦展开，函数应该视为定义在半个周期区间上的偶函数；由此判断，函数的周期为 2π.

解　由题意，我们将函数视为先偶延拓成以 2π 为周期的函数，然后再周期延拓至整个实数轴上，因而，函数 $f(x)=x$ 是以 2π 为周期的偶函数，故，

$$b_n=0,\quad n=1,2,\cdots,$$

$$a_0=\frac{2}{\pi}\int_0^{\pi}x\mathrm{d}x=\pi,$$

$$a_n=\frac{2}{\pi}\int_0^{\pi}x\cos nx\mathrm{d}x=\frac{2((-1)^n-1)}{n^2\pi},\quad n=1,2,\cdots,$$

因而，$f(x)$ 的 Fourier 级数为

$$f(x)\sim\pi+\sum_{n=1}^{\infty}\frac{2((-1)^n-1)}{n^2}\cos nx=x,\quad x\in[0,\pi).$$

例 5 的函数只定义在 $[0,\pi)$ 上，只需给出在此区间上的展开式；由于视其为偶函数，此时也可以直接定义在 $[0,\pi]$ 上.

例 6　将 $f(x)=\begin{cases} \sin\dfrac{\pi x}{l}, & 0<x<\dfrac{l}{2}, \\ 0, & \dfrac{l}{2}\leqslant x\leqslant l \end{cases}$ 展开成正弦级数.

解　根据题目要求，$f(x)$ 应视为定义在半个基本区间上的函数，因此，可以将 $f(x)$ 视为奇延拓后的以 $2l$ 为周期的函数，故

$$a_n = 0, \quad n = 0, 1, 2, \cdots,$$

$$b_n = \frac{2}{l}\int_0^{\frac{l}{2}} \sin\frac{\pi x}{l}\sin\frac{\pi n}{l}x\mathrm{d}x, \quad n = 1, 2, \cdots,$$

因而，$b_1 = \frac{1}{2}$，$b_n = \begin{cases} 0, & n = 2k+1, \\ -\frac{(-1)^{k+1}\cdot 2n}{\pi(n^2-1)}, & n = 2k, \end{cases}$ 故有，

$$f(x) \sim \frac{1}{2}\sin\frac{\pi x}{l} - \sum_{k=1}^{\infty}\frac{(-1)^k\cdot 4k}{\pi(4k^2-1)}\cdot\sin\frac{2k\pi x}{l} = \begin{cases} \sin\frac{\pi x}{l}, & 0 \leqslant x < \frac{l}{2}, \\ 0, & \frac{l}{2} < x \leqslant l, \\ \frac{1}{2}, & x = \frac{l}{2}. \end{cases}$$

注 从上面的一些展开例子可知，在非对称区间上定义的函数，既可以视为一个周期区间上定义的函数，也可以视为半个周期区间上定义的函数，因此，可以有不同的展开，此时，一定要正确理解题意，按要求进行展开.

例 7 将 $f(x) = \pi - x$ 按下列要求展开成相应的 Fourier 级数：

1) 在 $(0,\pi]$ 上展开成 Fourier 级数；

2) 在 $(0,\pi]$ 上展开成正弦级数；

3) 在 $(0,\pi]$ 上展开成余弦级数.

解 1) 此时将函数视为定义在一个基本周期区间上的函数，因此，函数是以 π 为周期的函数，利用展开公式，则

$$a_0 = \frac{2}{\pi}\int_0^{\pi}(\pi - x)\mathrm{d}x = \pi,$$

$$a_n = \frac{2}{\pi}\int_0^{\pi}(\pi - x)\cos 2nx\mathrm{d}x = 0, \quad n = 1, 2, \cdots,$$

$$b_n = \frac{2}{\pi}\int_0^{\pi}(\pi - x)\sin 2nx\mathrm{d}x = \frac{1}{n}, \quad n = 1, 2, \cdots,$$

因而，$f(x)$ 的 Fourier 级数为

$$f(x) \sim \frac{\pi}{2} + \sum_{n=1}^{\infty}\frac{1}{n}\sin 2nx = \begin{cases} \pi - x, & x \in (0,\pi), \\ \frac{\pi}{2}, & x = 0,\pi. \end{cases}$$

2) 由题意，应将函数视为定义在半个周期区间上的函数，因此，应将函数视为以 2π 为周期的奇函数，故

$$a_0 = 0, \quad n = 1, 2, \cdots,$$

$$b_n=\frac{2}{\pi}\int_0^{\pi}(\pi-x)\sin nx\mathrm{d}x=\frac{1}{2n},\quad n=1,2,\cdots,$$

因而，$f(x)$ 的 Fourier 级数为

$$f(x)\sim\sum_{n=1}^{\infty}\frac{1}{2n}\sin nx=\begin{cases}\pi-x, & x\in(0,\pi),\\ 0, & x=0,\pi.\end{cases}$$

3) 将函数作偶延拓，则

$$a_0=\frac{2}{\pi}\int_0^{\pi}(\pi-x)\mathrm{d}x=\pi,$$

$$a_n=\frac{2}{\pi}\int_0^{\pi}(\pi-x)\cos nx\mathrm{d}x=\begin{cases}0, & n=2k,\\ \dfrac{4}{n^2\pi}, & n=2k+1,\end{cases}\quad n=1,2,\cdots,$$

$$b_n=0,\ n=1,2,\cdots,$$

因而，$f(x)$ 的 Fourier 级数为

$$f(x)\sim\frac{\pi}{2}+\sum_{k=0}^{\infty}\frac{4}{(2k+1)^2\pi}\cos(2k+1)x=\pi-x,\quad x\in[0,\pi].$$

注 由此例可以看出，对同一个函数，可以根据要求和不同的理解得到不同的展开式，因此，在展开时，一定要正确理解题意.

以上各题可以借助函数曲线确定区间端点和分段点处的 Fourier 级数的收敛性质.

习 题 12.2

1. 将 $f(x)=x+1$ 在 $x\in(-\pi,\pi]$ 上展开成 Fourier 级数.

2. 将 $f(x)=\begin{cases}1, & x\in(-\pi,0],\\ 0, & x\in(-0,\pi]\end{cases}$ 展开成 Fourier 级数；并问：1)Fourier 级数在 $(-\pi,\pi]$ 收敛吗？收敛于 $f(x)$ 吗？2)Fourier 级数在 $(-\pi,\pi]$ 一致收敛吗？

3. 将 $f(x)=\mathrm{e}^x$ 在 $x\in(-2\pi,0]$ 上展开成 Fourier 级数.

4. 将 $f(x)=x$ 在 $x\in(0,2]$ 上展开成 Fourier 级数.

5. 将 $f(x)=x$ 在 $x\in[0,\pi)$ 上分别展开成正弦级数和余弦级数.

6. 将 $f(x)=x^2$ 在 $x\in(-\pi,\pi]$ 上展开成 Fourier 级数.

7. 将 $f(x)=x+1$ 按要求在 $x\in(0,\pi]$ 上展开成 Fourier 级数

1) 在 $x\in(0,\pi]$ 上直接展开成 Fourier 级数；

2) 在 $x\in(0,\pi]$ 上展开成正弦级数；

3) 在 $x\in(0,\pi]$ 上展开成余弦级数.

8. 证明：$\sum\limits_{k=1}^{\infty}\frac{1}{k}\sin kx=\frac{\pi-x}{2}$，$x\in(0,2\pi)$.

9. 设 $f(x)$ 可积且绝对可积，证明：

1) 若 $f(x)$ 满足 $f(x)=f(x+\pi),x\in(-\pi,\pi)$，则 $a_{2k-1}=b_{2k-1}=0$；

2) 若 $f(x)$ 满足 $f(x)=-f(x+\pi),x\in(-\pi,\pi)$，则 $a_{2k}=b_{2k}=0$.

12.3　Fourier 级数的性质

函数 $f(x)$ 的Fourier级数是一类函数项级数，因而，可以讨论相应的作为函数项级数的性质，如一致收敛性、逐项求积、逐项求导等运算性质，这正是本节的研究内容.

在函数项级数的理论中，我们已经知道，函数求积、求导等运算性质的理论，是建立在一致收敛的基础之上，对函数要求较高；即使函数的幂级数展开，也要求函数具有很好的可微性质. 而函数的 Fourier 级数展开条件则弱得多，也正是由于展开条件很弱，使得 Fourier 级数一般不具备一致收敛性，即便如此，由于特殊的结构，Fourier 级数仍具有逐项求积和逐项求导的性质. 本节，我们简要介绍其一致收敛性，刻画这些独特的运算性质.

一、运算性质及分析性质

仍假设 $f(x)$ 是以 2π 为周期的可积且绝对可积函数. 我们讨论 Fourier 级数的逐项运算性质.

定理 3.1　设 $f(x)$ 在 $[-\pi,\pi]$ 上分段连续，且展开成 Fourier 级数

$$f(x)\sim\frac{a_0}{2}+\sum_{n=1}^{\infty}(a_n\cos nx+b_n\sin nx),$$

则对任意的 $c,x\in[-\pi,\pi]$，成立

$$\int_c^x f(x)\mathrm{d}x=\int_c^x\frac{a_0}{2}\mathrm{d}t+\sum_{n=1}^{\infty}\int_c^x(a_n\cos nt+b_n\sin nt)\mathrm{d}t,$$

即 $f(x)$ 的 Fourier 级数可逐项积分.

简析　要证明的结论中已经隐藏了证明的线索，因为右端的级数仍是 Fourier 级数，因此，只需证明右端的 Fourier 级数正是左端函数对应的 Fourier 级数.

证明　设 $f(x)$ 只有一个间断点 x_0，令 $F(x)=\int_c^x\left[f(t)-\frac{a_0}{2}\right]\mathrm{d}t$，则由变限函数的分析性质可知，$F(x)$ 是以 2π 为周期的连续函数，且在 $f(x)$ 的连续点处成立 $F'(x)=f(x)-\frac{a_0}{2}$，在间断点 x_0 处成立 $F_{\pm}'(x_0)=f(x_0\pm)-\frac{a_0}{2}$，故，$F(x)$ 可展开为收敛的 Fourier 级数，且

$$F(x)=\frac{A_0}{2}+\sum_{n=1}^{\infty}(A_n\cos nx+B_n\sin nx),$$

且

$$\begin{aligned}A_n&=\frac{1}{\pi}\int_{-\pi}^{\pi}F(x)\cos nx\mathrm{d}x\\&=\frac{\sin nx}{\pi n}F(x)\Big|_{-\pi}^{\pi}-\frac{1}{\pi n}\int_{-\pi}^{\pi}F'(x)\sin nx\mathrm{d}x=-\frac{b_n}{n},\end{aligned}$$

类似，$B_n=\frac{a_n}{n}$. 因此,

$$F(x)=\frac{A_0}{2}+\sum_{n=1}^{\infty}\left(-\frac{b_n}{n}\cos nx+\frac{a_n}{n}\sin nx\right),$$

令 $x=c$，则

$$0=\frac{A_0}{2}+\sum_{n=1}^{\infty}\left(-\frac{b_n}{n}\cos nc+\frac{a_n}{n}\sin nc\right),$$

两式相减得

$$\begin{aligned}\int_c^x f(x)\mathrm{d}x-\frac{a_0}{2}(x-c)&=\sum_{n=1}^{\infty}\left(a_n\frac{\sin nx-\sin nc}{n}-b_n\frac{\cos nx-\cos nc}{n}\right)\\&=\sum_{n=1}^{\infty}\left(a_n\int_c^x\cos nt\mathrm{d}t+b_n\int_c^x\sin nt\mathrm{d}t\right),\end{aligned}$$

这正是所要证的结果.

定理中的条件表明，函数可以展开成 Fourier 级数，但是，其 Fourier 级数是否收敛，是否收敛于函数本身，是否一致收敛，都没有明确的结论，而结论表明，Fourier 级数不仅可以逐项求积，而且求积后的级数收敛于原来函数的积分，由此看出, Fourier 级数的逐项求积运算要比相应函数项级数的运算条件弱.

事实上，定理 3.1 的条件可以减弱为“$f(x)$ 在 $[-\pi,\pi]$ 上可积和绝对可积”，此时的定理证明需要更多的数学理论，现在还不具备.

推论 3.1 若三角级数 $\frac{a_0}{2}+\sum_{n=1}^{\infty}(a_n\cos nx+b_n\sin nx)$ 为某个可积和绝对可积函数 $f(x)$ 的 Fourier 级数，则 $\sum_{n=1}^{\infty}\frac{b_n}{n}$ 收敛.

证明 由于定理3.1对可积和绝对可积函数也成立，且在定理的证明中，我们得到如下结论

$$0=\frac{A_0}{2}+\sum_{n=1}^{\infty}\left(-\frac{b_n}{n}\cos nc+\frac{a_n}{n}\sin nc\right),$$

取 $c=0$ 即得 $\sum_{n=1}^{\infty}\frac{b_n}{n}$ 的收敛性.

推论 3.1 给出了三角级数是某个函数的 Fourier 级数的一个条件，由此推论可知，并不是每一个收敛的三角级数都是某个函数的 Fourier 级数，如三角级数 $\sum_{n=1}^{\infty}\frac{\sin nx}{1+\ln n}$，由函数项级数的 Dirichlet 判别法可知，上述级数逐点收敛，而数项级数 $\sum_{n=1}^{\infty}\frac{1}{n(1+\ln n)}$ 发散，因而，它不是某个函数的 Fourier 级数.

虽然Fourier级数的逐项求积的条件很弱，但是，注意到函数的Fourier级数展开条件本身就很弱，因此，Fourier 级数的逐项求导一般并不可以，除非加强函数本身的条件，如成立如下结论.

定理 3.2 设 $f(x)$ 在 $[-\pi,\pi]$ 上连续且有 $f(\pi)=f(-\pi)$，又设除有限个点外，$f(x)$ 有分段连续的导函数 $f'(x)$，则 $f(x)$ 的 Fourier 级数可逐项微分，即

$$f'(x)\sim\sum_{n=1}^{\infty}(-a_n n\sin nx+nb_n\cos nx).$$

即导函数的 Fourier 级数正是函数 Fourier 级数的逐项微分.

证明 由条件可知，$f'(x)$ 分段连续，因而可展开为 Fourier 级数，记

$$f'(x)\sim\frac{a_0'}{2}+\sum_{n=1}^{\infty}(a_n'\cos nx+b_n'\sin nx),$$

利用系数的计算公式，则

$$a_0'=\frac{1}{\pi}\int_{-\pi}^{\pi}f'(x)\mathrm{d}x=\frac{1}{\pi}[f(\pi)-f(-\pi)]=0,$$

$$a_n'=\frac{1}{\pi}\int_{-\pi}^{\pi}f'(x)\cos nx\mathrm{d}x=nb_n,$$

$$b_n'=\frac{1}{\pi}\int_{-\pi}^{\pi}f'(x)\sin nx\mathrm{d}x=-na_n,$$

因而，

$$f'(x)\sim\sum_{n=1}^{\infty}(-a_n n\sin nx+nb_n\cos nx).$$

二、Fourier 级数的系数特征和 Bessel 不等式

首先利用 Riemann 引理直接给出一个 Fourier 级数的系数所满足的一个结论.

定理 3.3 $f(x)$ 的 Fourier 级数的系数 a_n，b_n 满足 $\lim\limits_{n\to+\infty}a_n=0$，$\lim\limits_{n\to+\infty}b_n=0$.

在现代分析理论中，经常涉及各种函数类的逼近问题，即将一个“坏”函数的

研究，利用逼近性质，寻找一个“好”函数作为其近似替代研究对象，从而可以充分利用“好”函数的一些好的性质对研究对象加以研究. Fourier 级数正具有上面提到的好函数的性质，我们对此进行简单的介绍. 先引入 Bessel 不等式.

我们先给出一个平方可积函数类. 设 $f(x)$ 为定义在$[a,b]$上的可积函数且满足：

$$\left[\int_a^b f^2(x)\mathrm{d}x\right]^{\frac{1}{2}} \leqslant M,$$

我们称 $f(x)$ 在$[a,b]$上是平方可积函数.

若记

$$\| f \| = \left[\int_a^b f^2(x)\mathrm{d}x\right]^{\frac{1}{2}},$$

则称其为 $f(x)$ 的平方范数.

古典分析理论(数学分析)研究的是“好”函数，如各种可微函数，在现代分析理论中，研究的对象正是如上定义的各类可积甚至更弱的函数.

范数是一种类似“距离”概念的度量.

由于没有连续性，因而，由 $\| f \| = 0$ 并不一定能导出 $f(x) \equiv 0$，但是，可以保证“$f(x)$ 几乎处处为 0”；如果两个函数的差几乎处处为 0，称这两个函数几乎处处相等. 在所有的平方可积函数中，把几乎处处相等的函数视为一个函数类，从中选取一个作为这类函数的代表，将所有的这些函数类的代表做成一个平方可积函数(类)的函数集合，在此集合上定义内积

$$(f,g) = \int_a^b f(x)g(x)\mathrm{d}x,$$

可以得到一个内积空间.

引理 3.1　有限闭区间上的平方可积的函数必是绝对可积函数.

证明　假设 $f(x)$ 为$[a,b]$上的平方可积函数，由 Schwarz 不等式，则

$$\left(\int_a^b |f(x)|\mathrm{d}x\right)^2 \leqslant (b-a)\int_a^b f^2(x)\mathrm{d}x,$$

因而，结论成立.

假设 $f(x)$ 为 $[-\pi,\pi]$ 上可积且平方可积函数，则其可以展开成 Fourier 级数，

$$f(x) \sim \frac{a_0}{2} + \sum_{n=1}^{\infty}(a_n \cos nx + b_n \sin nx),$$

记 $S_n(x) = \dfrac{a_0}{2} + \sum\limits_{k=1}^{n}(a_k \cos kx + b_k \sin kx)$.

定理 3.4　假设 $f(x)$ 为 $[-\pi,\pi]$ 级数上可积且平方可积函数，则成立

$$\| f-S_n(x)\|^2=\int_{-\pi}^{\pi} f^2(x)\mathrm{d}x-\pi\left[\frac{a_0^2}{2}+\sum_{k=1}^{n}(a_k^2+b_k^2)\right].$$

证明 利用三角函数系的正交性质得

$$\begin{aligned}\| f-S_n(x)\|^2&=\int_{-\pi}^{\pi}(f(x)-S_n(x))^2\mathrm{d}x\\&=\int_{-\pi}^{\pi}(f^2(x)-2f(x)S_n(x)+S_n^2(x))\mathrm{d}x\\&=\int_{-\pi}^{\pi} f^2(x)\mathrm{d}x-\pi\left[\frac{a_0^2}{2}+\sum_{k=1}^{n}(a_k^2+b_k^2)\right].\end{aligned}$$

推论 3.2 定理 3.4 的条件下, $\sum\limits_{n=1}^{\infty}a_n^2$, $\sum\limits_{n=1}^{\infty}b_n^2$ 都收敛, 且

$$\frac{a_0^2}{2}+\sum_{n=1}^{\infty}(a_n^2+b_n^2)\leqslant\frac{1}{\pi}\int_{-\pi}^{\pi} f^2(x)\mathrm{d}x,$$

此不等式称为 Bessel 不等式.

推论 3.3 若 $\frac{a_0}{2}+\sum\limits_{n=1}^{\infty}(a_n\cos nx+b_n\sin nx)$ 为可积和平方可积函数 $f(x)$ 的 Fourier 级数, 则 $\sum\limits_{n=1}^{\infty}a_n^2$, $\sum\limits_{n=1}^{\infty}b_n^2$ 都收敛.

注 $\sum\limits_{n=1}^{\infty}a_n^2$, $\sum\limits_{n=1}^{\infty}b_n^2$ 的收敛性也可以成为三角级数是某个函数的 Fourier 级数的必要条件, 因此, $\sum\limits_{n=1}^{\infty}\left(\frac{\cos nx}{\ln n}+\frac{\sin nx}{\sqrt{n}}\right)$ 不能是某个函数的 Fourier 级数.

三、Fourier 级数的一致收敛性及 Parseval 等式

利用 Bessel 不等式, 可以得到一致收敛性.

定理 3.5 设 $f(x)$ 是以 2π 为周期的连续函数, 且在 $[-\pi,\pi]$ 上分段光滑可微, 则 $f(x)$ 的 Fourier 级数一致收敛于 $f(x)$.

证明 由条件可知, $f(x)$ 和 $f'(x)$ 都能展开成 Fourier 级数, 设

$$f(x)=\frac{a_0}{2}+\sum_{n=1}^{\infty}(a_n\cos nx+b_n\sin nx),$$

$$f'(x)\sim\sum_{n=1}^{\infty}(a_n'\cos nx+b_n'\sin nx),$$

且有

$$a_n = -\frac{b_n'}{n}, \quad b_n = \frac{a_n'}{n}, \quad n=1, 2, \cdots,$$

故,

$$f(x) = \frac{a_0}{2} + \sum_{n=1}^{\infty}\left(\frac{-b_n'}{n}\cos nx + \frac{a_n'}{n}\sin nx\right),$$

对 $f'(x)$ 及其 Fourier 级数利用 Bessel 不等式, 则

$$\sum_{n=1}^{\infty}(a_n'^2 + b_n'^2) \leqslant \frac{1}{\pi}\int_{-\pi}^{\pi}(f'(x))^2 \mathrm{d}x,$$

因而, $\sum\limits_{n=1}^{\infty} a_n'^2$, $\sum\limits_{n=1}^{\infty} b_n'^2$ 都收敛.

由于

$$\left|\frac{-b_n'}{n}\cos nx + \frac{a_n'}{n}\sin nx\right| \leqslant \frac{|b_n'|}{n} + \frac{|a_n'|}{n} \leqslant \frac{1}{n^2} + \frac{1}{2}(a_n'^2 + b_n'^2),$$

由 Weierstrass 判别法, $\sum\limits_{n=1}^{\infty}\left(\frac{-b_n'}{n}\cos nx + \frac{a_n'}{n}\sin nx\right)$一致收敛, 因而, $f(x)$ 的 Fourier 级数一致收敛于 $f(x)$.

利用一致收敛性, 可以得到逼近定理和 Parseval 等式.

定理 3.6　在定理 3.5 的条件下, $f(x)$ 的 Fourier 级数平方收敛于 $f(x)$, 即

$$\lim_{n\to+\infty}\| f - S_n(x)\|^2 = 0.$$

证明　由条件可知, $f(x)$ 是平方可积的, 由于

$$\| f - S_n(x)\|^2 = \int_{-\pi}^{\pi}(f(x) - S_n(x))^2 \mathrm{d}x,$$

利用一致收敛性, 则

$$\lim_{n\to+\infty}\| f - S_n(x)\|^2 = 0.$$

注　定理 3.6 表明平方可积函数具有一个很好的逼近性质.

进一步还可以证明, Bessel 不等式实际上还是一个等式.

定理 3.7 (Parseval 等式)　在定理 3.5 条件下, 成立

$$\frac{a_0^2}{2} + \sum_{n=1}^{\infty}(a_n^2 + b_n^2) = \frac{1}{\pi}\int_{-\pi}^{\pi} f^2(x)\mathrm{d}x.$$

证明　由推论 3.2, 左端的级数收敛, 由定理 3.4,

$$\| f - S_n(x)\|^2 = \int_{-\pi}^{\pi} f^2(x)\mathrm{d}x - \pi\left[\frac{a_0^2}{2} + \sum_{k=1}^{n}(a_k^2 + b_k^2)\right],$$

利用定理 3.6, 则

$$\lim_{n\to+\infty}\left[\int_{-\pi}^{\pi}f^2(x)\mathrm{d}x-\pi\left(\frac{a_0^2}{2}+\sum_{k=1}^{n}(a_k^2+b_k^2)\right)\right]=\lim_{n\to+\infty}\|f-S_n(x)\|^2=0,$$

故,

$$\frac{a_0^2}{2}+\sum_{n=1}^{\infty}(a_n^2+b_n^2)=\frac{1}{\pi}\int_{-\pi}^{\pi}f^2(x)\mathrm{d}x.$$

注　定理 3.6 和定理 3.7 的条件可以减弱为“$f(x)$ 是可积和平方可积的”.

习　题　12.3

设 $f(x)$ 是 Riemann 可积的、以 2π 为周期的函数, 证明:

$$\frac{1}{2\pi}\int_{0}^{2\pi}f(x)(\pi-x)\mathrm{d}x=\sum_{n=1}^{\infty}\frac{b_n}{n},$$

其中 b_n 为 $f(x)$ 的 Fourier 系数.